中国传统民居

（第三版）

荆其敏　张丽安／著

中国电力出版社

内 容 提 要

中国传统民居中值得学习与借鉴的经验很多，《中国传统民居》以分解的手法全面而直观地介绍了分布在中国各地的传统民居以及它们各自的特点。书中以简洁的文字，配以各种解说性手绘插图，分析、展示了众多具有代表性民居案例的设计细部和设计手法。内容包括中国民居的类型和传统、布局特点、环境、空间、天然条件、布局手法、视觉、设计、原生材料、旧屋遗韵、旧貌新颜等。本书可当作了解中国传统民居的工具书，便于查阅，也适合高等院校建筑学等相关专业学生，以及广大建筑设计爱好者学习与阅读。

图书在版编目（CIP）数据

中国传统民居／荆其敏，张丽安著．—3 版．—北京：中国电力出版社，2022.1
ISBN 978-7-5198-6077-6

Ⅰ．①中…　Ⅱ．①荆…②张…　Ⅲ．民居－建筑艺术－中国　Ⅳ．①TU241.5

中国版本图书馆 CIP 数据核字（2021）第 205440 号

出版发行：中国电力出版社
地　　址：北京市东城区北京站西街 19 号（邮政编码 100005）
网　　址：http://www.cepp.sgcc.com.cn
责任编辑：王　倩（010-63412607）
责任校对：黄　蓓　李　楠
装帧设计：锋尚设计
责任印制：杨晓东

印　刷：三河市万龙印装有限公司
版　次：2007 年 6 月第一版　2022 年 1 月第三版
印　次：2022 年 1 月第九次印刷
开　本：787 毫米 ×1092 毫米　16 开本
印　张：16
字　数：361 千字
定　价：48.00 元

第三版前言

中国传统民居是世界建筑艺术宝库中的珍贵遗产。中国几千年的文明史积累了丰富的建筑设计经验，广泛地表现在各地民居建筑中。我们应该从民居中继承经过长期检验后留存下来的宝贵设计遗产，把传统村镇民居中优秀的布局手法运用到新时期的建筑设计中，使我们的建筑设计水平在历史传统基础上进一步向前发展，走出我国自己的住宅建筑设计道路。

建筑设计中不论什么流派，都是在前人经验的基础上不断进化的。在人类建筑历史的长河中，摩登[1]运动只是工业技术发展时期的一股支流。当前风行于西方的所谓文脉主义、后摩登主义等建筑派系，已经对摩登建筑采取了批判的态度。新的建筑思潮极力从传统中汲取精华来充实当代摩登建筑，促进其发展。我国历史悠久，地域广大，民间传统经验丰富，当前世界上许多名家大师的优秀设计思想，常常与我国传统民居的设计思想不谋而合。这当然是出于对共同的建筑美学规律的探求，而我国的民居建筑实践远在西方新理论之先。如果我们运用西方建筑学的理论观点来考察和验证我国的传统民居和村镇设计，就会发现我国民居的精湛技艺是闪耀于世界建筑艺术中的一颗明珠。

民用住宅是各种建筑中数量最大的，如果生搬硬套，照抄外国的经验，盲目引进外国的设计手法，就会给我国城乡建设带来严重的恶果。片面的理性主义和单纯的经济观点，已经使我们的某些居民区外形千篇一律、呆板沉闷、环境欠佳。当前我国民用居住建筑的需求量很大，建筑师如果单从完成住宅的面积着眼，就会造成许多难以克服的遗留问题。我国广大农村正逐渐富裕起来，越来越多的农民要盖新房。为了迎接我国村镇建设的高潮，应该及时整理和总结我国传统民居的设计经验，以利于兴建具有民族和地方特色的新式民居。我们不应把城市型的住宅搬到农村去，更要避免重犯城市住宅建设中的某些弊病，创造出具有我国传统风格的民居建筑新格局，来代替那些单调呆板的城市型住宅。

中国传统民居建筑中值得我们学习和借鉴的经验很多，书的修订中增加了“旧屋遗韵”和“旧貌新颜”两个部分。

“旧屋遗韵”部分以全国各地有代表性的优秀民居实例表现中国传统民居的独特风貌。民居家屋历来是人们生活、思想信念、内心认知的最具体的呈现，在对传统旧宅的回顾中，我们可以从那些旧屋的图景中进一步发掘人们居家环境美的特征。我们看到了“住”是居者的容纳；“屋”是居家环境实质的内容；“居”是人们居住生活行为的场所；“家”是人们内心的领域；“生态”是人们生活离不开的自然环境。理想的家居正像白居易《溪村》诗中描写的“蒲短斜侵钩艇，溪迴曲抱人家。隔村惟闻啼鸟，卷帘时见飞花。”完美的家居生活要有与生物共

注：[1] 摩登(Modern)即“现代”，如现代运动、后现代主义、现代建筑等。

生的自然环境，家屋与自然环境共生兼容。

“旧貌新颜”部分选用了一些关于中国传统民居的设计作业体现现代的家屋设计要沿用传统民居的经验和手法。未来人类的家屋建设要更加注重环境生态观；要重视环境因素；要有场所地域认知和文化观，家屋不应该是无意义的建筑空间，它的主体是人。“旧貌新颜”部分中的设计作业要求以人为本，要有文化与自然的可持续观念。“旧貌新颜”部分的设计作业中把人们的居家之“美”作为生活的第一需要，让我们的居家环境像中国传统民居那样回归到人类亲和自然的真实生活中去。在居家生活中把身心融入自然，返璞归真，书中最关注的并且最终的目标还是如何使中国传统民居“旧貌新颜”。

由于作者水平所限，仅就目前的资料对民居设计提出一些值得探讨的问题，供有关方面参考，不足之处，恳请指正。

荆其敏

2021年8月

目录

1

中国民居的类型和传统

The Form and Tradition of Chinese Dwellings

中国传统民居的分布 | Distribution of Chinese Dwelling

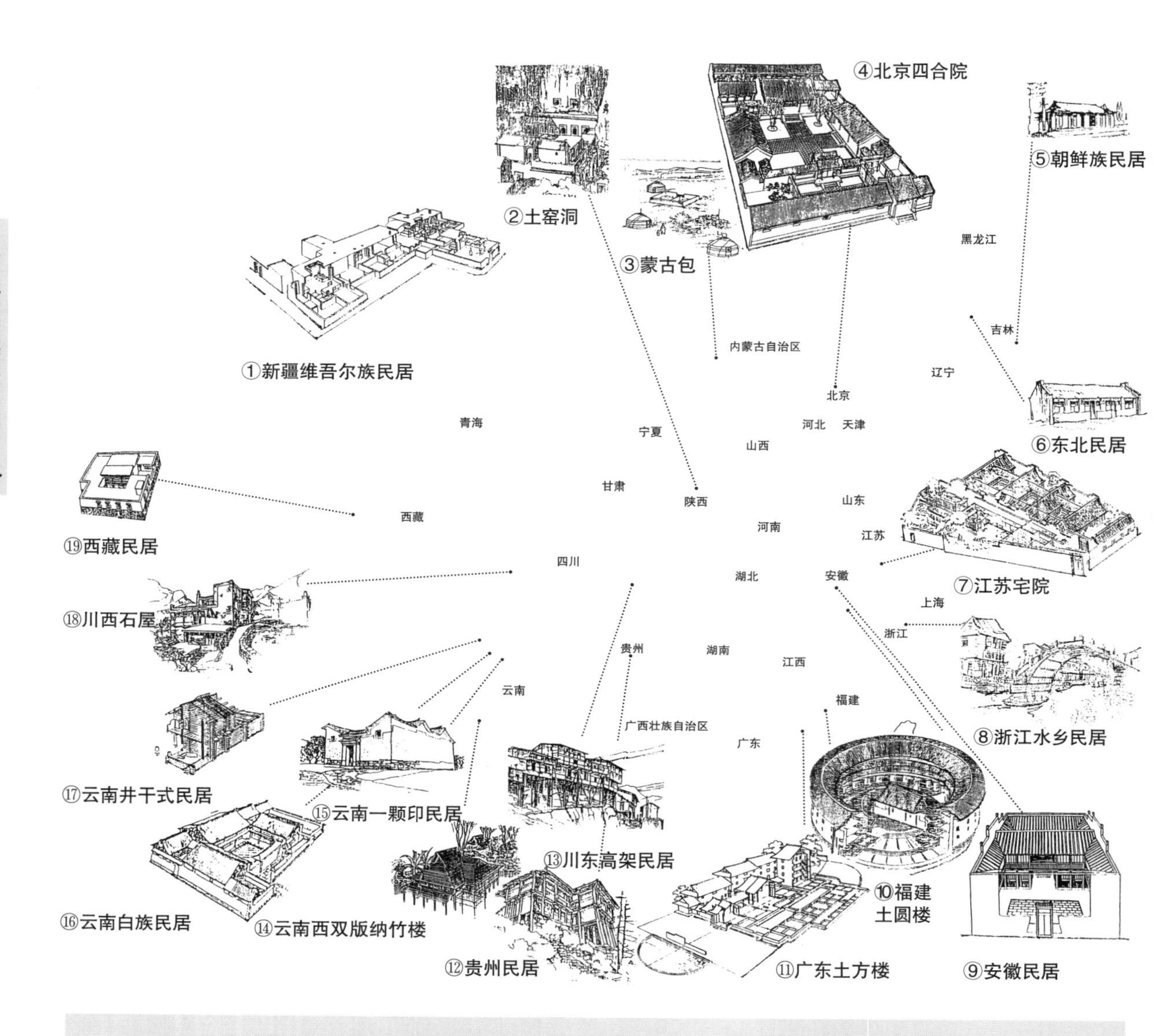

中国地广人多，地理气候、自然条件差异很大，多民族的生活文化需求各异。华北地区以北京四合院内庭式居住方式为代表；长江流域的江南水乡民居的侧院带有外景内置的花园，高温潮湿的皖南地区小天井的内庭可遮蔽日晒；华南地区的客家人世代居住在有防御需求的圆形和方形的大型集合式土楼之中；干燥少雨的黄土高原上，人们依地形条件在沿山和地下开挖原生窑洞；岭南高温多雨，属亚热带气候地区，竹木结构的高架民居利于通风，如云南的竹楼和干栏式民居；内蒙古强风沙漠地区，适应游牧生活的蒙古包以顶部圆洞采光通风；云南、贵州、四川、西藏、新疆等地，运用地方材料和多种民族特有的生活方式建造出一颗印、石板屋、白族民居、藏楼、维吾尔族民居等形式，极富特色。

民居的类型 | Various Forms of Chinese Dwellings

我国幅员辽阔，地理气候、自然条件、地方材料等各异，各地民居有许多类型，大致有以下9类。

1. 圆形住宅：如蒙古包。

2. 纵长方形住宅：原始穴居形式，常见于云南，以及华北、华中等地区。

3. 横长方形住宅：民居的基本形式，有不同的开间。

4. 曲尺形住宅：常见于南方农村。

5. 三合院：常见于浙江、广州、上海、云南等地。

6. 四合院：常见于东北及北京等地。

7. 三合院与四合院混合：常见于江浙、四川。

8. 环形住宅：常见于福建。

9. 窑洞式穴居：常见于河南、陕甘宁地区。

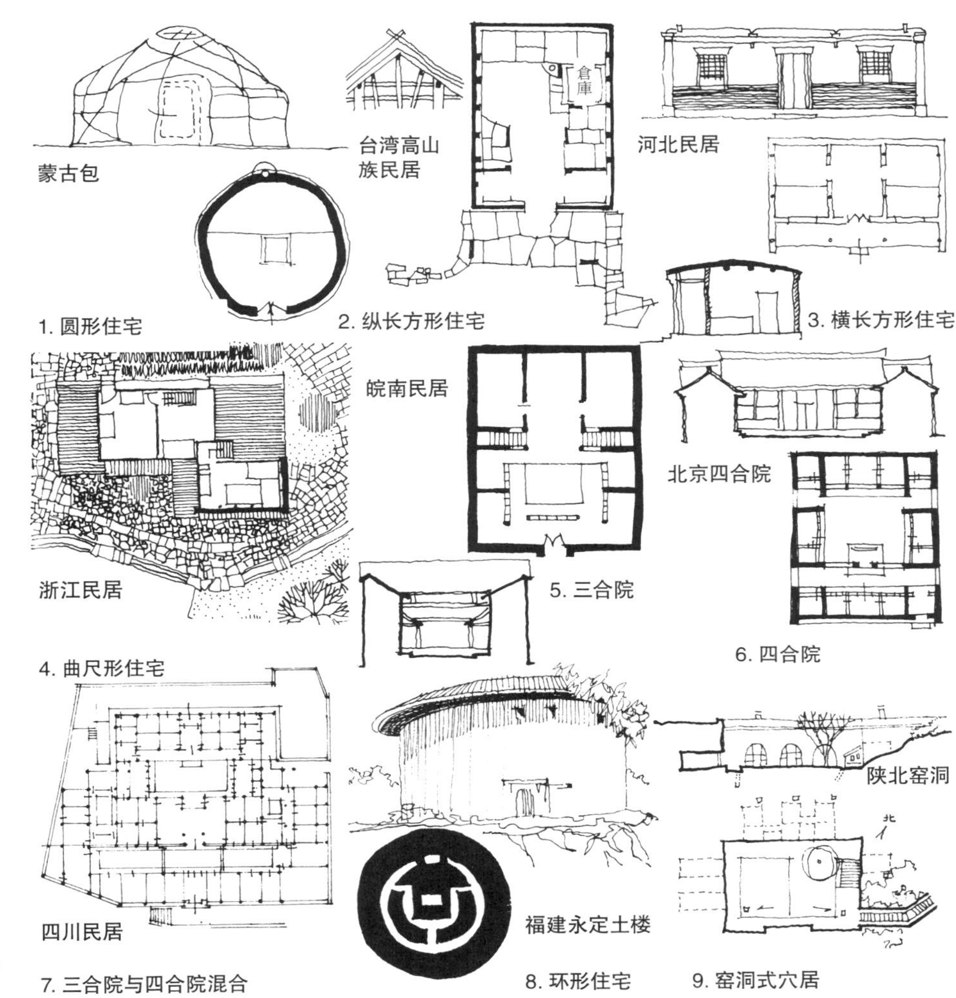

中国民居多种多样。刘敦桢先生在《中国住宅概说》一书中按平面形式把民居分为9种。其中横长方形住宅是中国民居的基本形式，中间为明间，左右对称，以三间最普遍。四合院住宅在我国分布很广，以北京四合院最为典型。窑洞式穴居分布在我国少雨的黄土高原地区，历史久远，有单独的沿崖式窑洞、土坯或砖石的拱式覆土窑洞以及天井地坑院落式窑洞，还有各少数民族种类繁多的民居形式。

民族、文化、传统 | Nation, Culture, Tradition

我国是多民族的国家，各民族的文化历史传统和生活习惯不同，故民居在平面及空间处理、构造方法和艺术风格上表现出了多样的形式。西藏民居是外墙实多虚少的“碉房”，底层为畜圈，二层为储存间及灶房，三层为卧室及储存间，顶层为经堂和晒台。新疆民居按维吾尔族的习俗风貌而建，平顶，有外廊的内院，室内为密梁彩画花饰。蒙古包为蒙古族传统民居形式，发展到半农半牧的固定住宅，但仍维持毡包的形式。云南传统的竹楼民居，木柱承重、草顶、竹墙、廊前有“展”，出檐很多，屋顶折线形。东北延边朝鲜族民居为“五开间”“八开间”“多门无窗，居室满炕”。台湾高山族民居则保留了部落生活的原始形式，集居住与生产于一室。

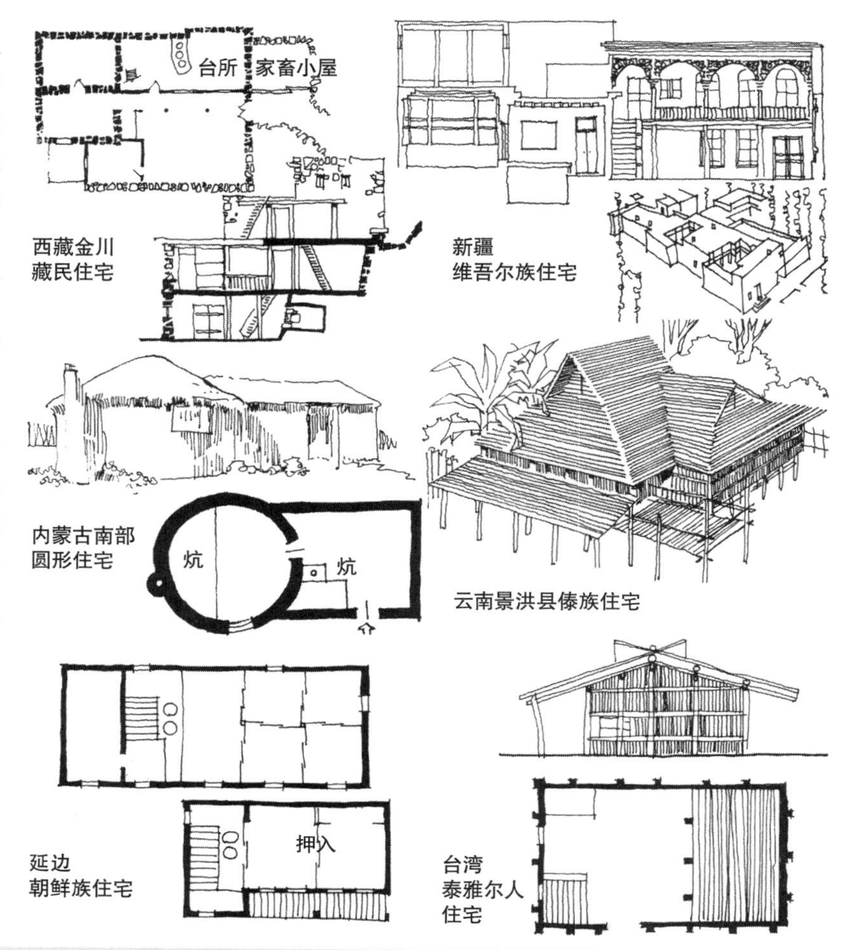

中国民居所表现的多种多样的形式和各异的特点，显示了许多因素之间复杂的相互作用和影响。民族、传统的因素在不同的时间、空间中，时而突出某一因素，时而重视其他因素，某些有趣的社会现象也在民居形式特征上有所反映。各地民居建筑形式的明显差异是由于地理气候条件的不同、地方材料和传统的构造技术与方法的不同、环境落位的不同以及防御要求带来的特点、经济条件的差别、宗教因素等所致。民居之所以有种种不同的形式是一个复杂的现象，反映出因社会、种族、文化、经济及自然物理因素的交互作用而各有差异。从中国民居中可以看到多民族的特征，蒙古包以及藏族、朝鲜族、维吾尔族、西南少数民族民居和福建、广东的客家民居等都强烈地表现出各民族的传统风格和风俗习惯。宗教信仰也影响到住宅的平面形式、空间安排和方位。北京四合院的入口和厕所是根据阴阳风水确定的，古代民居的屋顶、墙、门、灶火等处处都有神灵护卫；云南彝族民居的屋脊均朝一个方向；蒙古包演化的定居点中，西窗上是供神的位置；生土窑洞中宁可不开后窗通风以免“漏财”等。家族组织及社会等级观念也反映在民居中堂屋的地位和院落的平面组织上。

只要物质条件与社会生活方式改变了，民居中那些原有的含义就不复存在了，但适合后人生活需要的传统形式却被继承了下来。

2

布局特点

Pattern Characteristics

明确的流线 | Circulation Realms

中国传统民居以建筑群体组合为家庭单位，主次分明，有明确的流线，主次流线依轴线层层深入，明确的流线关系成为人们心中的导游地图。

北京四合院按南北纵轴对称布置院落，大门开在东南角上，进门左转进入前院，南侧为倒座，经垂花门进入中心庭院，朝南正房及两侧厢房以回廊连接，有的后面还有一进后院。规模较大的宅院按这种层次向左右和后方叠加，构成明确的流线。

北京四合院

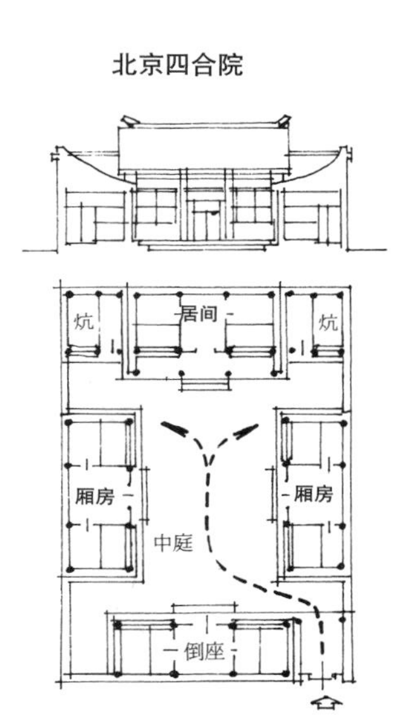

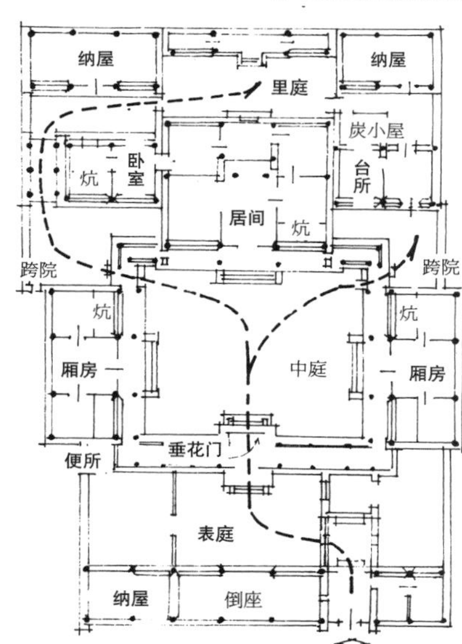

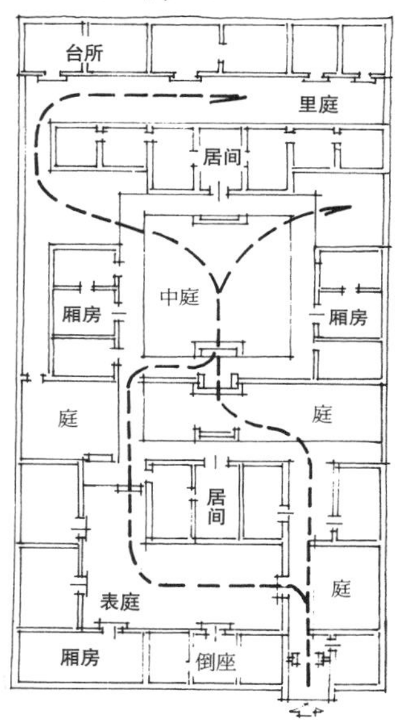

明确的流线好比画在人们心中的一幅导游图，自然而然地引导人们到要去的地方。例如北京这样的历史名城，城市分为几个主要区域，每个区又有大街、中街、小街，街道再通达胡同小巷，胡同中才是住家门户，有明确的流线层次。北京传统四合院也有清楚的流线层次，由入口进入庭院，首先进入门道，影壁指引人向左转进入前院，垂花门引入中庭，左右分别有跨院，再到第三层后院，一步步到达要去的房间。这一导游图早已印在当地人的心中了。组合建筑的流线应遵循以下三点：

(1) 从当地居民的传统习惯出发，组合建筑时，以主体建筑为核心，形成明确的流线；

(2) 由入口直接通向下一个主要流线空间；

(3) 进入一个流线空间之后又与下一个区域有明确的联系。组成流线的每一部分应有自己适当的称呼，如前庭、后院、跨院、前门、后门、旁门等。门道、门楼的命名都有助于人们方便地找到所要去的地方。

格局 | Pattern

北京四合院按南北纵轴线对称布局，进门左转进入前院，经垂花门到正房，这是院落的核心，周围回廊连接形成对称的主次分明的轴线，檐廊与回廊门道相通。主次分明的院落空间成为北方汉族民居严谨格局的代表。

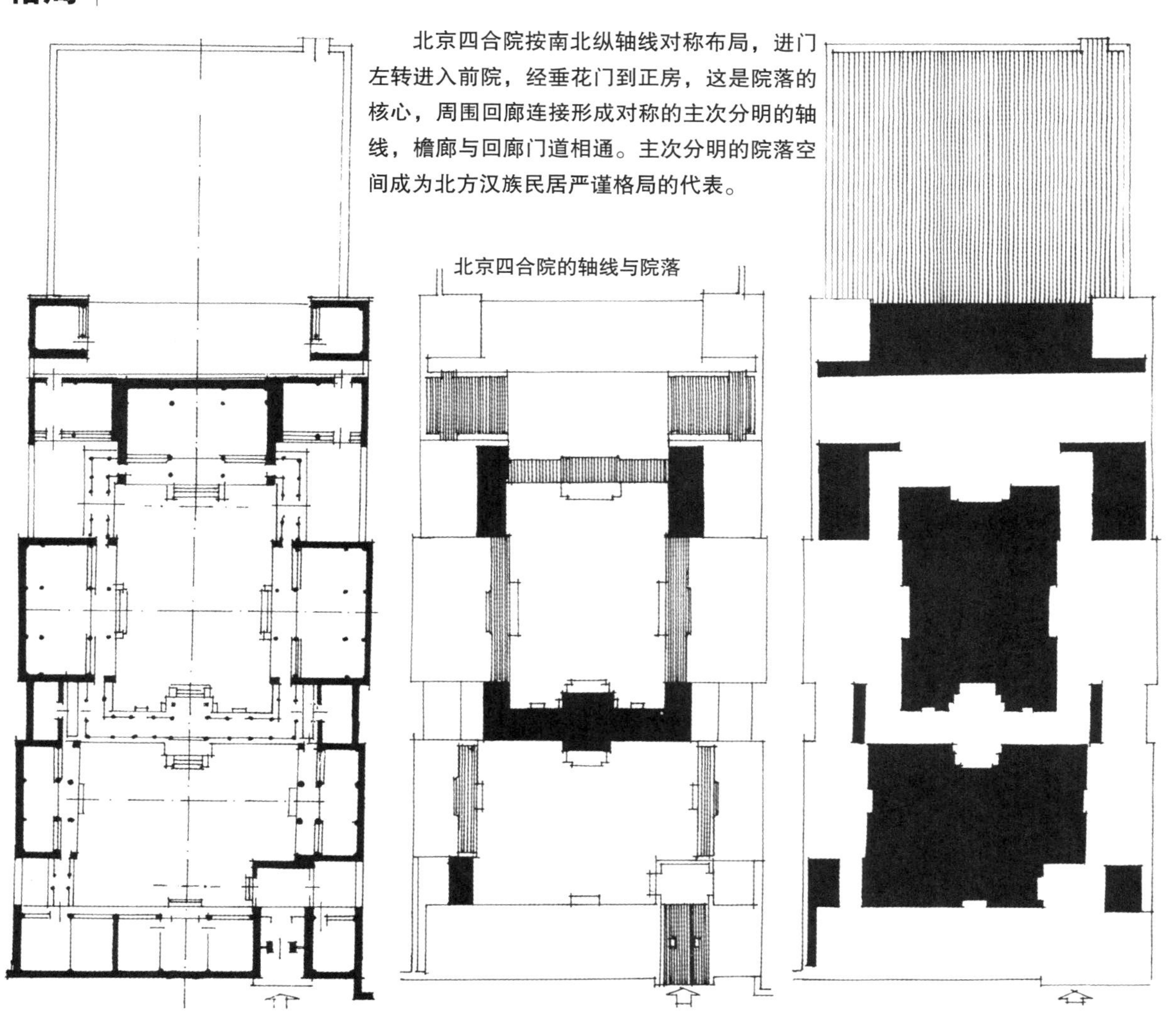

北京四合院的轴线与院落

格局是组织建筑群体构图的关系，中国民居的三合院、四合院形式正是以庭院为公共中心的内向的家庭组合体，建筑的组成有严谨方正的格局。单看建筑之间的关系，是围绕纵横轴线形成的前后左右对称的布局；单看庭院空间，自成完整的格局；单看建筑群之间的相互连接的檐廊、转角回廊、院墙与垂花门等，同样自成格局。因此一座完整的民居不论规模大小都有严谨清晰的格局。

主体建筑 | Main Building

中国传统民居的布局特点是建筑群体组合，群体中必须有主体建筑。它是建筑群体布局的核心，应当布置在主轴线上，占据重要的位置，有较高的屋顶，即使是单一的一幢房子，也要强调它的主体部分，让人一眼就能看见。一组建筑如没有中心，就像人没有头脑一样。

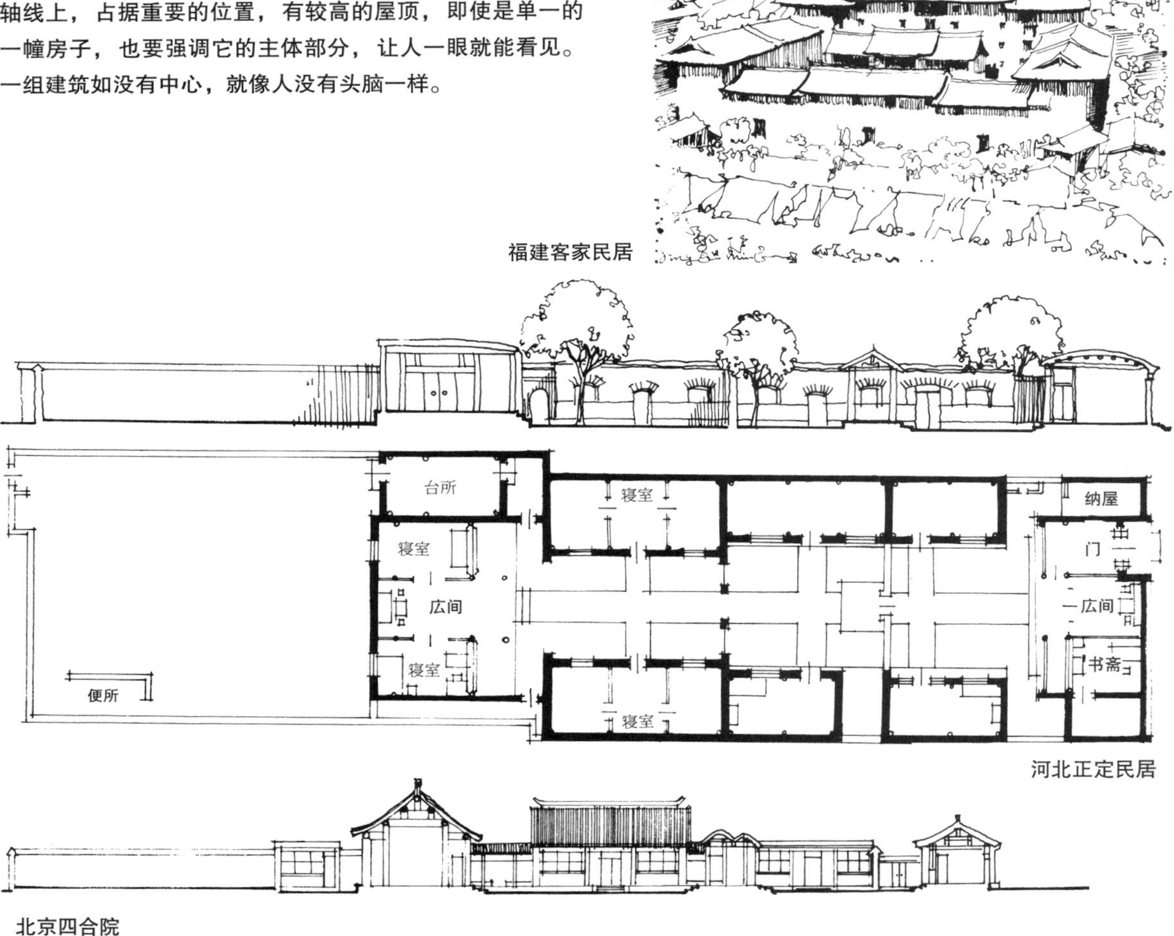

福建客家民居

河北正定民居

北京四合院

主体建筑在城市中控制着道路和其他从属建筑，居民都希望自己居住的街坊有个显著的标志。把一组建筑或一座建筑或一座建筑中的一部分作为主体处理时，就形成了村镇、建筑群或家庭住宅中的核心部分。例如中国传统村镇中的佛塔、庙宇或戏台，住宅中的起居室或堂屋。要精心选择建筑组合中人们生活或活动的中心部分作为主体建筑，把它布置在最重要的轴线部位，安排高大的屋顶和显眼的外形体量。例如在西藏民居中，把经堂放在顶层上；在河北民居中，正房和堂屋在全组院落中体量最大；在福建土楼中，正房和堂屋的部位有明显的层层下跌式的重檐屋顶，主体建筑非常明确突出。

建筑组合体 | Building Complex

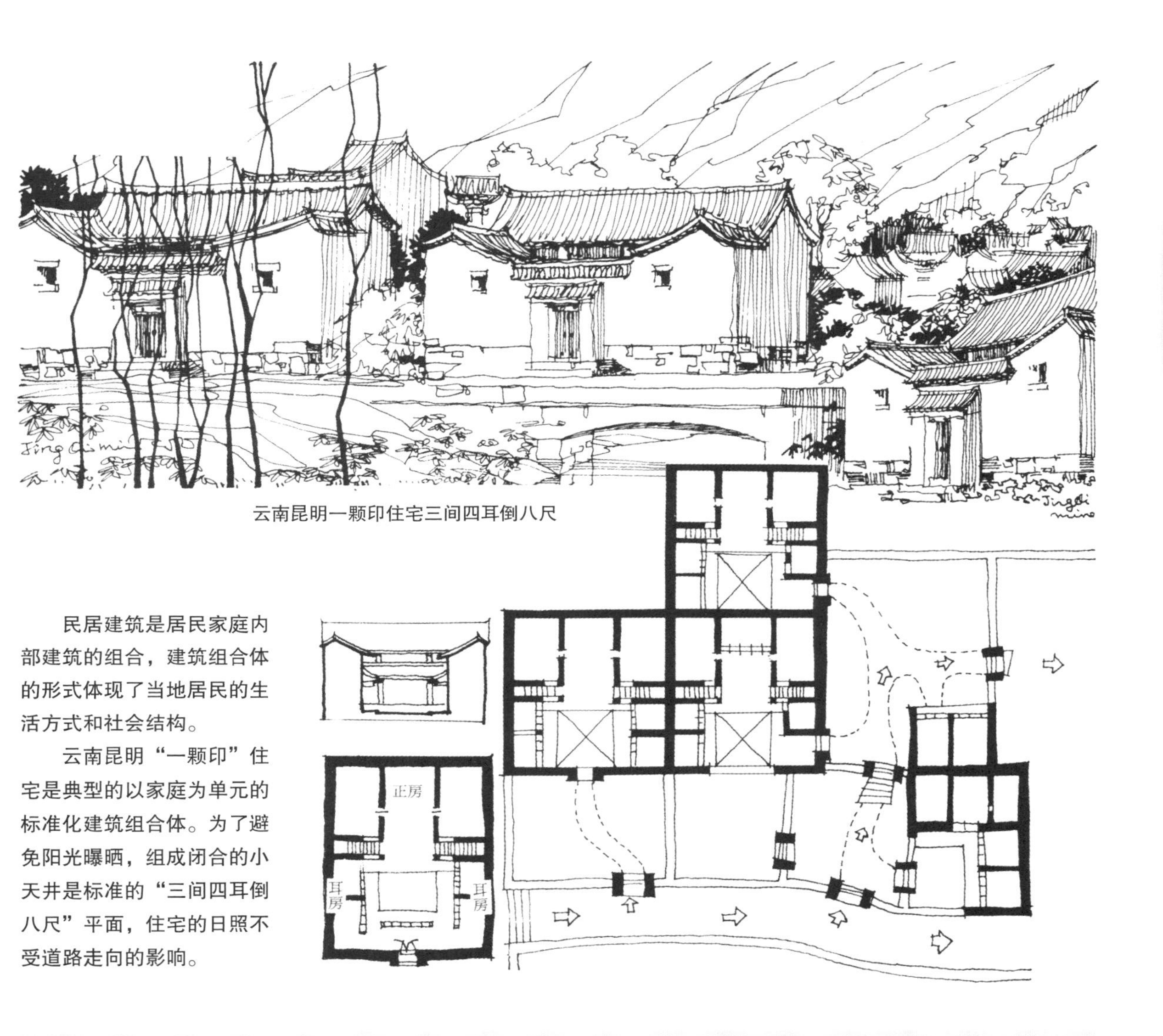

云南昆明一颗印住宅三间四耳倒八尺

民居建筑是居民家庭内部建筑的组合，建筑组合体的形式体现了当地居民的生活方式和社会结构。

云南昆明“一颗印”住宅是典型的以家庭为单元的标准化建筑组合体。为了避免阳光曝晒，组成闭合的小天井是标准的“三间四耳倒八尺”平面，住宅的日照不受道路走向的影响。

中国传统民居不仅注重组合体自身的布局变化，也更注重街、坊、院落相互之间的划分与联系，成组成区地布置具有社会生活内容的建筑社区组合。这种组合可以表现出组织邻里生活社会化的思想。在人口低密度地区，建筑组合可以用小型房屋以回廊、小路、小桥、花架、围墙等互相连接组成；在人口高密度地区，单幢建筑本身应作为组合体来对待。即使是一幢小型住宅，宅地内部关系也可以认为是一个多种房间相互关系的组合体。

渐进的层次 | Intimacy Sequence

因建筑组成了前后的空间从而创造出住宅中渐进的层次。入口庭院是最为公共性的部分，后逐渐引入私密性较强的半公共性区域，最后到达主人自用的私房。

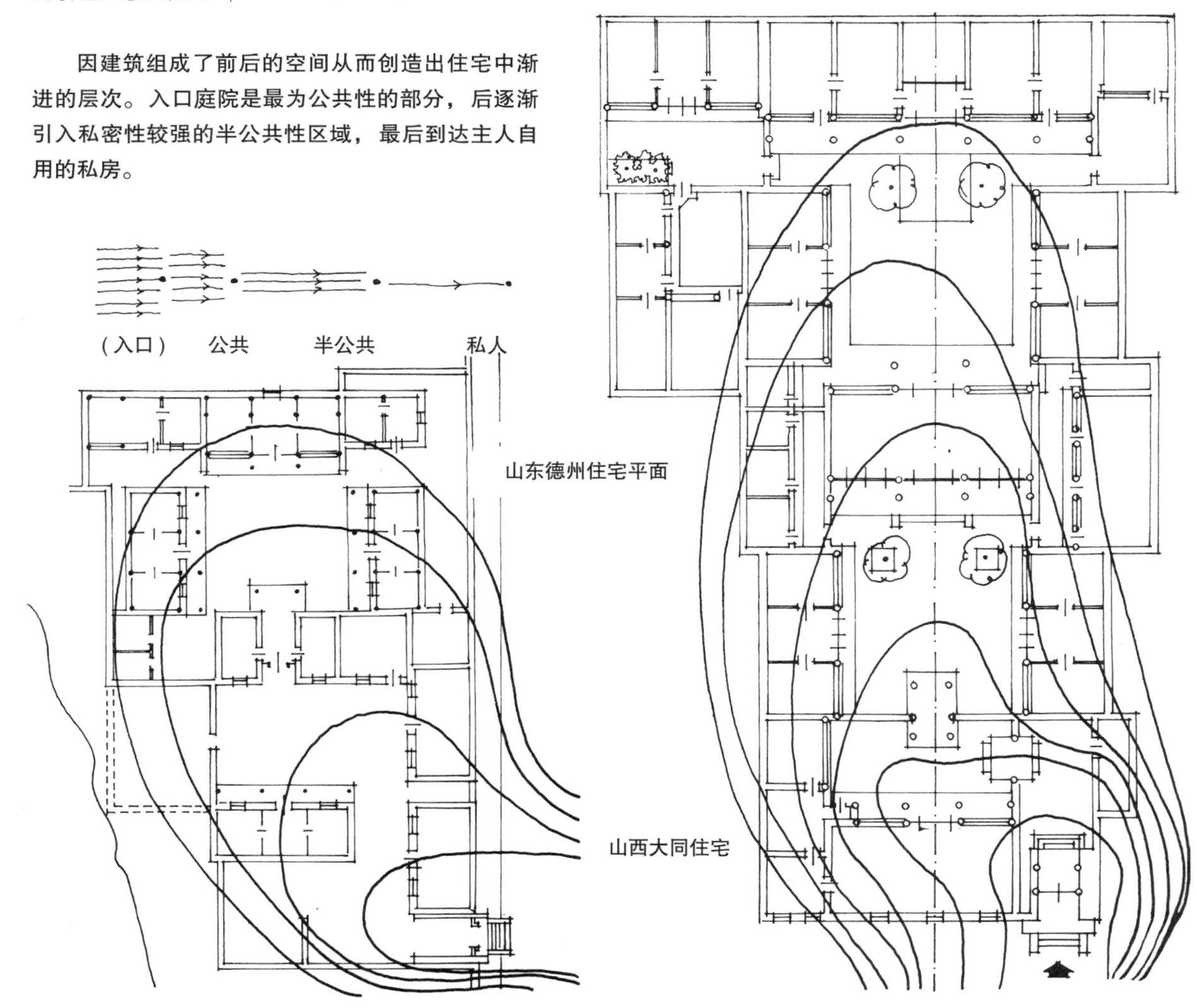

山东德州住宅平面

山西大同住宅

民居建筑要按居住者使用的公共性程度做成一个有层次的布局，按人们的亲疏关系布置宅院，如生人、熟人、朋友、客人、亲属，家庭成员各自活动的场所要有层次的安排。在住宅中需要这种由公共性逐渐过渡到私人性的渐进式层次布局。卧室和闺房是最具私密性的，工作室和书房是渐次的，厨房和公用的地段有一定的公共性质，前室和入口则在住宅中最有公共性质。要根据这种渐进的层次细心地安排这些房间的位置。如果不考虑渐进的层次，把许多房间混杂地罗列在一起，就不能反映社会与家庭生活中的交往关系。因此在规划布置一幢宅院时要创造一个渐进层次，从入口公共性的部分引入至半公共性的部分，最后达到最私密性的部分。

院落空间 | Courtyard Space

院落式民居遍布全国，闽西的圆形及方形防卫式土楼独具特色，规模宏大，居室沿外墙侧周边布置，有的拥有三四百间房室，可达六层。中轴对称，庭院居中，华丽的家祠建在中央，在楼院中可以满足一个村落的各样生活功能。

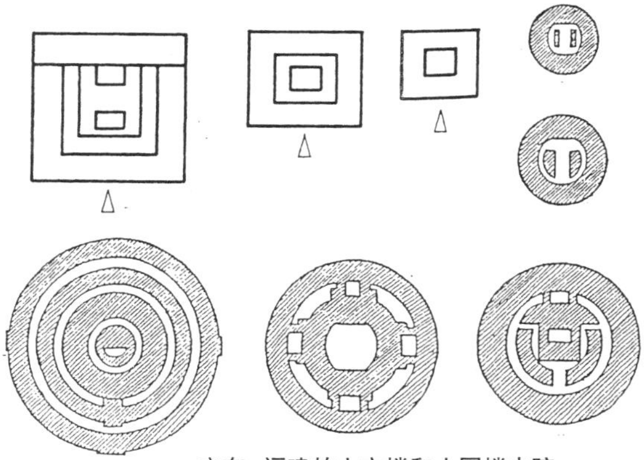

广东、福建的土方楼和土圆楼内院

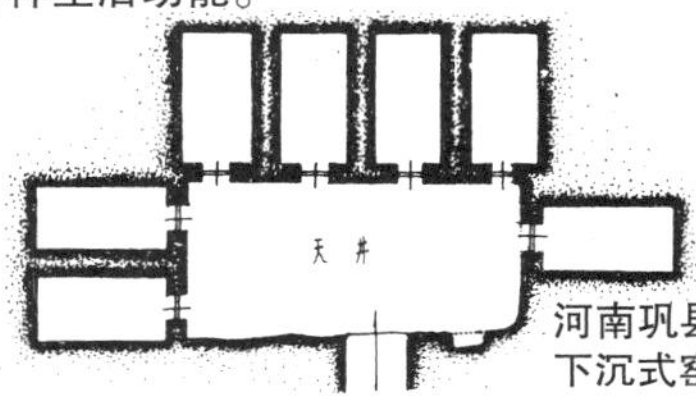

天井

河南巩县下沉式窑院

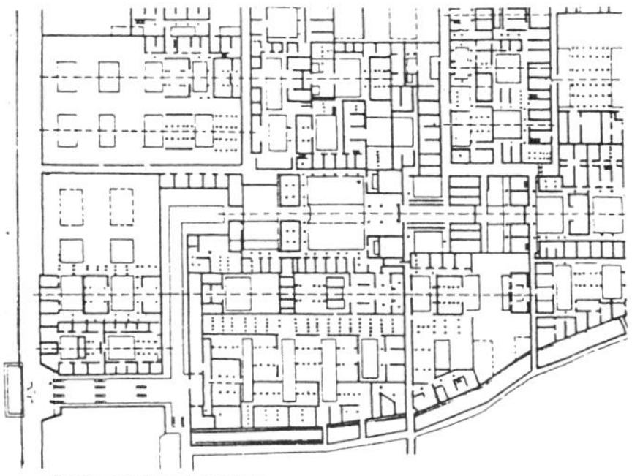

浙江东阳卢宅村

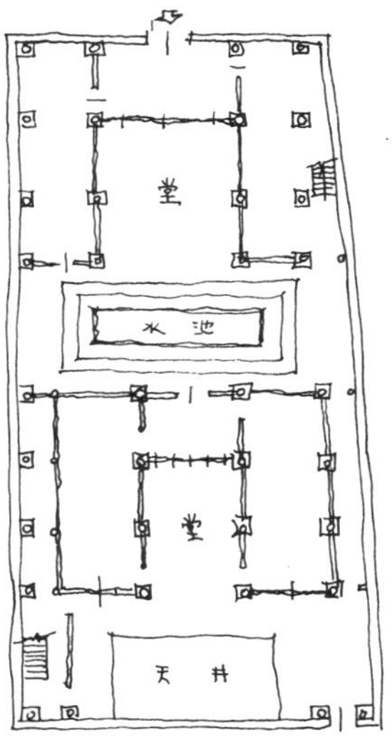

堂

水池

堂

天井

安徽歙县潭渡乡天井住宅

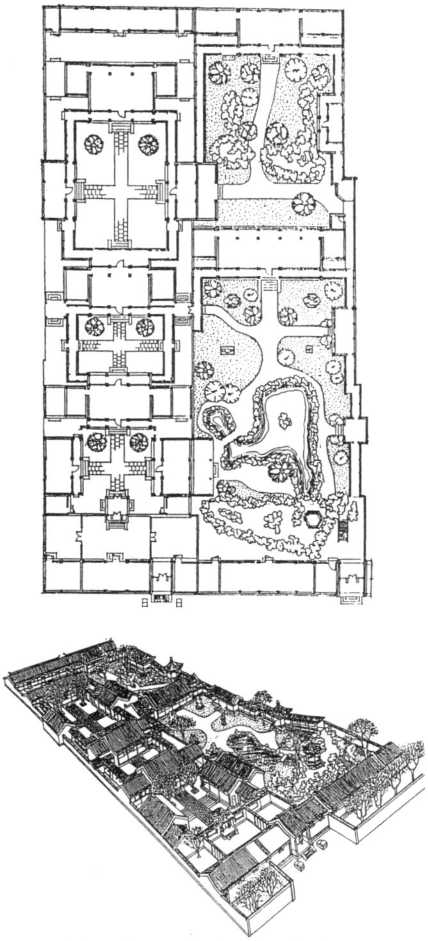

北京帽儿胡同四合院平面及鸟瞰图

院落空间是中国传统民居的重要特征，各种四合院、三合院、土圆楼、土方楼、土窑洞、一颗印……遍布各地的传统民居，大都由多进层次的院落或内天井组合而成。院落之间相互渗透、相互因借；院落空间构成中国传统民居的生活核心；院落空间的围护面有虚有实，虚实相生，实中有虚，实边漏虚，布局巧妙。山西民居、新疆民居、青海民居、安徽民居，外部体量威严高大，整齐端庄；院内富丽堂皇，井然有序，人们住在这种封闭围合的院子里，自然有一种悠然自得之感。

时空序列 | Order of Time and Space

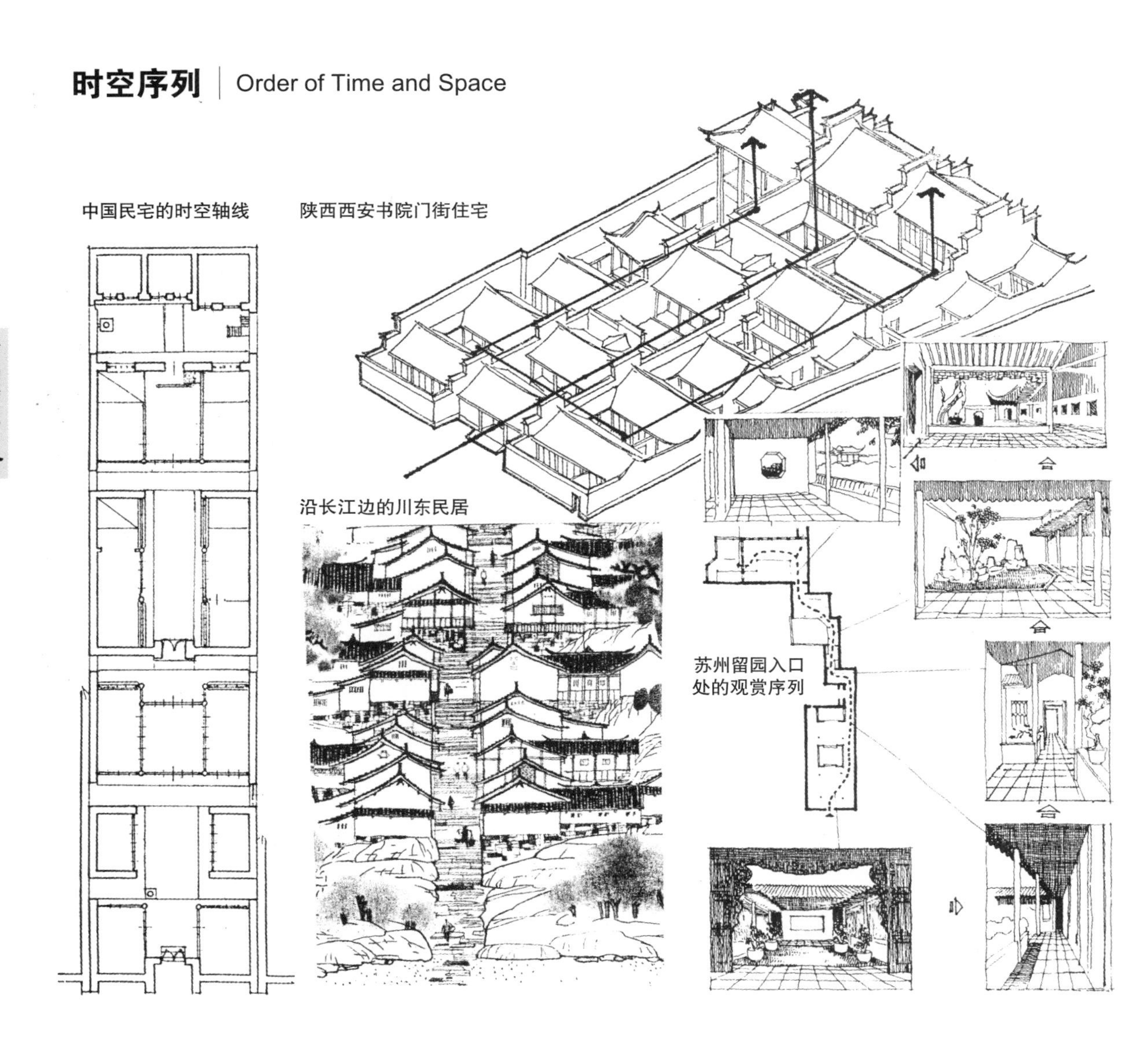

中国传统民居由一系列建筑群体组合而成，建筑空间在时间的序列过程中展现其建筑布局的整体性，两度的建筑平面或三度空间不能说明中国传统民居的空间意境。层层的空间院落组合有起伏、有变化、有高潮。陕西民居的多层次院落、川东民居沿台阶踏步的外景、苏州的大宅庭园等，均巧妙地安排了居住空间在时间上的展现，从而妙趣横生。在民居中的时间因素还包括时期、季节、时刻等，序列特性包括收心定情、延续发展、高潮迭起和形断意联。人在时空序列中可体验回味无穷之感。

3

环境

Environment

环境、风水、落位 | Environment, Fengshui, Site Repair

中国民居的落位选址，注重环境和风水，建筑不占用良田好地，但依山靠水，选择优美、地势高的自然环境。贵州苗族、侗族山寨建筑的落位选地，为了不占用良田，多化零为整或化整为零。江南水乡民居多面街背水或就低洼的水塘选园植树。

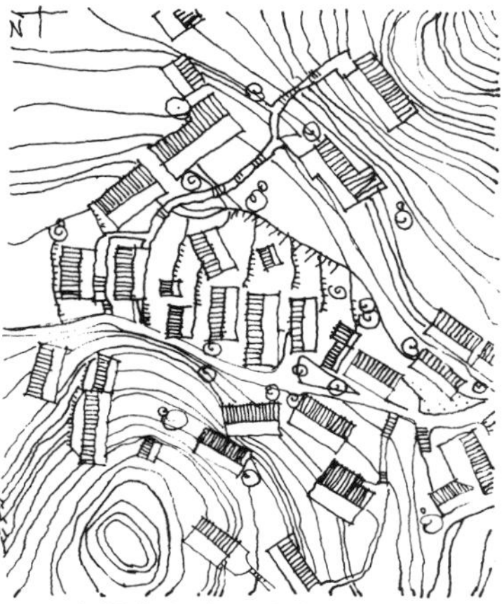

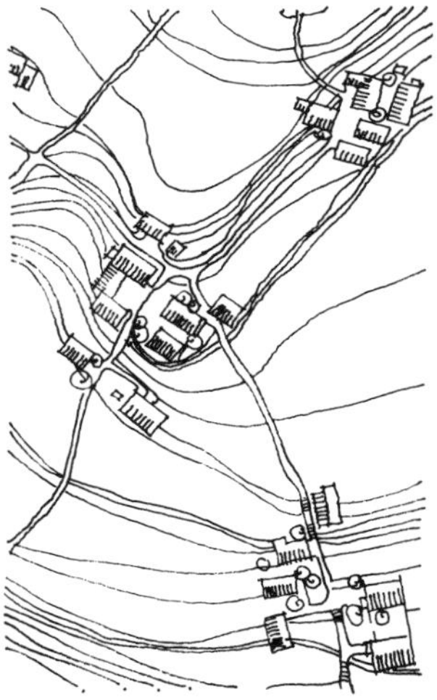

贵州苗族、侗族山寨

中国传统山水画中的建筑落位

江南水乡民居

因地制宜、坐北朝南、阳光地段、满室阳光，这都是中国传统民居的特点。在中国国画中所描绘的住宅都是依山傍水，处在丛山野岭之中，讲究在优美的自然环境中落位，选择有利的风土、水文、地理、气候条件。不论在城市，还是在农村，由于建造者缺乏土地生态学的观点，在地段与环境好的位置建房屋，从而破坏了自然环境。如果继续选择好地建房，人类必定要丧失更好的地，自然环境还会遭到更大的破坏。建造者须审慎地对待一座新建筑的落位，用建筑来修补和改善环境，花工夫去改造那些不利于建设的地段，这是环境风水落位的布局原则。

因地制宜 | Ingenious Utilization of the Land

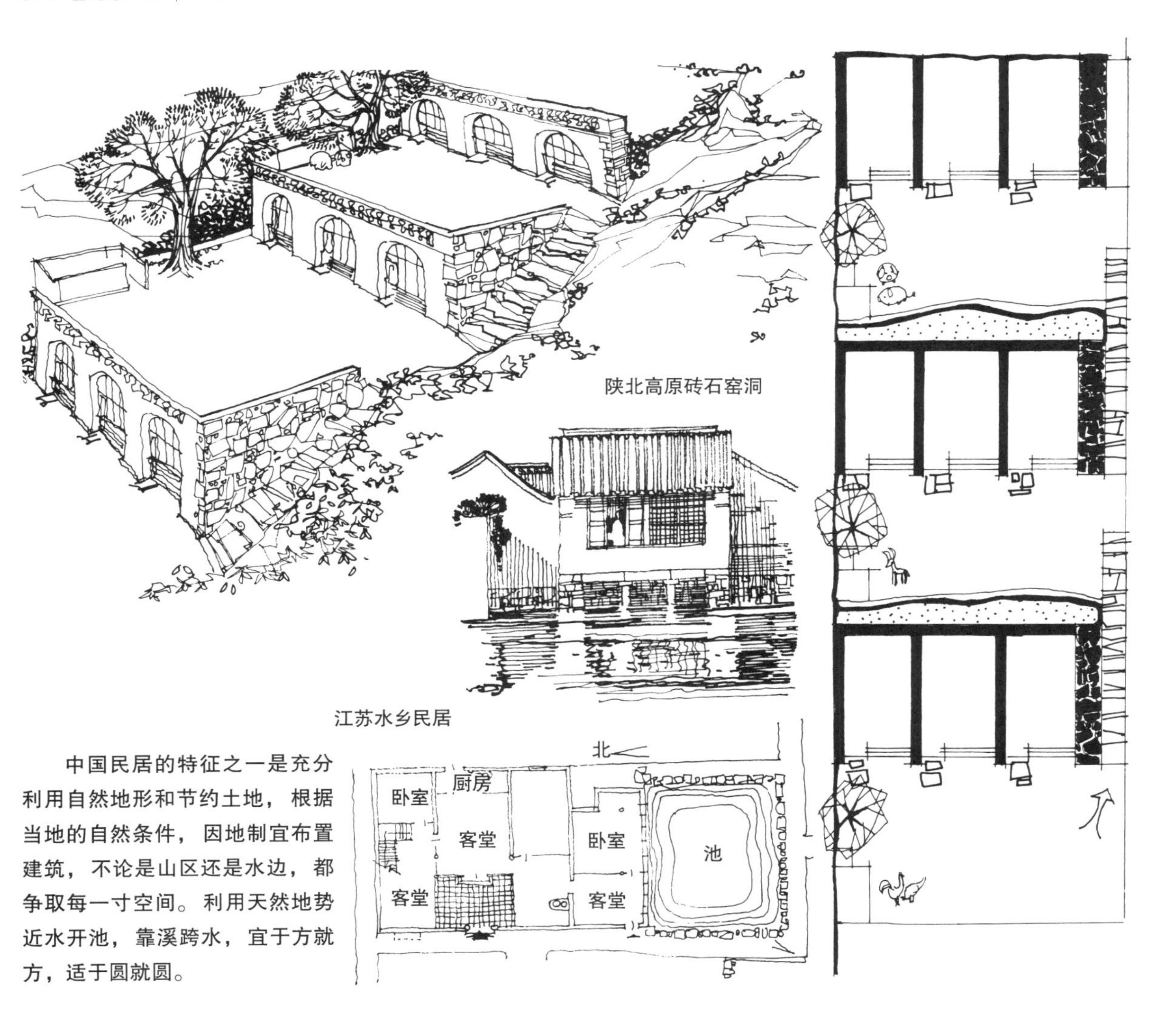

陕北高原砖石窑洞

江苏水乡民居

中国民居的特征之一是充分利用自然地形和节约土地，根据当地的自然条件，因地制宜布置建筑，不论是山区还是水边，都争取每一寸空间。利用天然地势近水开池，靠溪跨水，宜于方就方，适于圆就圆。

根据各地区的具体情况采取适当的措施，定出变通的办法而不拘泥，这是中国民居的一项布局原则。依山之势，傍水之边，村落的大小分合、房屋的前后错落等都因环境的各种自然条件不同而变化。村镇民居的因地制宜还有一层意思，就是建筑应有“乡土气息”，不能把城市型住宅硬搬到乡村中去。

坐北朝南 | South Facing Outdoors

北方广大地区的民居正房都是坐北朝南。争取最好的日照条件，是主体建筑与外围空间布局的重要原则。建筑的装饰与细部纹样也只有在阳光下才有生动的效果，但有些新建住宅却为了沿街立面而牺牲了朝向。

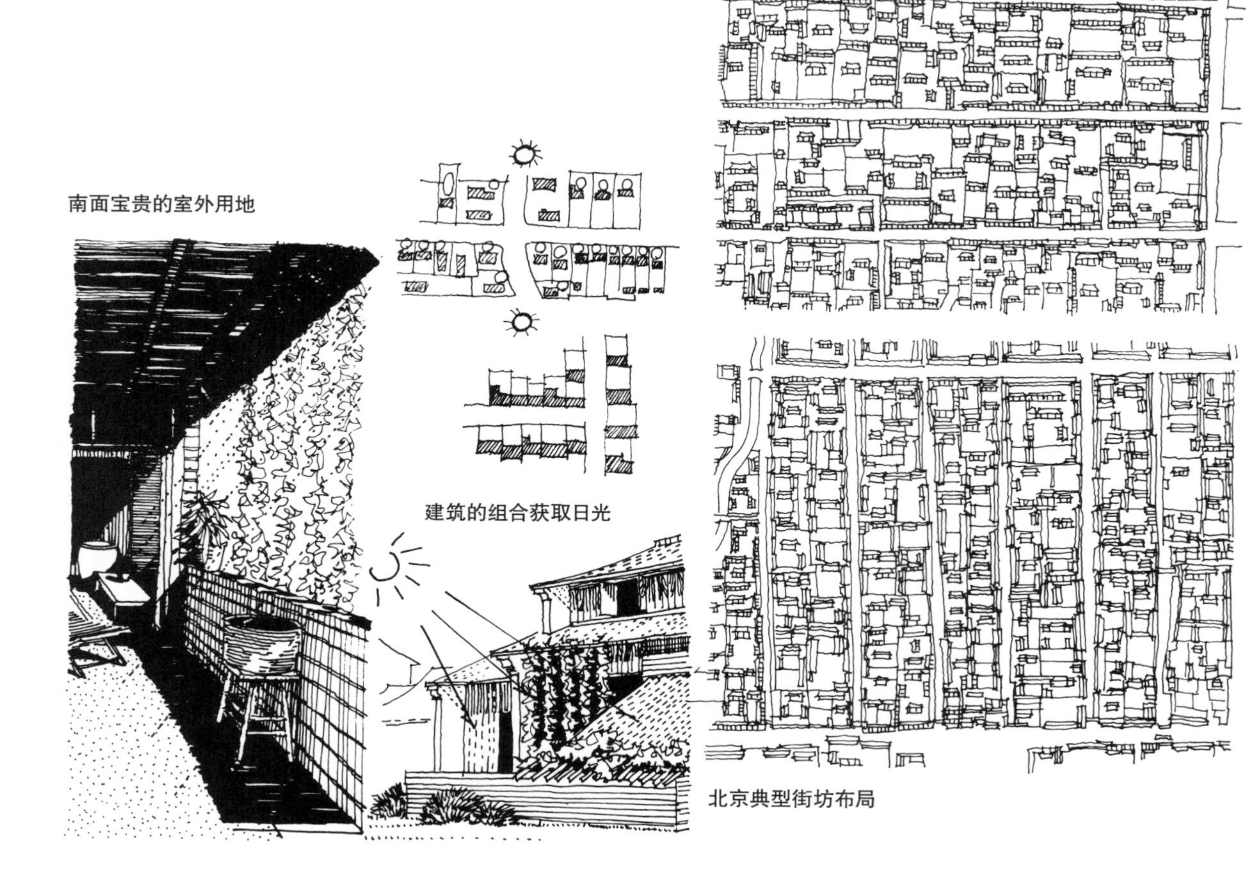

南面宝贵的室外用地

建筑的组合获取日光

北京典型街坊布局

坐北朝南是中国民居布局的传统，建筑环抱着阳光是中国北方四合院、三合院布局形成的重要因素。不同纬度地区有不同的日照条件，现今的居住邻里有各式各样的组合方法，房子的方位与使用场地要考虑建筑的阴影覆盖面积在不同时间的变化范围和对场地的遮挡情况，建筑间不要留下深长的阴影。

阳光地 | Sunny Place

在民居建筑的外面，朝南、充满阳光的地带是人们最喜爱的地方。民居建筑与外门之间的小院、花园、向阳背风的地方均为主要的户外活动场所，小孩可尽情玩耍，大人可观赏院中花卉及做家务，是美好的阳光地段。

建筑物南面的阳光地段

建筑物南面室外的阳光地段是非常宝贵的，要给人们创造一个晒太阳的环境。有些朝南的房屋前阳光地段布满了花卉或堆放生活用品，院落虽充满阳光，但人们却无法享受；另一种情况是围墙很高，布置不当，庭院经常被深长的阴影覆盖着，这就是人们愿意用矮小的围栅来代替院墙的原因。

中国民居中墙的运用是很成功的，把墙布置为阳光地的背景，白色粉墙可以充分反射阳光，环抱着阳光地。独立的影壁墙不仅为了遮挡视线，也是院中的装饰墙，一面为阳、一面为阴，产生明与暗的对比。布置好的阳光地段能吸引人们来晒太阳。摆在树荫下的茶桌、观鱼的平台，每天来此坐一会儿，给花草浇点水，在阳光中观察一下花卉的成长，这是家庭生活中的享受，尤其是老年人和儿童更需要室外的阳光地。

满室阳光 | Indoor Sunlight

南面的檐墙设落地隔扇门窗，可以保证室内充满阳光，尤其是北方民居，从早到晚，人们用餐、做饭、起居活动和工作都在室内进行，因此光线充足对人们极为重要。此外，在民居的房前还应设充满阳光的前廊和花园。

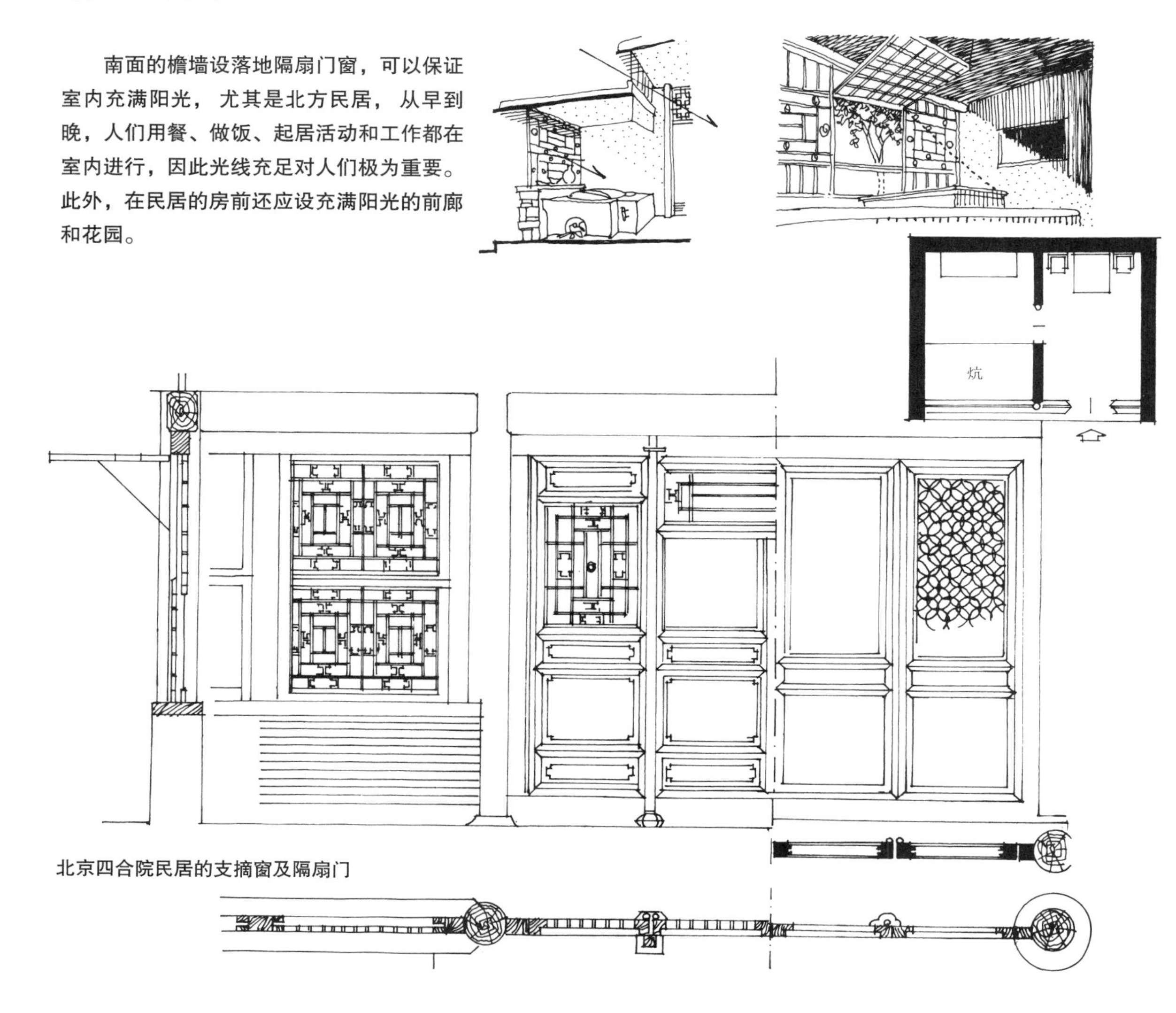

北京四合院民居的支摘窗及隔扇门

满室阳光是中国民居建筑的一个传统特点。北方民居中，朝南的方向全部是幕墙、支摘窗、隔扇门，这是为了最大限度地获取阳光，尤其是冬季，透过大面积的窗格，满室满炕都是明亮的阳光。西方建筑的幕墙体系不分朝向，是为了减轻框架结构的重量，并无采光的意义。

大面积支摘窗使整面阳光透入室内，窗边的炕上终日保持明亮。炕桌周围是家庭活动（谈话、吃饭、主妇做针线活计等）的地方。清早阳光透过窗帘进入室内，照到炕上，自然使人们准时醒来，医学上认为这是最健康的由阳光唤醒睡眠的方式。一醒来即可以看出窗外的天气如何，看看窗外生长的花卉树木，看看季节与天气的变化，开始一天新的生活。

北方民居中的三开间的厨房居中，也是朝南充满阳光的地方。厨房朝南对民居是很重要的。在西方国家的私人小住宅中，宁可居室朝北厨房也要朝南，因为家庭主妇白天大部分时间是在厨房中度过的。

气候效应民居 | Dwellings in Microclimate

中国民居由于自然地理与气候的变化比较复杂，民间对环境的考虑多以风水学说的形式出现。根据居住环境、气候、地文、水文等自然生态与建筑绿化等人工因素，经空间与时间的双重象限来确定居室的落位。住宅与山势、河流、林木、道路、左邻右舍、日照、朝向、风、供水、排水、小气候以及视野景观各种条件因素结合，形成气候效应民居。

剖面图

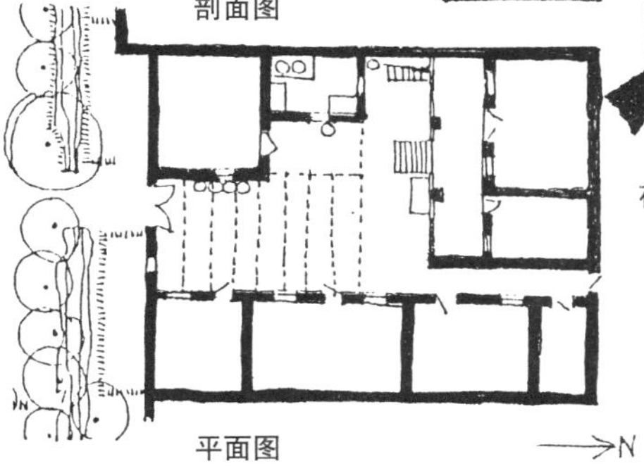

平面图

吐鲁番民居的小气候

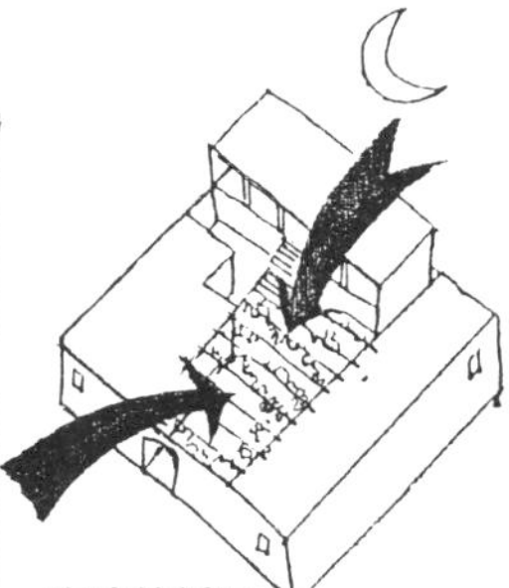

夜晚的循环

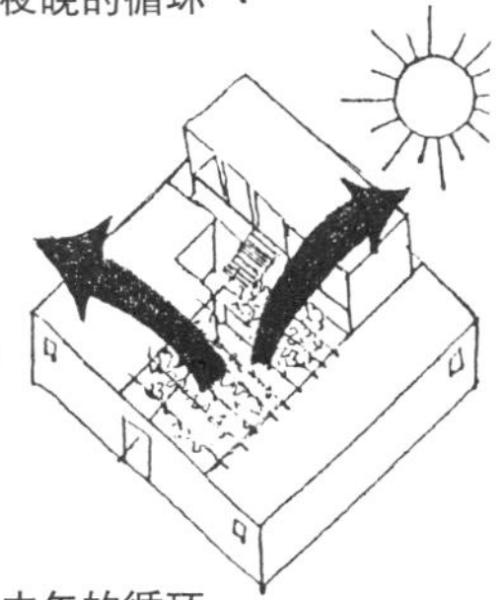

中午的循环

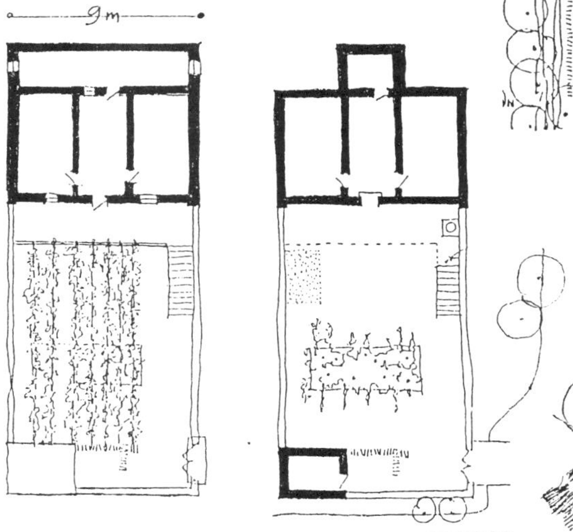

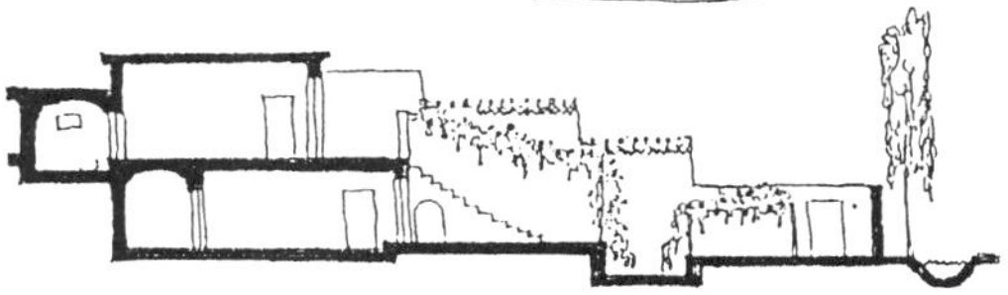

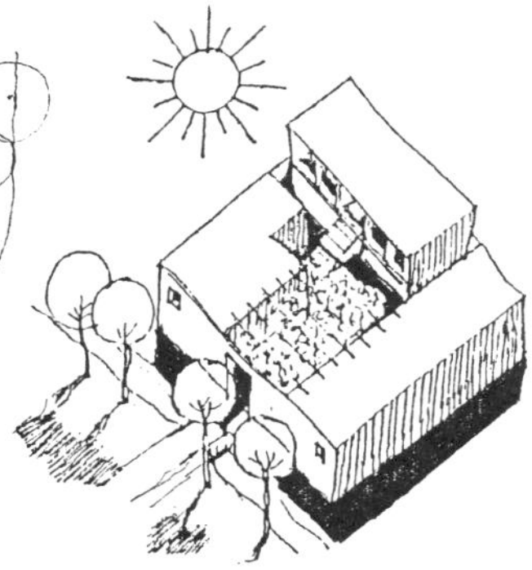

下午的循环

阴影和棚架遮挡太阳的辐射

新疆吐鲁番葡萄架民居

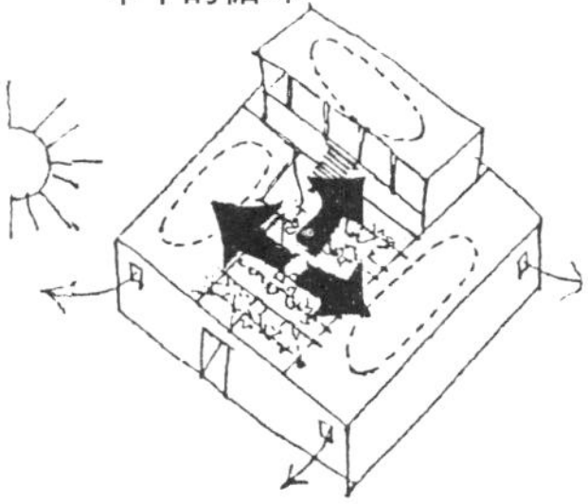

新疆吐鲁番葡萄架庭院如同一个空气调节器

新疆吐鲁番的葡萄架庭院原生民居如同一个空气调节器，引导空气在庭院周围的房间中流动。当地气候干燥炎热，夏季，葡萄架庭院有三个促进空间循环的功能，可以改善每天的室内温度。第一个循环在凉爽的夜晚，空气下降到庭院之中并充满周围的房间；第二个循环正当中午，厚墙不允许外面的热量传到房间内部；第三个循环是午后，由于热空气的对流使房屋及庭院变暖，日落时气温下降，凉爽的空气又降入庭院，如此循环往复。葡萄架的枝叶还提供一些水汽蒸发，加湿空气，使居住条件舒适。

4

空间

Space

室外空间的地位 | Positive Outdoor Space

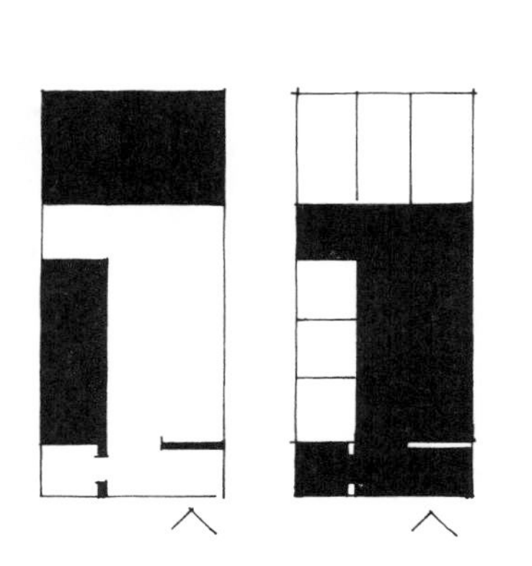

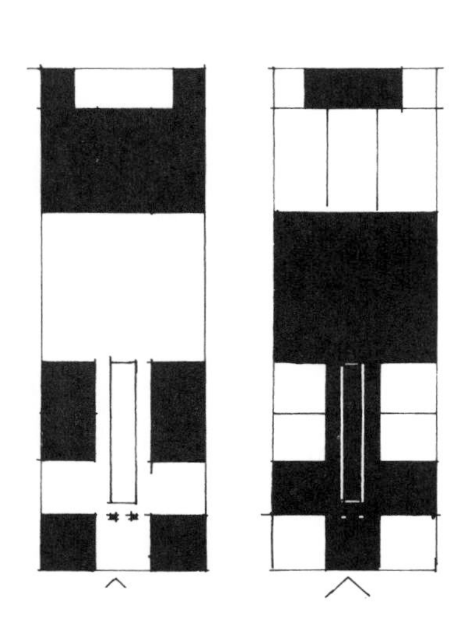

陕西民居建筑与室外空间的几种平面

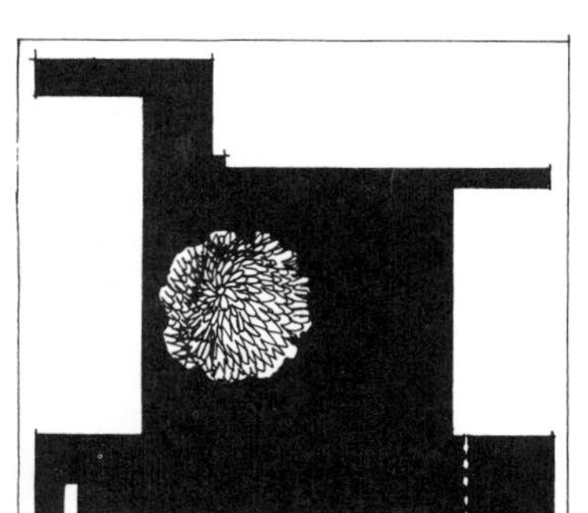

河北省石家庄住宅建筑与室外空间平面

建筑的室外空间是由建筑组合关系形成的，单一的建筑只有外部环境，没有室外空间。中国传统民居自成院落，院落由建筑以外的空间加上围墙自然形成。从图中建筑与院落的平面中可以看出，在中国民居中室外空间在布局上与建筑占有同样重要的地位。

室外空间、内天井、房前、屋后、宅旁和半隐蔽的花园是中国传统民居空间处理的特征。有两种基本的不同类型的室外空间：一种是把建筑布置在大片土地的空间之中，室外空间不构成形状；另一种是建筑之间形成的空隙，由建筑限定室外的空间形状，就如同由墙壁限定房间的形状一样。室外空间形状的完整、大小与整个建筑布置同样重要。前一种室外空间只表现建筑的体形轮廓，外部空间即建筑的背景，看不到室外空间的形状。后一种室外空间可以建造为背景突出室外空间的形体。这个室外空间的形状取决于建筑物留出空间的闭合程度和建筑边线的凹凸情况。有的内部空间可以是半封闭的，因此要用布置建筑内部庭院的办法来创造一个感觉舒适的内部空间，封闭、不封闭或半封闭的空间都可以创造优美的环境。把不具备室外空间形状的单幢房屋加上围墙、连廊、树木花架等，创造出室外闭合空间，这是中国民居的传统手法。

采光天井 | Skylight Courtyard

陕西民居中的小天井住宅

采光天井的运用在中国民居中极为广泛。陕西关中地区四合院横向较窄，形成纵深狭长的矩形天井，两房檐口间只有1.1~1.2米宽。安徽的徽州住宅形成H形平面的横向天井，比例约为1：3，天井中有石板铺砌的水池。在江浙一带天井布置自由灵活。

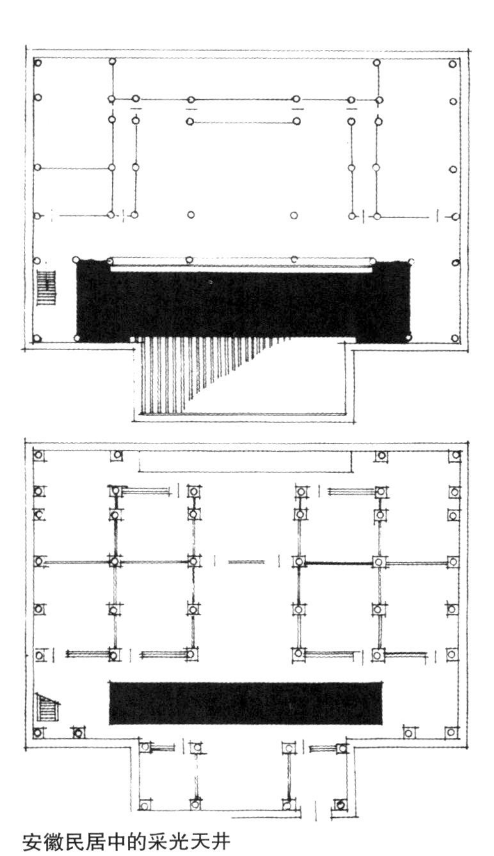

安徽民居中的采光天井

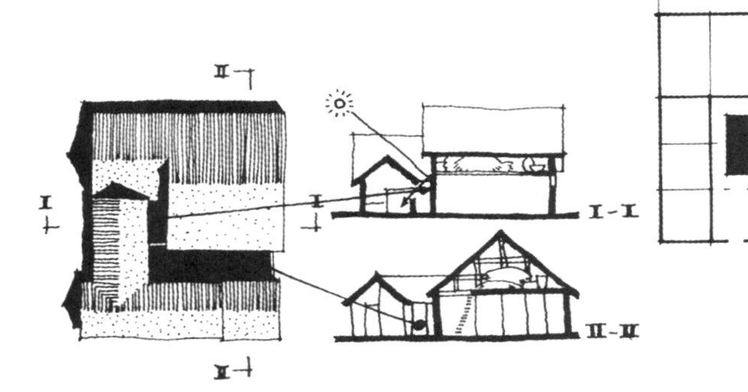

浙江民居中的采光天井

空间处理还要配合光的运用，在中国民居中最聪明的办法是增加窄长建筑两边的侧翼，形成一个三合院的采光天井，如安徽民居中的天井。我们把三种平面形状的房子做比较：一字形的平面、点式布置的平面和井字形内天井式的建筑平面，结果是井字形内天井式建筑天然采光最好，而且建筑密度最大。此外，人们也愿意让光线从房间的两面进入室内，内天井可以创造一个室内明亮的庭院，成为家庭生活的美化中心。这种庭院式内天井比西方流行的玻璃角窗更优越。两面进光的玻璃角窗的房间在欧美风行一时，然而内天井的中国式传统民居表现了更为生动的光线效果，目前已为西方建筑所接受。来自天井的天然光线把人们的视线从琐碎的家庭杂物中引向外部庭院的景物，光的清晰感有助于人们看清内外装修的细部，同时也增加了绿化在天井中的美感。

房前、屋后、宅旁 | Building Fronts around the Building

房前布置花卉、树、石、盆景、鱼缸和水池，美化前庭。屋后、宅旁根据地势地形种植蔬菜、果树，饲养家禽、家畜，并设置厕所、库房等。

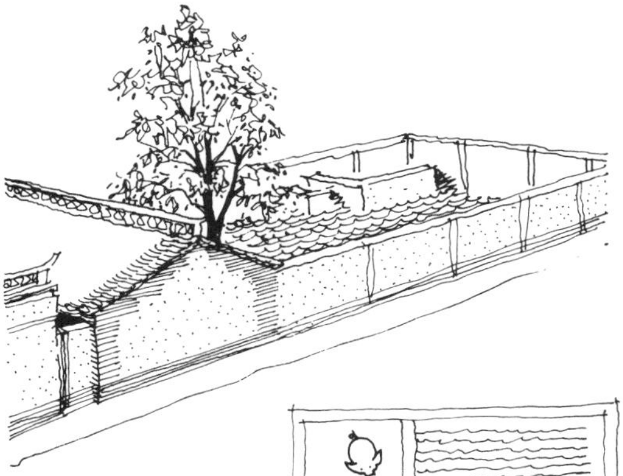

浙江民居宅旁菜地

陕西民居后院

宅前树、石

随着科学技术的发展，建筑设计已由单体建筑的空间概念演变为环境设计的新概念。而中国传统民居从来就是尊重自然环境的，民居设计的房前、屋后、宅旁，也就是住宅的室外空间环境。运用植物、花卉、叠石装点房前，书房前植芭蕉，厅前植海棠，屋后种枣树等。各地还有地方性的栽植品种和习俗，在陇东和陕北黄土高原一带，黄土窑洞前都种有苹果、桃、杏等果树，每当春季，遍地花朵陪衬着朴素的黄土窑洞，增添了美丽的天然色彩。在皖南民居的天井庭院中有水池和石板栏杆，使庭院空间和厅堂建筑连成一体。民居宅旁的生活庭院、屋后的菜地以及家禽家畜的饲养用地，都围绕着住宅形成宅院，布置得体，构成一个舒适的农家生活环境。

半隐蔽的花园 | Half Hidden Garden

用花卉、树木美化住宅是中国传统民居重要的营造手法。堂前空地种植花木、葵桃瓜豆，以点缀环境，较大民居有盆景、鱼缸、太湖石、小路、花墙、园门、花窗、回廊、水池、台案、椅凳等。花园既不开敞于街道，也不完全隐蔽和孤立，房前屋后都无拥塞感，是一种与建筑紧密联系的“半隐蔽的花园”。

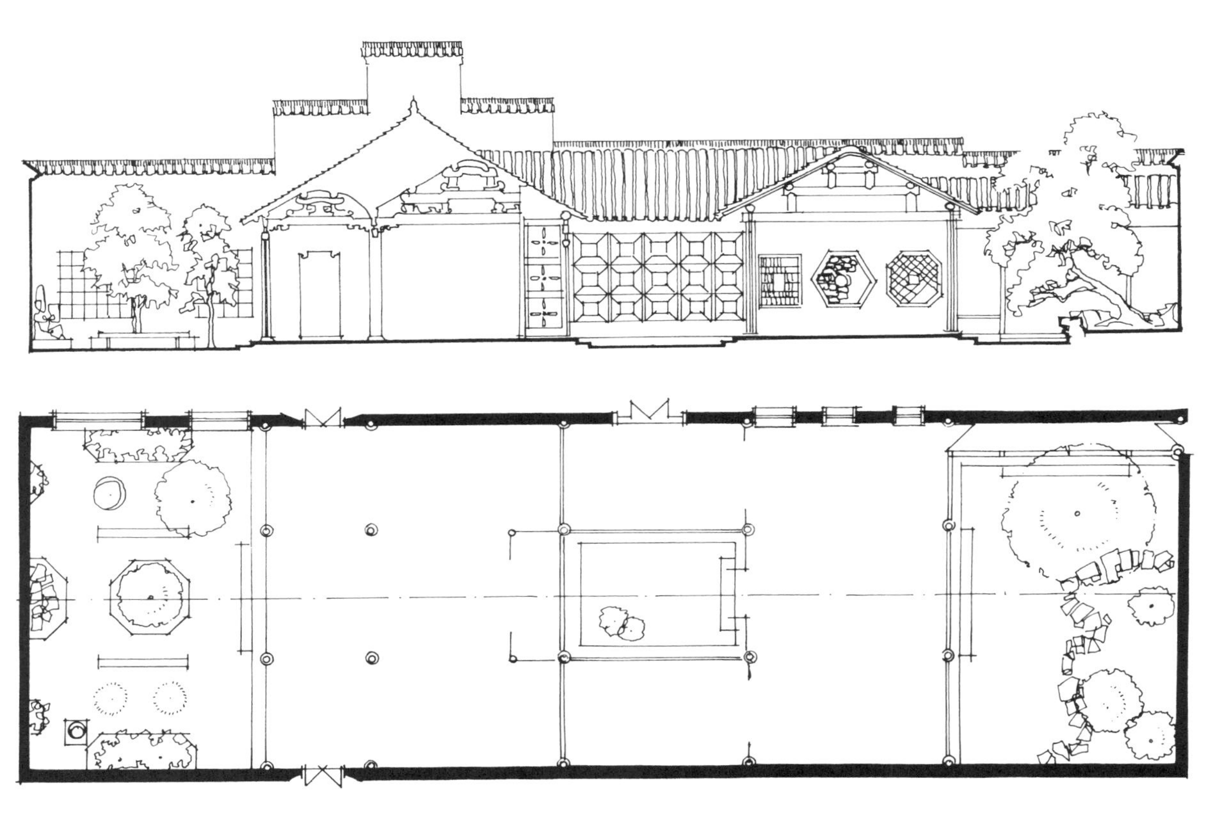

苏州宅院的花厅

花园与住宅之间最巧妙的空间处理方式是苏州宅院。花园与住宅建筑有分有合，若隐若现，可称为半隐蔽式的花园。布置住宅的庭园要求有一定的私密性，又要有与街道和入口的联系性，布置在半前半后的位置才能达到这种隐与现的平衡。设在跨院旁边的花园最好，以高墙和街道分隔，通过小路、门道、廊庑、花架通达内外空间，还可以通过花园窥视街道，又可以照顾到前门或通向前门的小路，后院则用于储存物品。在苏州宅院多样的花园布局中，我们可以吸取很多半隐蔽式花园布局的优秀手法，特别是那种把居室和花厅组合在建筑的天井之中，花园与房屋之间若隐若现地交织在一起，创造了环境与光线的效果。花园居于住宅的前后和中央，花卉植物贯穿房屋，房屋穿过庭园，住宅与花园、天井的光感有机地结合在一起。

没有建筑的建筑空间 | Architectural Space Without Building

中国的生土窑洞历史悠久，它就地取材、造价低廉、技术简便、生态节能。

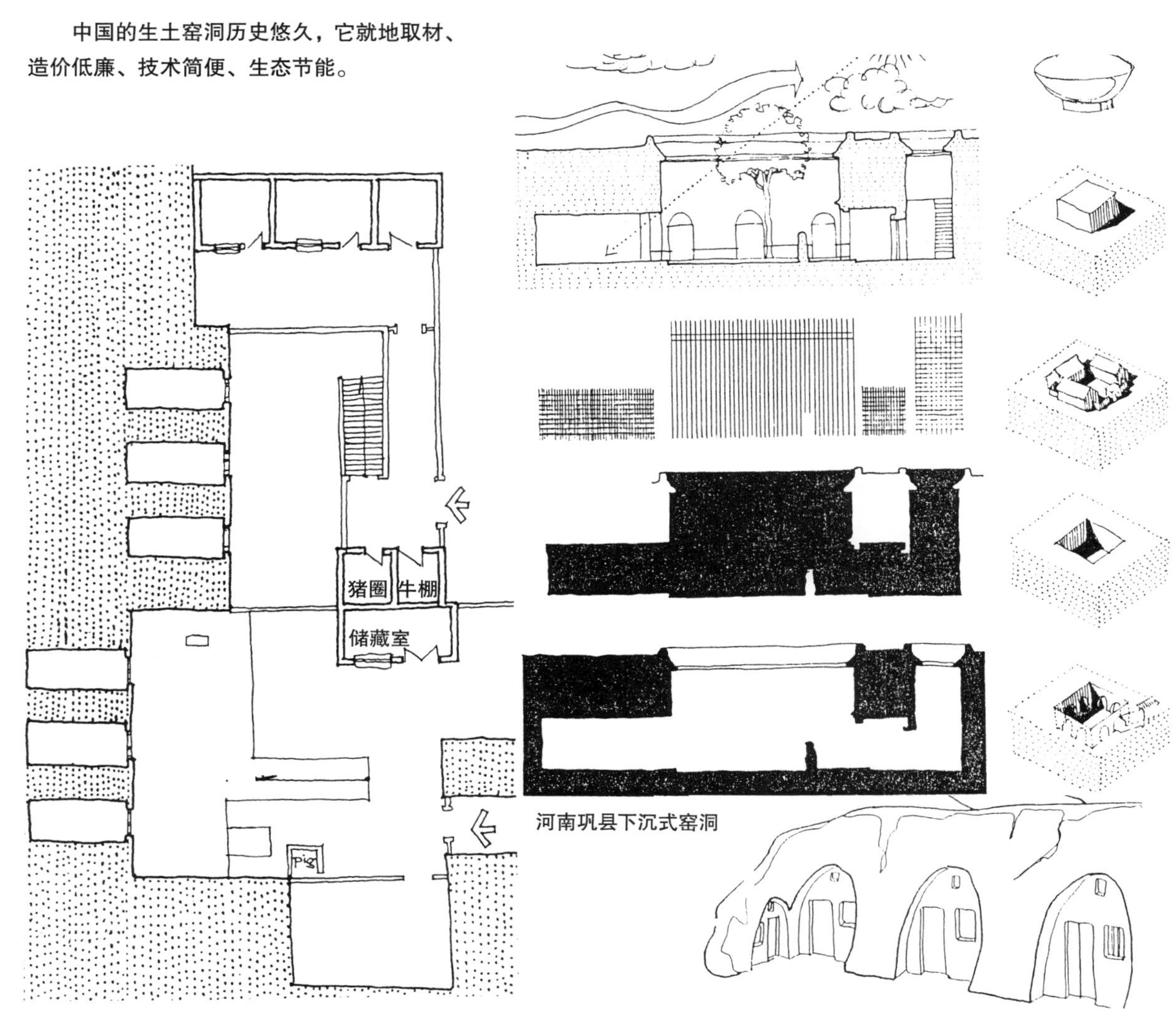

河南巩县下沉式窑洞

陇东庆阳镇沿山式窑洞

中国黄土高原上的窑洞，室内空间全部从土中开挖。人们居住在土体之中，它是没有建筑的建筑空间。窑洞有三种形式：①窑洞围绕一个小庭院，先在地上挖一个方井，再向四面挖出拱穴居住，就像传统四合院。窑洞分卧室、厨房、储藏室和牲畜棚等，院子里有一个水井，大雨时可排出雨水。有的庭院互相连接，甘肃庆阳就有包括10个庭院的地坑，中央有一条小巷连接。②在山坡边上开挖窑洞。③窑洞式的建筑，可兼有窑洞和地上房屋两者的优点。

空间在时间中展现 | Time and Space

窑洞庭院用墙、通道、内部中心空间组成生活核心，构成进入窑洞中心空间一系列的过渡和中介，使空间在时间中层层呈现，给人留下深刻的印象。多层次的展开，形成一个隐蔽、安静、安全的生活场所，所有的事物均和谐地表现在中心空间之中。

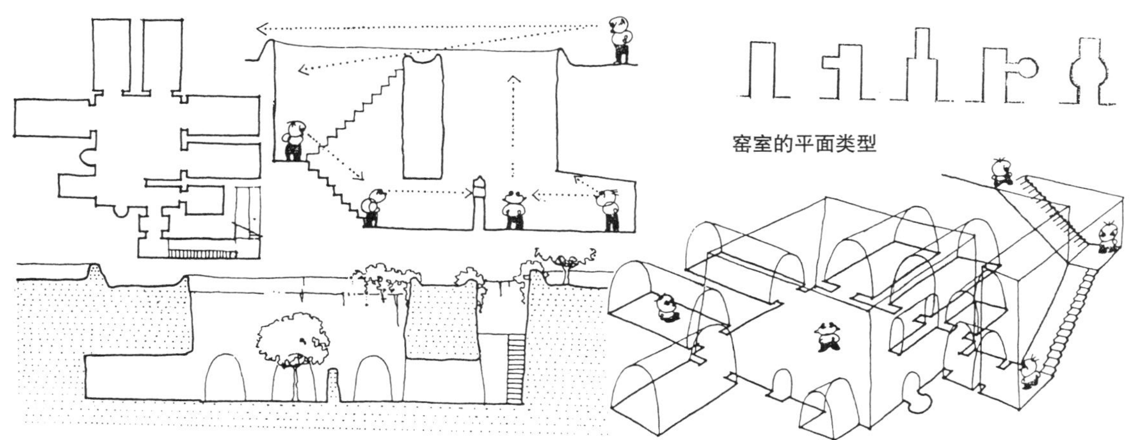

窑室的平面类型

河南巩县下沉式窑洞的视觉序列

地下窑洞居住空间的全貌不能一目了然，而是在时间逐步推进的过程中才呈现出整体布局的层次。地下窑洞空间的层次划分逐步引导人们从公共性的外部世界到达家庭的私密性世界。多种过渡性建筑要素，如门道、独立的影壁、踏步地坪标高的变化、黑暗的门洞等，都体现了不同时间层次中人的空间感受，每个环境要素都增加了人们由一个环境进入另一个环境的空间层次感。

神化空间 | Deify Space

中国神圣且世俗的建筑空间没有明显的界限，在世俗的住宅中可以有神圣的大堂与祠庙，可在宅中转用。这是中国人“重生知天”的信仰，以为天堂净土和地狱苦海就像是人间，境随心转。儒家的封建秩序、伦理观念、理数观念使“五世同堂”被视为美满的家庭。

中国传统民居中的门神护卫

财神爷、灶王爷、土地爷象征有求必应

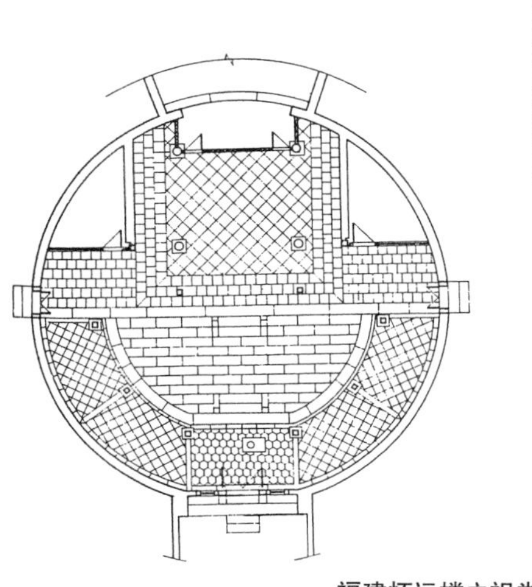

福建怀远楼之祖堂

中国传统民居中表现的民俗信仰丰富多样，有财神爷、灶王爷、门神爷、祖宗祠堂等多种信奉。传统民居中信奉的神化空间隐喻着人与神之间的对话场所，将人与超自然的神相连接。民居中神化空间落位在幽暗的环境中充满神秘和崇高的氛围。

5

天然条件

Natural Conditions

自然通风 | Natural Ventilation

风常和温度连在一起，在又热又湿的气候条件下，风是不可缺少的。我国传统民居注重创造空气对流，院内带有天井的房子，天井就好像一个抽气的烟囱，在干热季节的晚上把凉风抽进屋中。

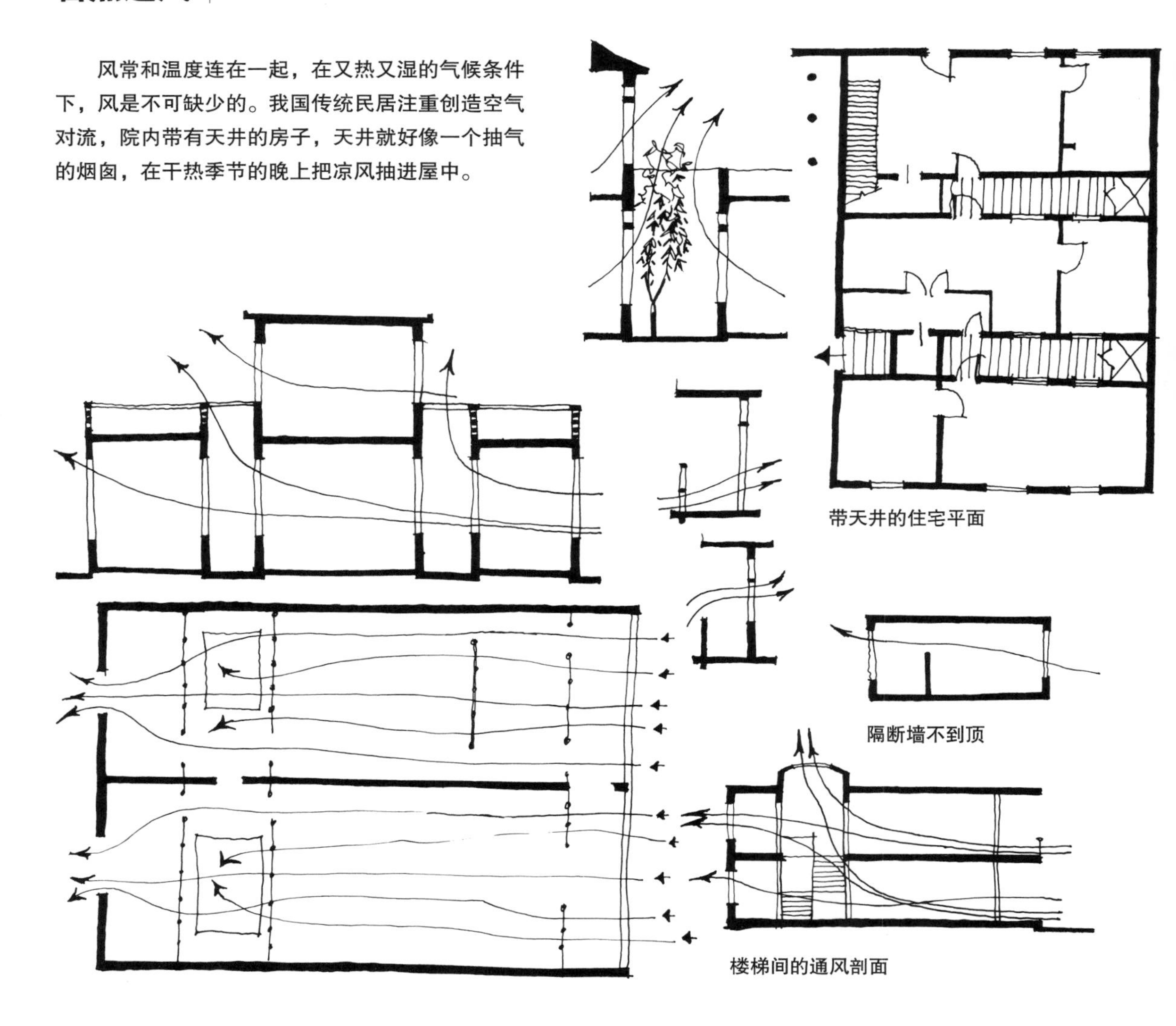

带天井的住宅平面

隔断墙不到顶

楼梯间的通风剖面

南方炎热地区的住宅很重视自然通风，以改善宅内的微小气候，房屋可将前后门窗对开，形成对流穿堂风，并采用小天井加强自然通风，把通风和采光结合在一起，树荫及遮阳设施对室内微小气候有一定的调节作用。还有其他一些改善通风的措施，如使用竹编的空花栏杆、不挡风的隔扇风窗，或用楼梯间起到抽风井筒的作用等。

宅院中的微小气候 | Microclimate in Courtyard

气候因素影响民居的形式，人们在住宅设计时充分考虑到了房屋的形式、材料、局部气候以及风向、日照、冷热空气流动等因素。

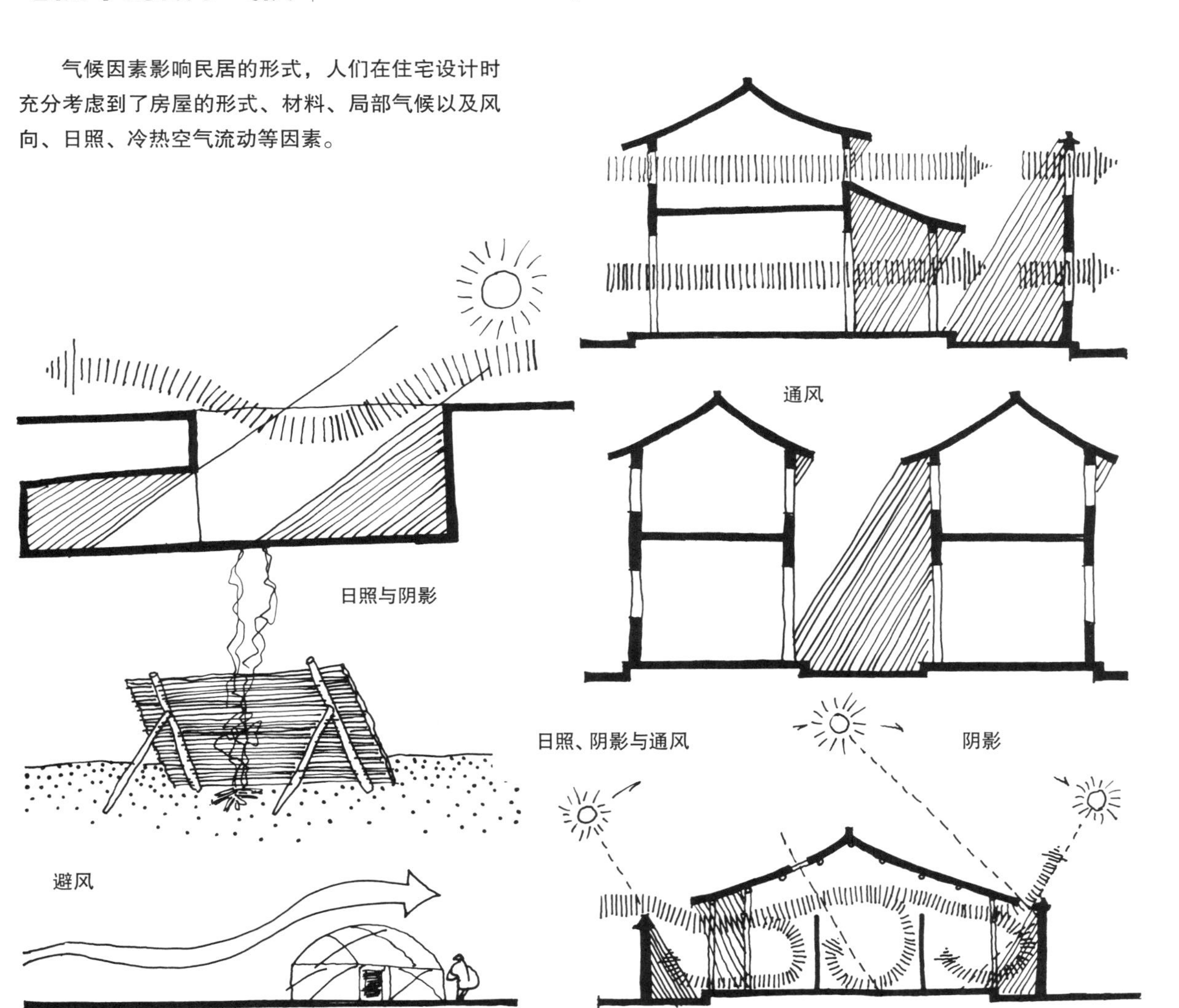

改善住宅中的微小气候，根据不同的气候条件表现在方位、结构、平面形式、材料等方面的差异上。例如在干热地区，尽量不让热量传到室内，用泥土、块石等材料白天大量吸收热量，晚上再慢慢地散放出来，藏族民居和黄土窑洞就是这样；在湿热地区，湿度高、辐射强，需要更多的遮阳面积和更少的建筑含热量，平面开敞，墙减至最少，如云南的竹楼；在寒冷地区，建筑以保温为主，与干热地区相仿，一是隔热，二是保温，热源方向相反，需要切断的热流方向也正相反，如北方民居中的火炕、火墙、火地，并尽量多吸收太阳的辐射量。湿度高低也影响室内的舒适度，通风可以减少空间湿度。落位要注意迎风与避风，雨水在干旱地区要注意保存并防止其蒸发，炎热地区要防辐射强光，而寒冷地区阳光备受欢迎。

与大地相联系 | Connection with the Earth

建筑处于大自然之中，黄土高原的窑洞与大地紧密连在一起。

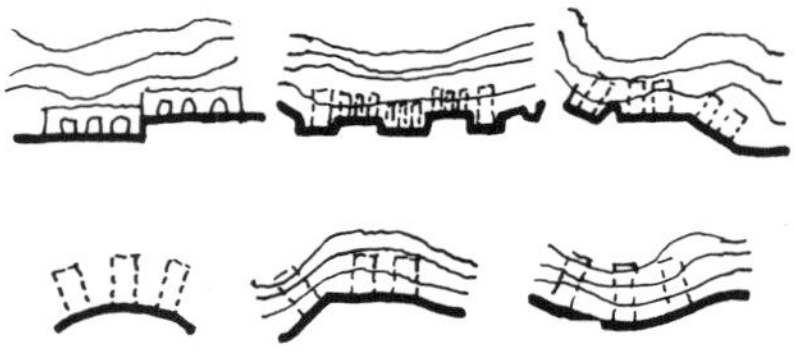

建筑与大地相联系

沿崖式窑洞

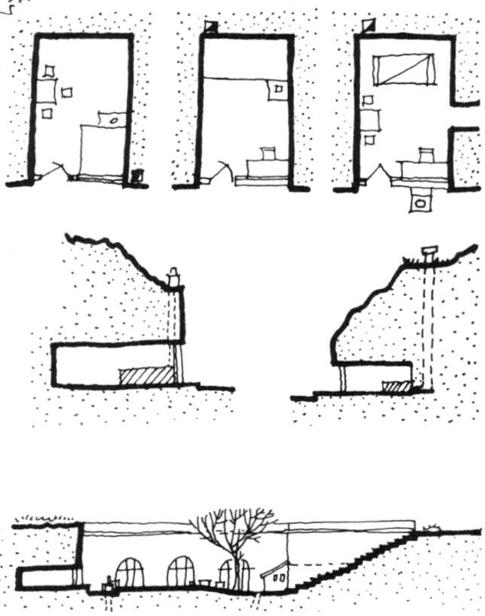

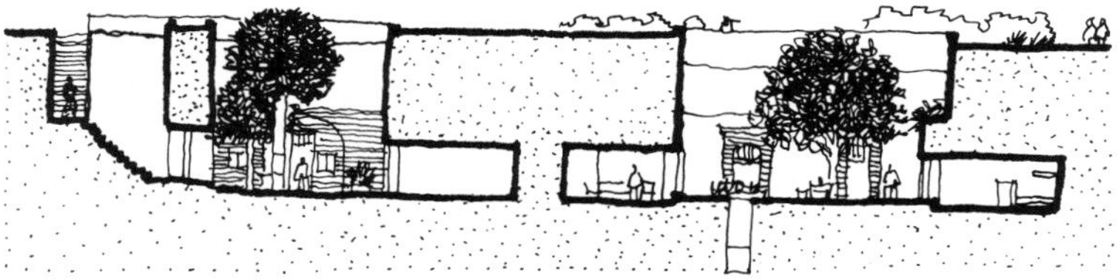

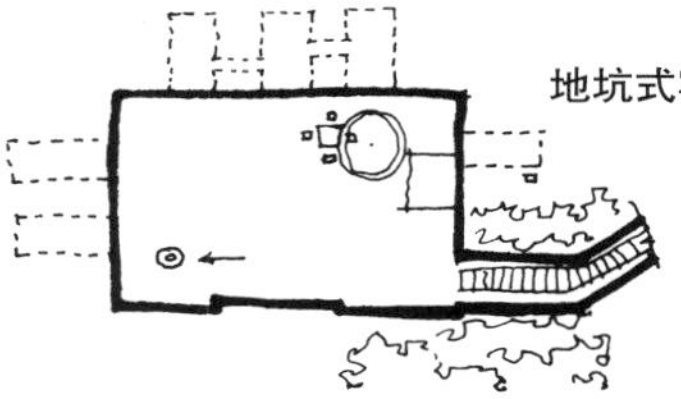

地坑式窑洞

中国的生土窑洞民居建在黄土高原的沿山与地下，是在天然黄土中的穴居形式，已有几千年的历史，是人工与自然的有机结合，冬暖夏凉，不破坏生态，不占用良田，就地取材，经济省钱。生土窑洞的院子、土屋、间楼都是用生土夯打或土坯砌筑的，有的整个村庄建在地下，是建筑生根于大地的典型代表，其自然风格与乡土气息充分体现其敦厚朴实的性格。乡村住宅处于大自然之中，好像是大自然的延伸。这种把住宅与外界大自然有机结合在一起的设计，在国外表现在美国建筑大师莱特(F.L.wright)及其草原学派的许多作品中，这种建筑的哲学思想是要表现人类原本是生根于大地的，建筑应该恢复其本来的面目，处于大地之中，与大地相联系。

冲沟里的村庄和水土保持 | Village in Gully and Water and Soil Conservation

在黄土高原的天然冲沟中建设窑洞村落，可以不占耕地，保持水土。根据土层分析选择建设地段，选择马兰黄土及离石黄土层，土层厚至少8米，土质含水20%以下，避开下部的堆积黄土层，以防水淹成灾。注意山形地势并与公路保持适当的距离。

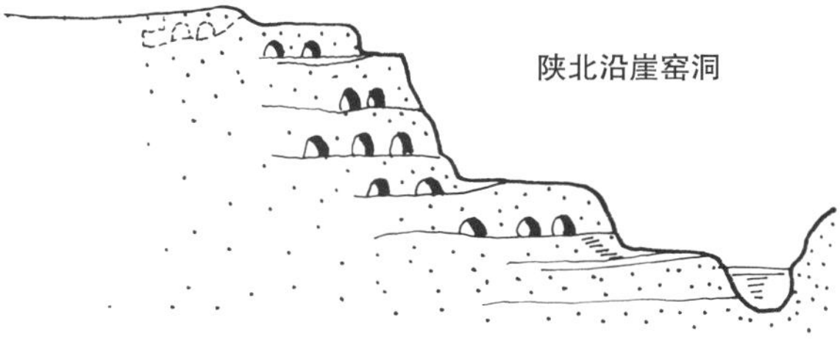

陕北沿崖窑洞

我国西北黄土高原的农田主要分布在塬、川和山坡上。冲沟是年复一年被雨水冲刷形成的，并正在不断扩大和延伸，使耕地面积逐渐减少，造成严重的水土流失，这是黄河含沙量大、淤积成灾的主要原因之一。冲沟逐渐加宽、变深，妨碍交通，使现有农宅分布零散。因此，应强调在冲沟中进行村落建筑，以改善黄土高原的环境，控制水土流失。

在陇东庆阳一带，村庄建设在冲沟里，以节约土地。居民为了家宅不受雨水威胁，就在沟壁上种植花草树木，防止水土流失，以阻止冲沟扩展。居民在沟边的坡地上种植，也可使荒地得到利用；修建小型拦水坝，存水浇地，客观上保持了水土和生态的平衡。

地下村庄、文明建筑 | Underground Village and Gentle Architecture

中国黄土高原的地下村庄有上千年的历史，目前仍有许多居民住在这样的窑洞中。地下窑洞冬暖夏凉，就地建设，经济节能。

地下村庄是地坑式下沉院落，房屋上面仍可种植庄稼，不破坏自然界的生态，建筑不破坏自然，而埋藏于大自然之中，故可称之为“文明建筑”。

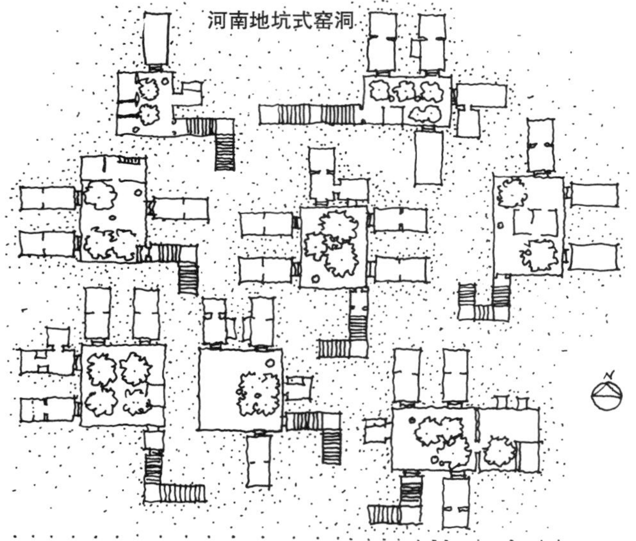

生土窑洞民居可分为地坑式、沿崖式及土坯拱式三种。地坑式是地面上挖坑，坑内三面或四面开凿洞穴居住；沿崖式是沿山边及沟边开凿窑洞，不占耕地，保护良田；土坯拱式以土坯砌拱后覆土保温，是建在地面上的窑洞。三种窑洞形式不论是地段的利用、院落的划分、上下层的交通联系、采光通风及排水方式等，都有很巧妙的处理方法。

在河南省巩县地区有许多地坑窑洞式房屋，有的地方整个村庄和街道都建在地坪以下，远远望去只见树冠和地面的林木，民居处于大自然的环境之中。从环境建筑学的观点看，这是完美且不破坏自然的“文明建筑”。

建筑设计要力求保护自然环境和生态，地下村庄的规划和建设有利于达到这一目的。

地下空间 | Underground Space

下沉式黄土窑洞是一种竖穴与横穴相结合的穴居形式，居室、庭院、公共街道空间全在地平线以下。民居的组合是地下空间上下层次的组织，巧挖黄土，妙居地下，冬暖夏凉，环境舒适。

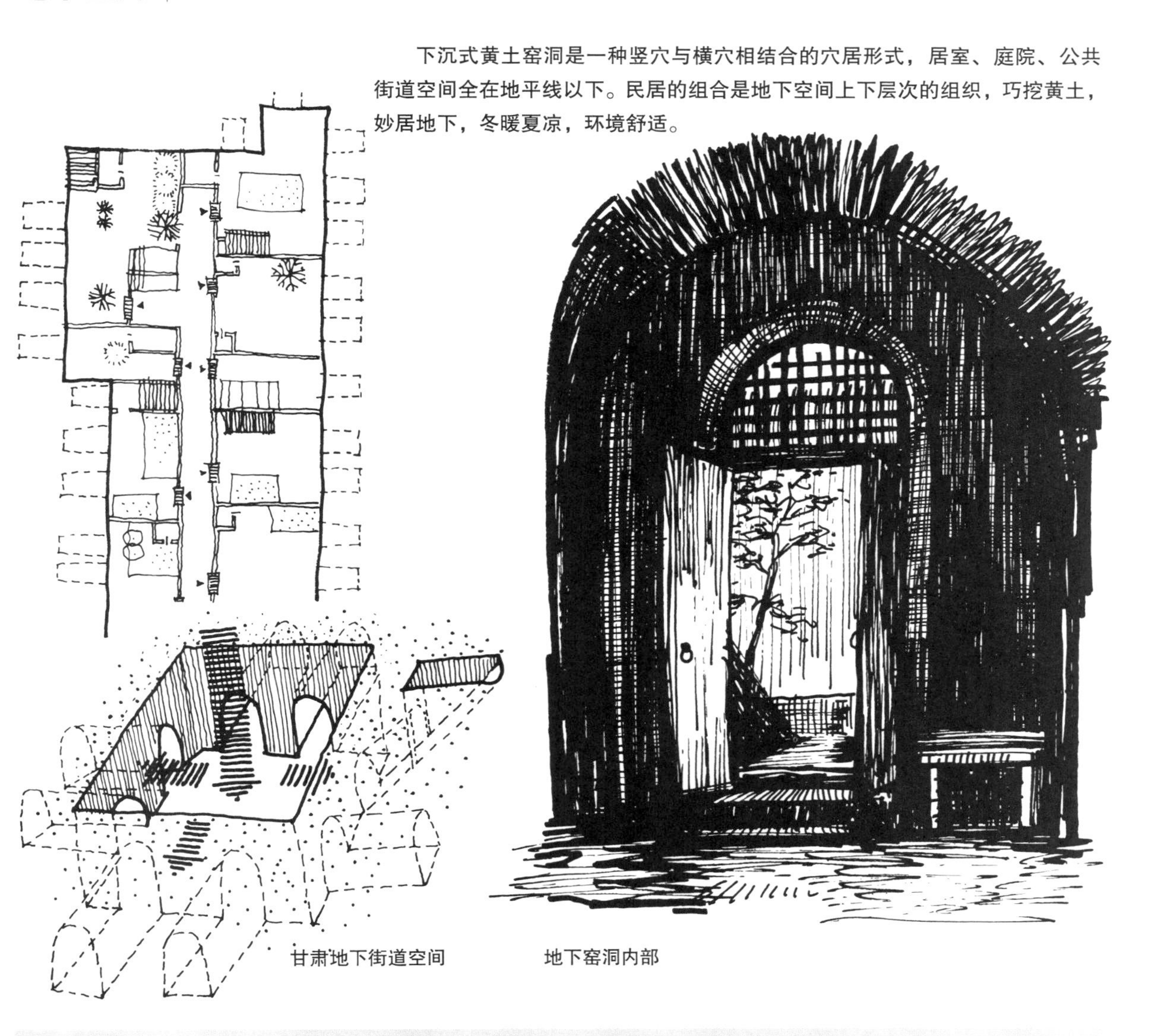

甘肃地下街道空间　　地下窑洞内部

地下窑洞的组合保持了北方传统四合院正房三间的格局，有厨房和储存粮食的仓库、饮水井和渗水井以及饲养牲畜的棚栏，形成了一个舒适的地下庭院。地下民居体现了特殊功能与低造价的统一，黄土窑洞约为一般地面建筑造价的1/10。在人与自然的关系中表现了人工与自然的结合，窑洞受自然条件和环境的支配，人工融于自然之中。窑洞民居所创造的地下空间，引起了世界建筑界的关注，生态价值重大。

竹楼 | Bamboo House

在亚热带地区，解决住宅通风问题是很重要的。我国云南西双版纳地区的竹楼，整个住宅是由地面升起的，像吊床一样，空气可以在低层流通。竹楼有深远的出檐，也有回廊，墙壁材料是可以通风的竹片。

云南景洪县傣族竹楼

热带雨林地区的云南傣族民居因环境条件采用了竹楼形式，建筑以木柱承重，四周以竹做墙，廊前有“展”(一个大约4平方米的平台，全部用竹料制作)。整个房屋架空，以利通风隔潮，靠竹墙缝隙采光，木构架歇山顶，屋面大而陡，常做成两折，小平瓦或排草，出檐深远，并有重檐防雨遮阳。竹笆外墙略向外倾，以利于大出檐的稳定。竹楼外形朴素自然，很少做装修，也很少做花饰，以深入的空廊、挑出的展、深远的出檐组成强烈的阴影对比，形成自然而生动的建筑外观。用竹子编成开缝的墙可以通风，又防止了眩光。竹楼的外围还种些落叶树，冬天落叶后，阳光可以照入室内；夏天枝叶茂密，正好可遮挡太阳的眩光；树木有散热、蒸发、遮阳、反射的作用，使周围小气候凉爽。深深的出檐是气候影响房屋形式的特征。房屋架空离开地面，空气可以由地板下面流通进来，好像人睡在吊床上一样，吊床不像床垫，其含热量是微不足道的。

蒙古包、帐篷顶 | Mongolian Yurt, Top of the Tent

帐篷顶具有柔软的质感，在太阳光线和风的和谐中显示出一种特殊的美。在住宅中运用布篷也是室内顶棚设计的一种手法，在蒙古包和藏族民居的室内常常采用。

藏族民居内的布篷

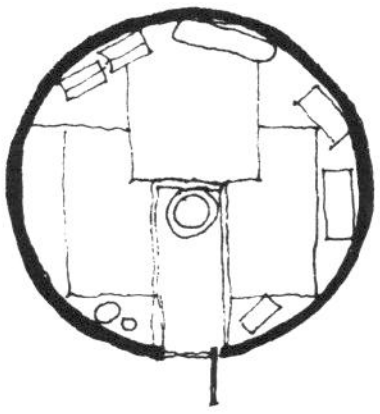

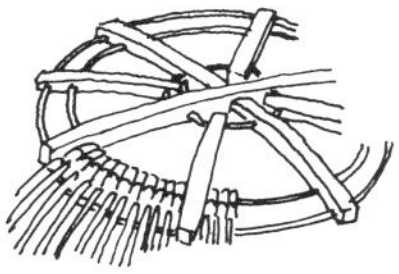

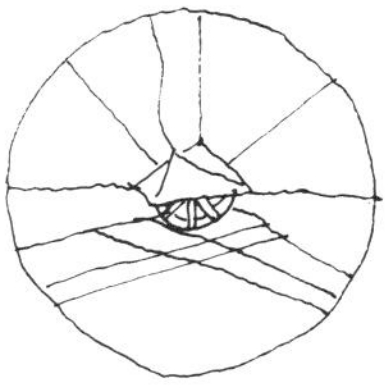

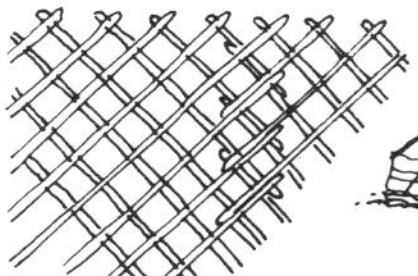

蒙古族毯包

蒙古草原是另一种环境条件。为了移动方便，帐篷结构有向轻型发展的趋势。所有帐篷中最精致轻便的典型就是蒙古包，每个包容纳一个家庭。由于当地材料只有毛皮和少量木材，蒙古包在结构上力求最经济地使用木材，并尽量轻便。制作方法是用细木编成一人高的网板，连成一个圈，上面盖顶，在木架上绑上毛皮。绑绳子的手法世代相传，有经验的牧民半个钟头就能搭好一个包。夏天只要包一层毛皮一层帆布即可。冬天有时包到八层之多，即使在零下40℃的气温和呼啸的风暴里，包中仍然温暖如春。现在定居的蒙古族民居都受蒙古包的影响，为了防风，房屋的外形做成漫圆平顶，四边土坯墙围绕，平面近似方形，顶部也可用圆形，极像蒙古包。

此外还有圆形、长方形以及圆形与长方形相结合等形式，也有在固定房屋之外再用毡包的。

山坡地上的街区 | Dwellings on the Slopes

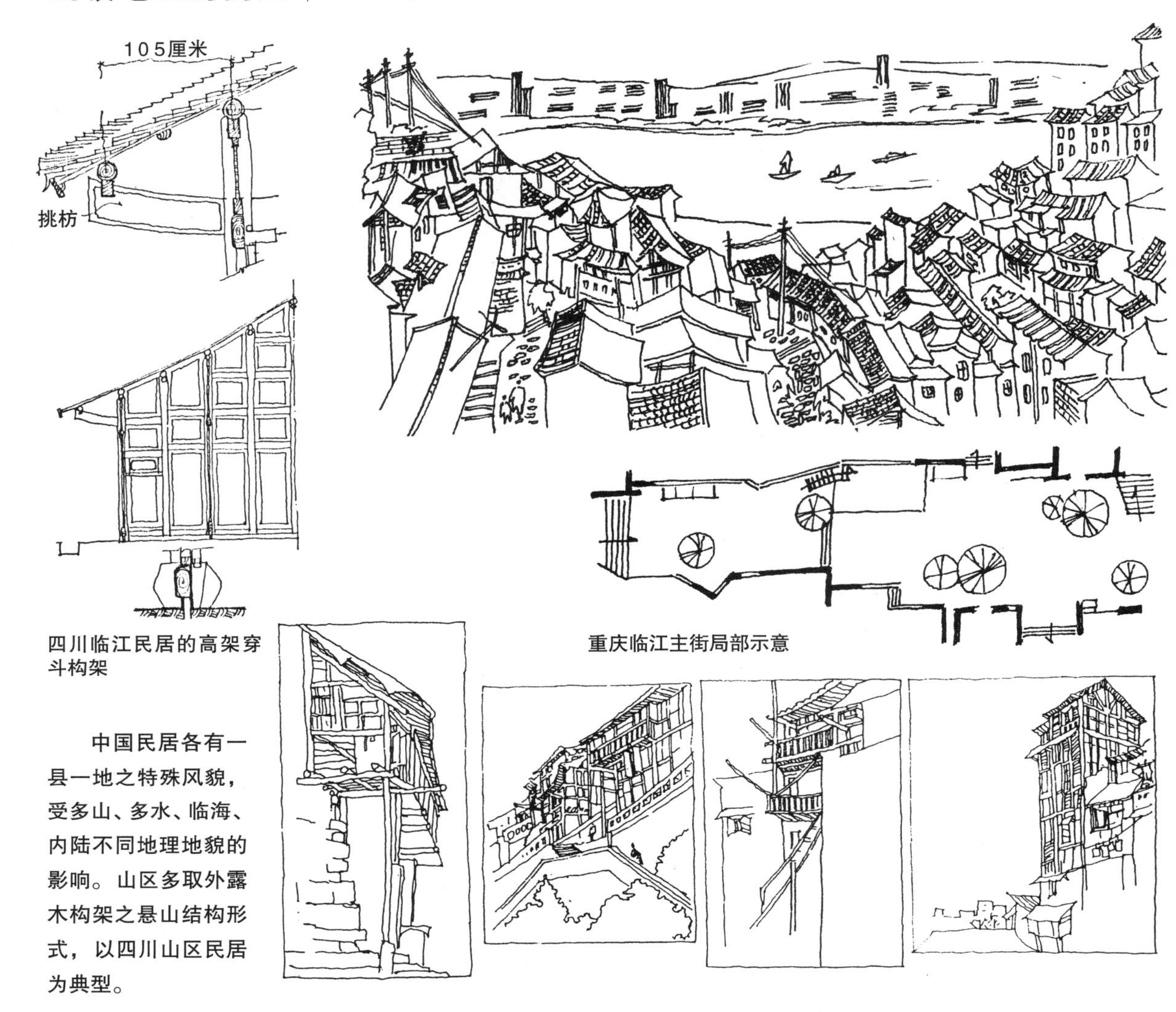

四川临江民居的高架穿斗构架

重庆临江主街局部示意

中国民居各有一县一地之特殊风貌，受多山、多水、临海、内陆不同地理地貌的影响。山区多取外露木构架之悬山结构形式，以四川山区民居为典型。

中国西南部多山地区的民居其整体形象是由地域特征所构成的。地形的高差是促成四川民居吊脚楼形成的主要因素，不规则的地形带来了不规则的建筑外形与空间。高架的吊脚楼像是由山坡地上自然生长出来的，建筑物的檐口标高不一，二层的挑廊时宽时窄，高架的楼房形状不规则，均是由于地形所致，巧妙地结合山坡地形是四川民居的特色。

临江门位于重庆市中心区临嘉陵江一处旧居民区，由于地形复杂，为了争取空间，建筑随着地形自由起伏，山坡地用支架支撑着阁楼，转角不求方正。用材朴素，结构实用，随机应变进行空间组合，街区丰富而不杂乱。适应地势的道路、转折曲直的楼梯，是无矩可循、富有情趣的场所。

水系的利用 | Utilities of Water System

由两岸民居围合而成的水乡城镇，分布着由天然的地下水系组成的水池和水井，把居住和公共服务有机地组合为整体。新疆吐鲁番的地下“坎儿井”水系，则是干旱地区对地下溶水的利用。

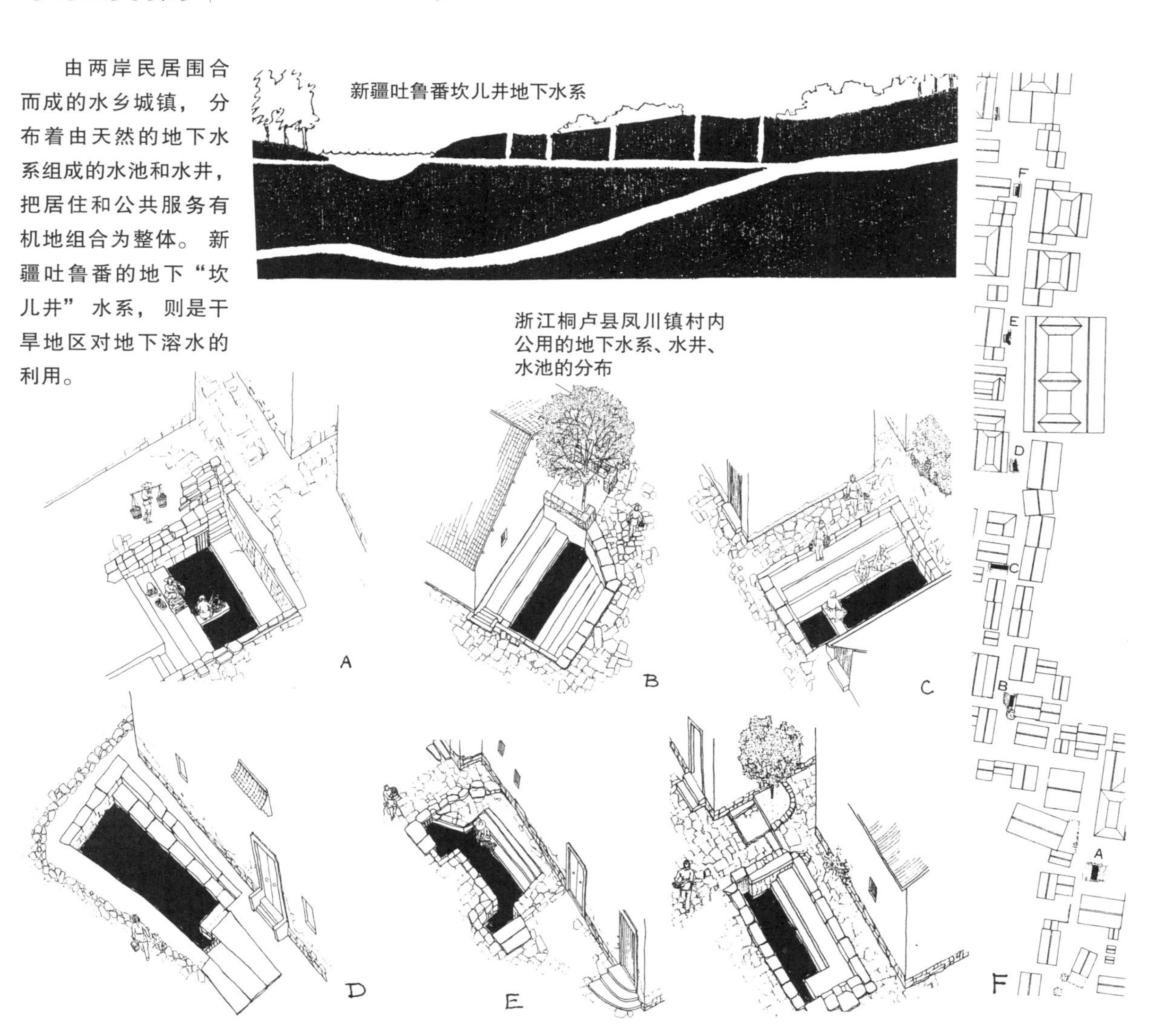

吐鲁番在中国新疆维吾尔自治区的中部，靠近戈壁沙漠的环山盆地之中，气候干燥炎热，素有“火州”之称。其不寻常的自然地理条件，只能利用地下的溶流水源，因而当地特别适宜种植葡萄。“坎儿井”是一种人造的、水平的地下运河体系，提供给居民地下水，也包括野外水井。居民从“坎儿井”水系中取水，是人类能够在沙漠中生存的关键。水来自地下再回到地下，院落中由于葡萄的生长也使藤架遮阳，改善空气湿度，成为原生家居整体环境的一部分。

江苏、浙江的水乡村镇，则利用地下水系分布公用的水池和水井，提供居民的生活用水。

岸边的生活 | Living on Riverside

贴水临街的民居，水陆通达是江南水乡民居的主要特征。水路交通是居民生产的产品运输与交换的必由之路，也是居民运载生活物资的交通要道；陆路也是各家各户生活联系的重要通道。岸边的生活要求水陆两达，有利生产又方便生活。

安徽歙县唐模村水街平面

绍兴柯桥（卢东升速写）

商店（扇子）
卧室
卧室
商店（杂货）
运河
张志寿宅

浙江绍兴加会镇周家桥民居断面图

船边河岸市场

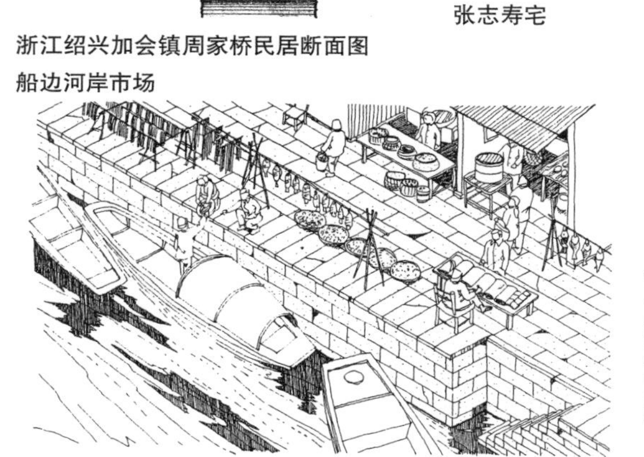

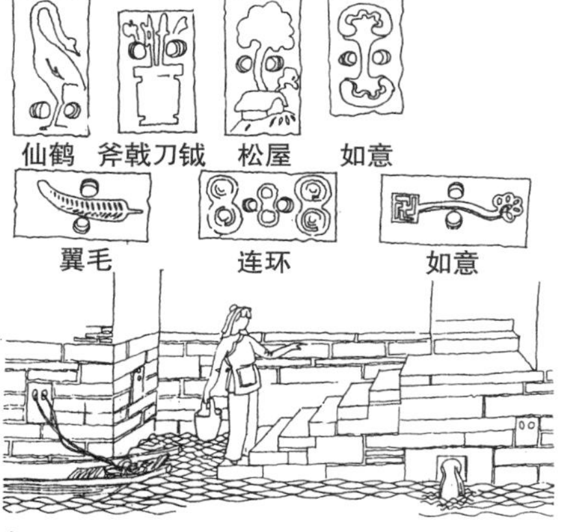

甪直船鼻子与滴水

刘海戏金蟾

滴水

中国的江浙地区有天然密布的河网系统，小桥流水，风光秀丽，景色迷人。古时江南是隐居的好地方，主人不问朝政，寄情于水乡之中，工于琴棋书画，有闲逸的情趣，又有闲逸的生活空间。在水乡村镇之中，常见河边的公共交流空间被引入狭小的沿河店铺之内。岸边是居民和谐生活的场景，人们关注的是岸边生活情感价值的取向。

岸边为停船设置的“船鼻子”和岸边的“滴水”，花样繁多，装饰丰富。金属饰件有仙鹤、斧戟刀钺、松屋、翼毛、连环、如意、刘海戏金蟾等纹样，丰富多彩。

船居 | Living on Boat

水乡居民从事穿网、编蓆等副业生产，也有饲养家禽及种植植物的，需积蓄粪肥，晾晒渔网等副业活动。民宅沿岸占地有限，建筑十分紧凑。船是水乡居民的活动工具，也是居民重要的生活场所。

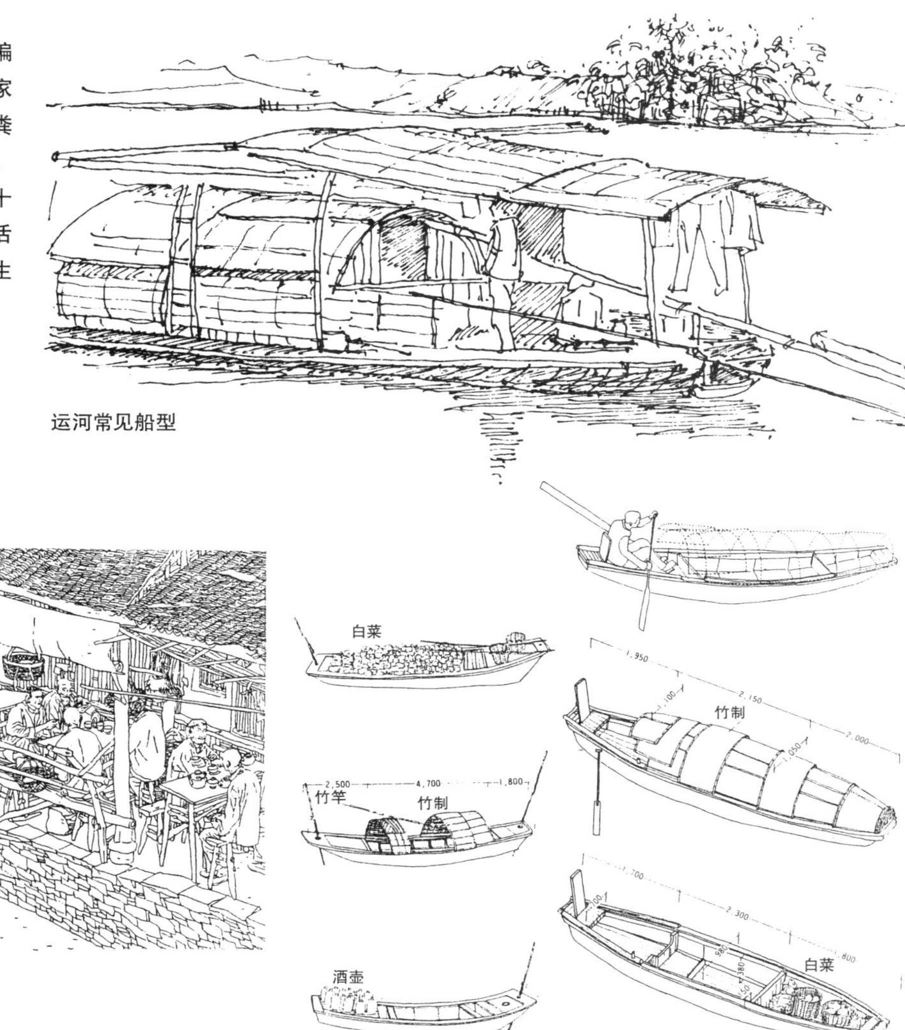

运河常见船型

河岸茶馆

人类在江湖海上定居很普遍，有水上的城市、水上的市场、以船相连的水上胡同里巷。水上游动使居民生活居住在船上。中国江南的水乡城镇有水系村村相连，运河水系成为交通要道，乌篷船是江浙一带运河上的主要船型，有的小船不仅是河网上农家副业供应的运输工具，也有生活居住的功能。河岸上的茶馆和市场是船家行程中的服务休息站。

6

布局手法

Techniques of Layout

主要入口 | Main Entrance

民居的主要入口具有明显的位置，以便于寻找。入口在建筑立面构图上亦居于明确的轴线位置上，并用装饰、纹样、突出的挑檐或影壁等处理手法强调入口的地位。

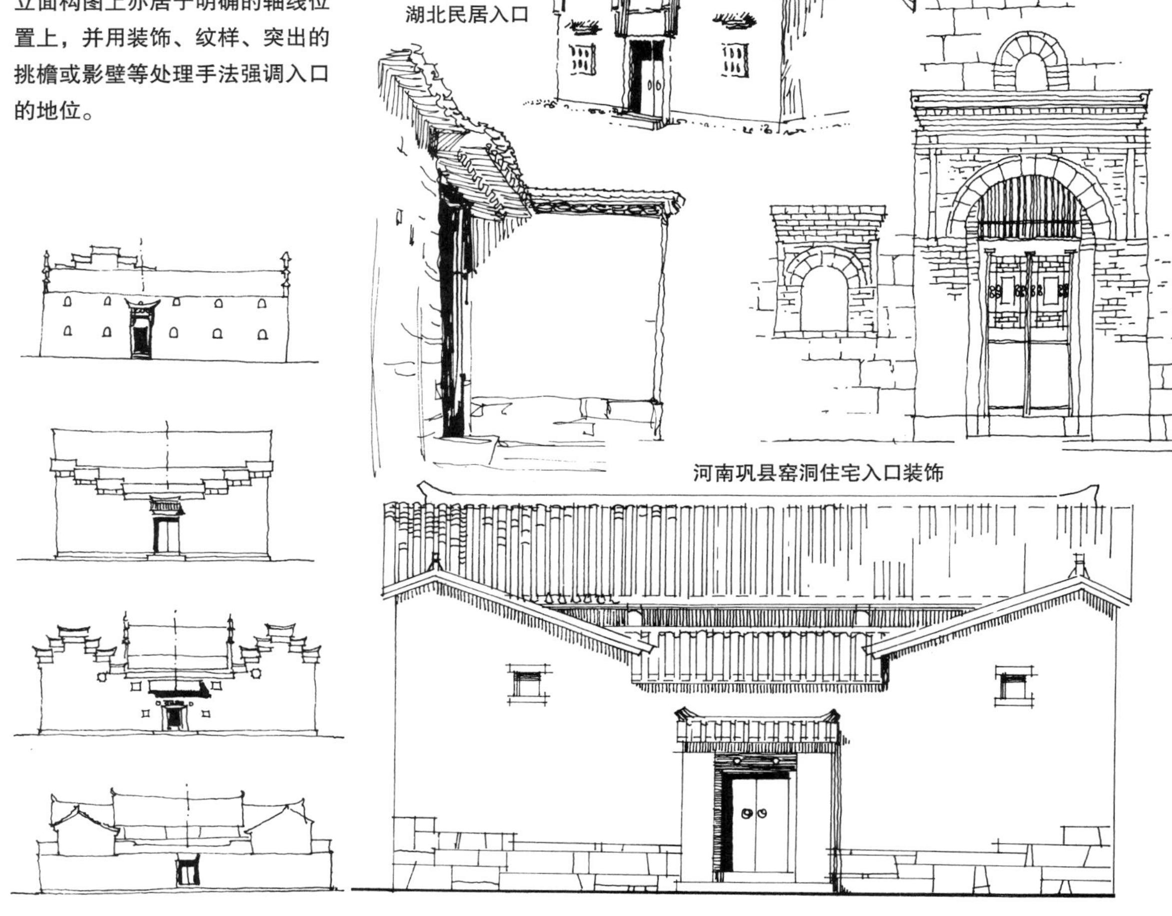

布置好乡村住宅的主要入口是建筑布局中重要的第一步。主要入口的位置控制着建筑全局，其他各种流线都从属于主要入口的安排。入口布置得当，建筑布局就自然而流畅。主要入口要明显易见，人们走向入口的方向与走向建筑的方向一致，不需要转弯和费力地辨认。布置主要入口有两个要点：一是要布置在正确的位置上；二是要有引人注目的入口外形。

住宅的入口 | Entrance to a buildig

当人们到达一组住宅时，总希望很容易找到他们要去的入口。入口布置方法有三种：①河南巩县窑居，所有的住宅入口均展示在公共场院之中，住宅的入口成组布置；②广州石牌村民居，它们的外形大体相似，如建筑体型、墙上的门，或由近似形式的门道作为入口的标志，沿步行道布置，门道尺度的差异使人们很容易找到与识别入口；③把住宅入口作为连接视线的节点，在农村里巷中这种节点彼此可以由视线相连接。

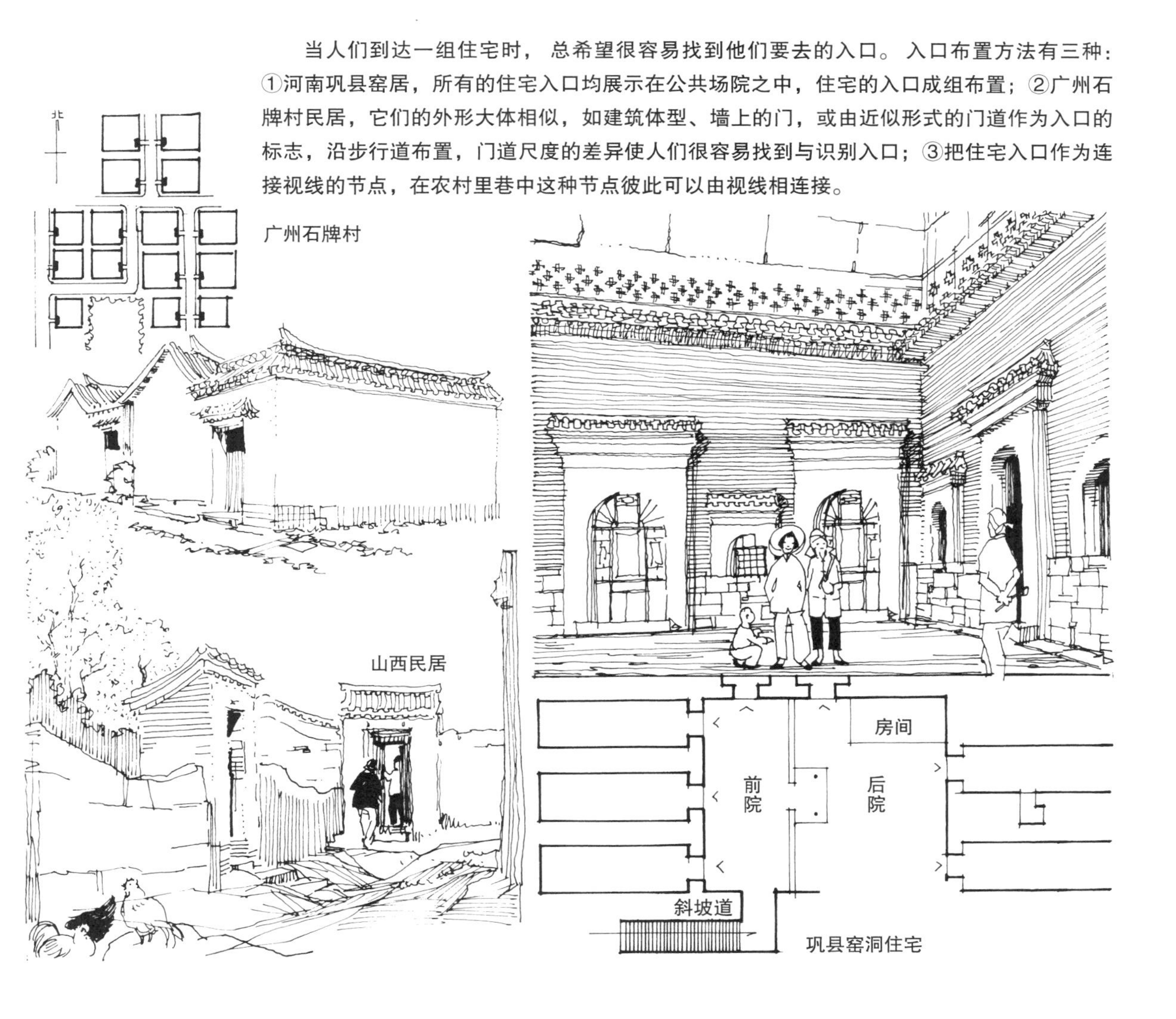

在住宅设计中有许多强调入口特征的办法。当许多相似形式的入口集中在一起时，细部装修上需突出各自的特点，使人们能方便地辨认出他所要去的那一家。虽然入口的样子大体相似，例如前廊、围墙与门楼、门道等，但作为入口的标志，在细部上要有所区别并力求醒目。有时家门和街道之间有个过渡的空间，通道式的门道、门楼等形成一个内外之间的进出标志，可起到遮阳避雨和保护的作用。

步行道 | Pedestrian Street

浙江、江苏民居

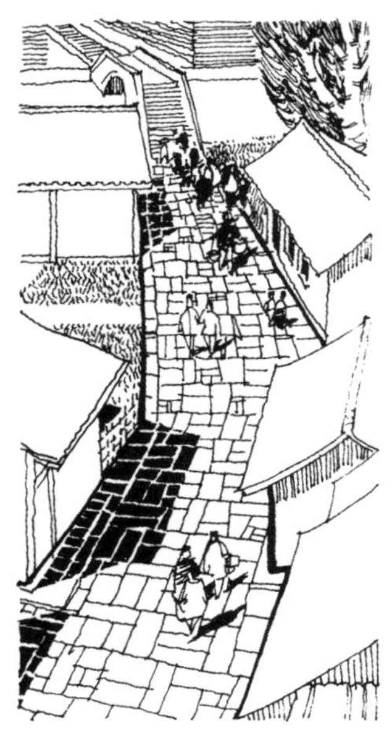

步行道是民居建筑之间的公共通道，是民居建筑里坊之间充满生活气息的公共空间。在步行道上没有车辆通过，沿步行道有踏步、拱门和各式各样的宅院入口，步行道时宽时窄，曲折变化，路面的铺装材料也有变化，曲折的步行道有时局部空间扩大或通达公共“广场”。小街巷中的“广场”尺寸很小，只是相对窄小的步行道而言。

江浙和皖南民居、北京胡同，都有各种步行道实例。

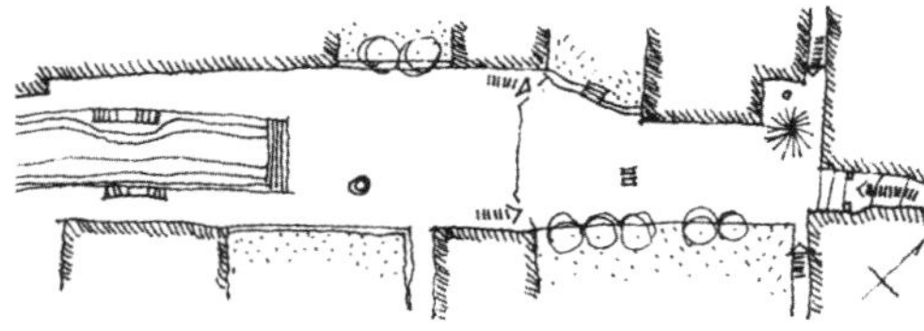

皖南民居

中国传统村镇中的步行街道是居民公共生活的重要部分。今天的社会生活丰富了，车辆占据了街道，街道变成只有单一的交通功能，而失去了原来居民公共生活场所的意义。现代城市规划中步行街的理论就是恢复传统的尝试，在某些街道上禁止车辆通行，只供行人自由活动，充满了生活气息。

拱廊、骑楼 | Arcade, Covered Walkways

南方民居中常用拱廊、骑楼覆盖建筑边缘上的人行道。拱廊和骑楼既是民居建筑的内部空间，也是外部空间，成为民居与街道之间的生动连接。道路沿民居而筑，而骑楼把相邻的民居连接起来，人们可以在有顶盖的通廊中步行，这种形式对多雨地区极为实用。装饰华丽的拱廊也是民居内院的连接体。

拱廊和骑楼都是在建筑边缘上有顶盖的步行道，它们既是公共部分，又是建筑内部向外的自然延伸。同步行街一样，它们是公共性的场所，又是路边建筑自身向外开放的一部分。拱廊或骑楼不宜太高，以保持一种通过式走廊的感觉，还应有一定的宽度。如果拱廊或骑楼与建筑的过街楼相通，则更加生动有趣。广东街道两边的骑楼把沿街建筑连接起来，也是沿街商店的前室，人们在骑楼下步行通过。也有把回廊、檐部围绕中心庭院组成家庭中室内外连接部分的。贵州民居中，喜庆酒宴就常在周围廊中举行，这种回廊较宽。

通道、穿堂 | Building Transition

当外部的步行街道不能服务于民居建筑组合时，内部通道就是一种有益的形式，建筑密度与气候是形成这种天然通道的主要因素。

河北唐山民居，各户之间挨得很紧，院窄而深，前后院的交通联系靠堂屋贯穿，由前门一直通向后街，敞开各层堂屋的大门，可以看到一连串的层次，称为“一字门”。

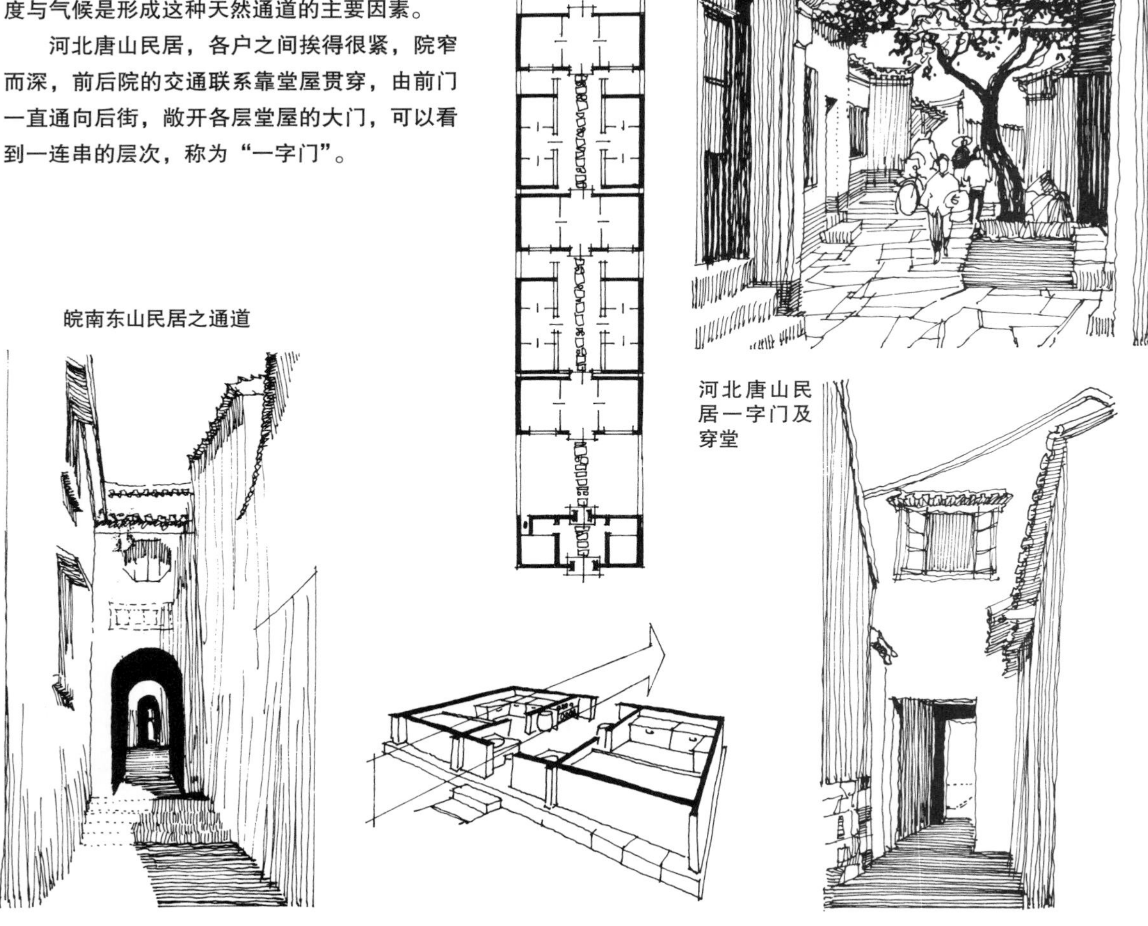

皖南东山民居之通道

河北唐山民居一字门及穿堂

人们由公共性的街道进入半公共性的内院，再进入私人的房间，是一个穿过式的通道与穿堂的方式，如果在穿堂中布置半隐蔽式的花园，则更增加了这种贯穿式布局手法的特色。在住宅与街道之间设穿堂式的通道，比住宅入口直接开向街道幽静得多。通过穿堂通道，人们就会感到已经进入了住宅的内部，如果没有这种空间过渡，则会缺少家之感。行为建筑学认为，人们在街上时保持着公共性的礼仪举止，进入家以后就亲切自在了。唐山民居的“一字门”布局说明人们喜欢在街道与住宅之间有一个可以支配的空间。还有多种多样的方法安排街道与住宅之间的过渡，如设置带门楼的院子、用转折小路引导至内门，门与小路之间设置绿化棚架或改变小路铺面材料、设置踏步等。

过街牌楼 | Decorated Archway

过街牌楼是由内向外或由外向内让人有空间感觉变化的手法，把人们置于不同的空间之中，有了前后之分，如前街、后街、门内、门外。

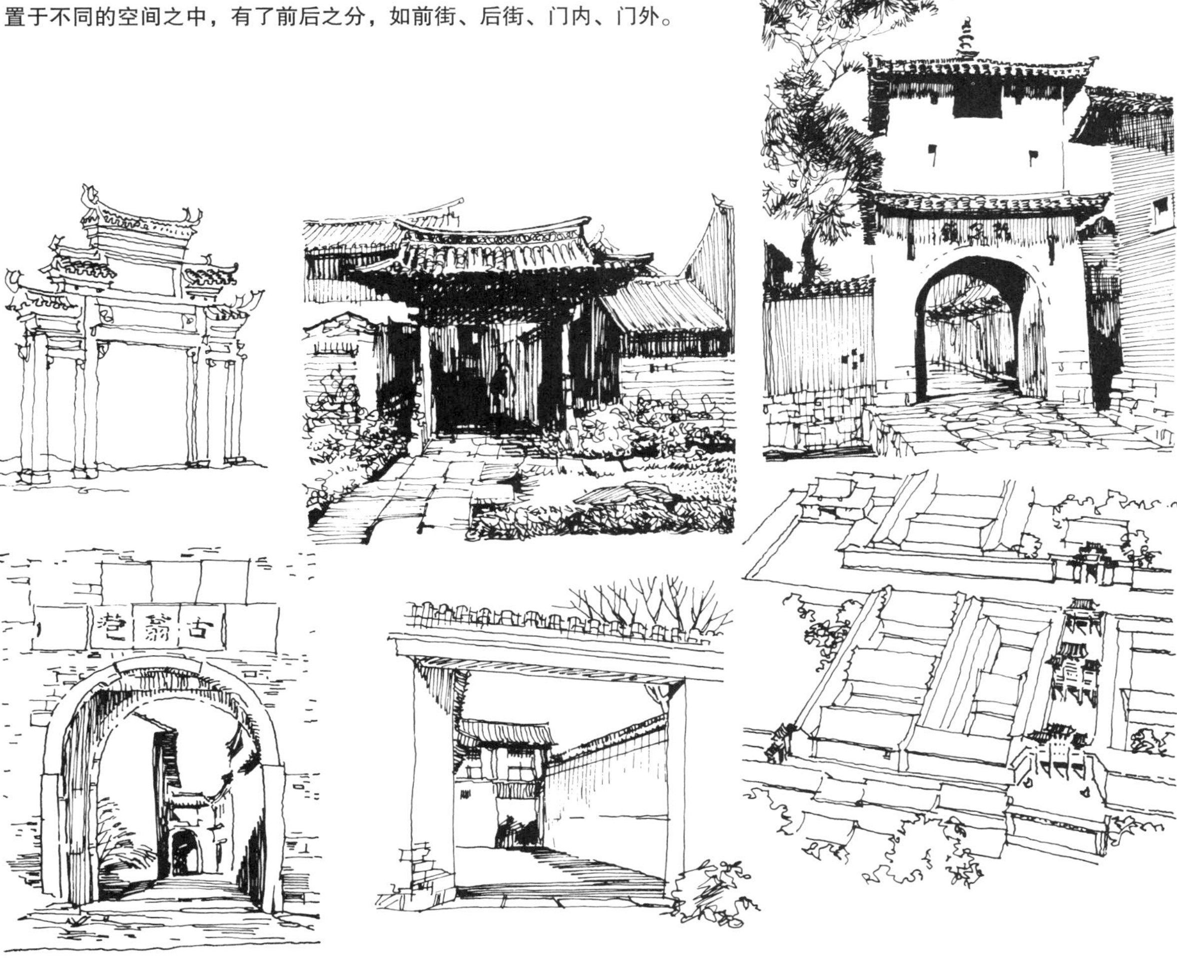

中国传统村镇中的过街牌楼，是完成分隔空间、取得上述效果的布局手法。过街牌楼不单是美化街区的装饰物，同时也给人以前后方位的标志，如北京的东四牌楼、西四牌楼、鼓楼东大街牌楼、鼓楼西大街牌楼等。村镇中胡同里坊的过街门楼也是划分空间与组织街道景观的重要手法，由街道的牌楼到里坊过街楼，再到住家的门楼，逐次地缩小空间，由内向外逐次扩大空间，丰富了村镇中的空间与景观变化。过街牌楼也有纪念和装饰意义，有些牌楼或过街门楼上面不仅有丰富精美的装饰，而且还有纪念性的题词、刻字、书法等艺术内容，表现了中国传统建筑中把建筑装饰与文学艺术融为一体的特点。

道路的形状与底景 | Path Shape and Goals

传统村镇中的道路并非只为交通而设，它也供人们在街上停留和观览，逛街是人们生活中的一种乐趣。街道的形式多为中部加宽，端部变窄，有封闭感，成为人们愿意逗留的场地。舒适的步行道路要有可望又可及的目标——底景。不论直路或弯路，由于目标点彼此联系着，其距离都不太远。

道路的形状

道路的底景

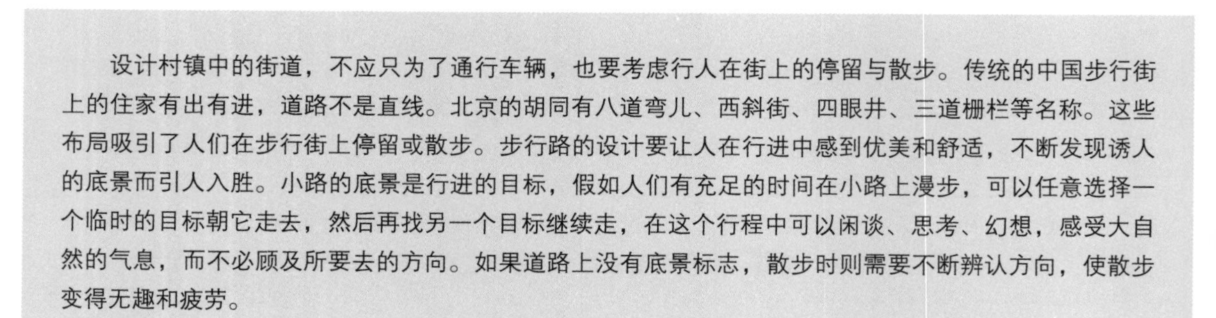

设计村镇中的街道，不应只为了通行车辆，也要考虑行人在街上的停留与散步。传统的中国步行街上的住家有出有进，道路不是直线。北京的胡同有八道弯儿、西斜街、四眼井、三道栅栏等名称。这些布局吸引了人们在步行街上停留或散步。步行路的设计要让人在行进中感到优美和舒适，不断发现诱人的底景而引人入胜。小路的底景是行进的目标，假如人们有充足的时间在小路上漫步，可以任意选择一个临时的目标朝它走去，然后再找另一个目标继续走，在这个行程中可以闲谈、思考、幻想，感受大自然的气息，而不必顾及所要去的方向。如果道路上没有底景标志，散步时则需要不断辨认方向，使散步变得无趣和疲劳。

胡同情结 | Emotion on Lane

中国传统村镇由封闭的院落组合构成，村镇中的胡同里巷是居民的公共生活空间、娱乐空间、交往空间。其中的空地也是婚丧嫁娶、宗教仪式、庙会和集市的场所。胡同一般宽3~5米，小尺度的空间可促进人际的接触与交往。

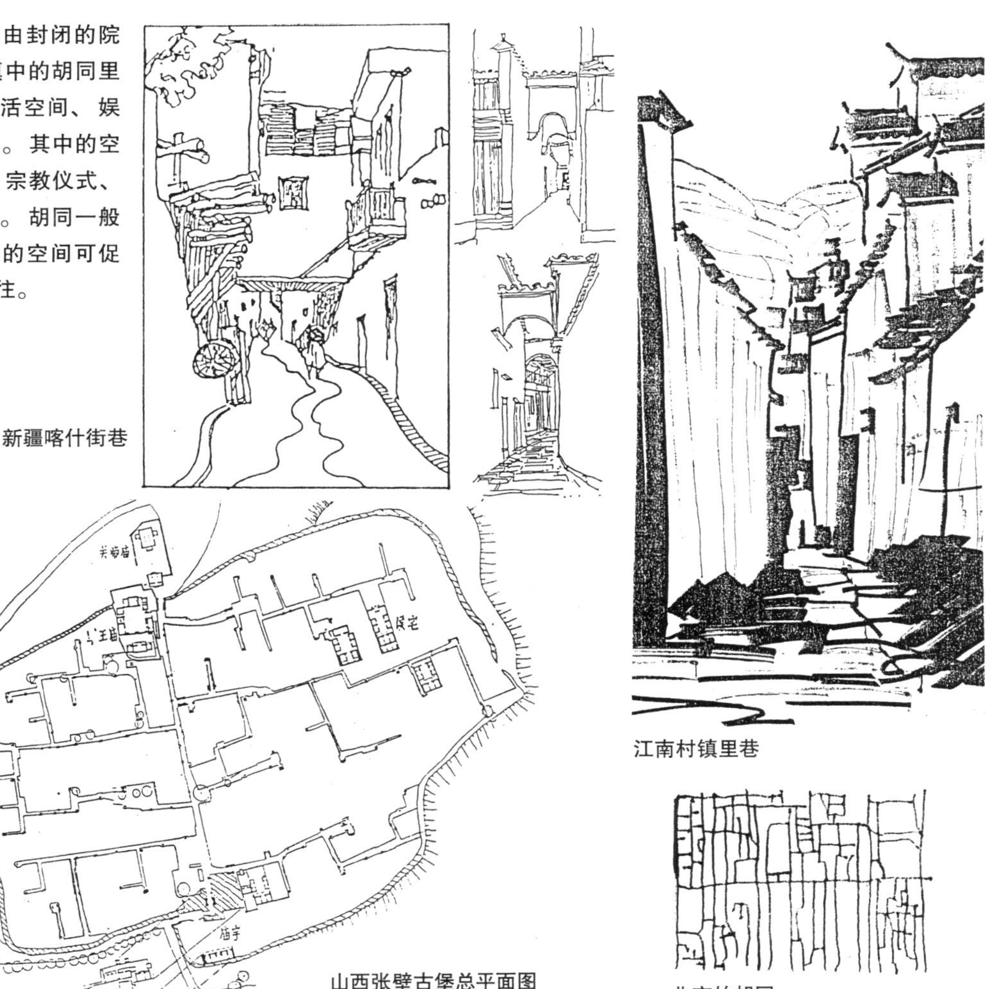

新疆喀什街巷

江南村镇里巷

山西张壁古堡总平面图

北京的胡同

民居的空间过渡由街、巷、宅三个空间层次组成。胡同是由街坊、里巷通达家门的中间层次，胡同空间具有公共空间与私密空间之间的复合性。胡同很窄，汽车进不去，孩子们可在胡同里玩耍，居民的公共活动都展现在看得见的领域里，环境尺度很亲近，邻里之间互助互爱，胡同里记载着儿时的友谊、邻里的照顾、大人们的谈笑风生。像文学中描写的一样，胡同让人在其中体会舒适、轻松和亲切之感，有的乡村还有在巷中吃饭的习惯。在其中漫步，有宽窄的变化，也可随机性地停留与交谈，胡同的转折充满情趣的变化。建筑的砖石、土坯等实体外墙与木结构飞梁的线形构成虚实与明暗的对比，各类器物的点缀、铺地石板、地坪的升降，无不使这个中介空间——胡同丰富有趣。

村镇中的池塘和溪水 | Pools and Streams

为保护村镇中天然的池塘和溪流，可围绕池水建造小路和步桥，供行人散步，并使池水形成村镇中的围界，人流只能从规划限定的桥架上通过。村镇的排水也可沿着房前和人行小路边上的雨水明沟排入河流池塘中。

近代城市中也常保留天然的流水，有的还建造人工喷泉。

我国许多江南村镇有天然的水系，村边宅旁有小河和泉水，可以利用这些天然水系来装饰环境。有些现代化的城市强行把流水覆盖在地下，认为天然的水系与理性的街道是不相容的。如今，人们已在收集雨水做成人工的水景，让溪水流过城市，并沿着水边饲养水禽和鱼类，以保护城镇的生态平衡。水界可以形成居民区的边界，居民可沿着河流出游到乡间去，乘船艇观赏更大的水面；可以让屋顶集合的雨水流到池中，再沿花园小路流到公共人行路边，在公共地段设置喷水池，以桥梁来组织和限定跨过水面的交通线。

水池和水井 | Water Pool and Well

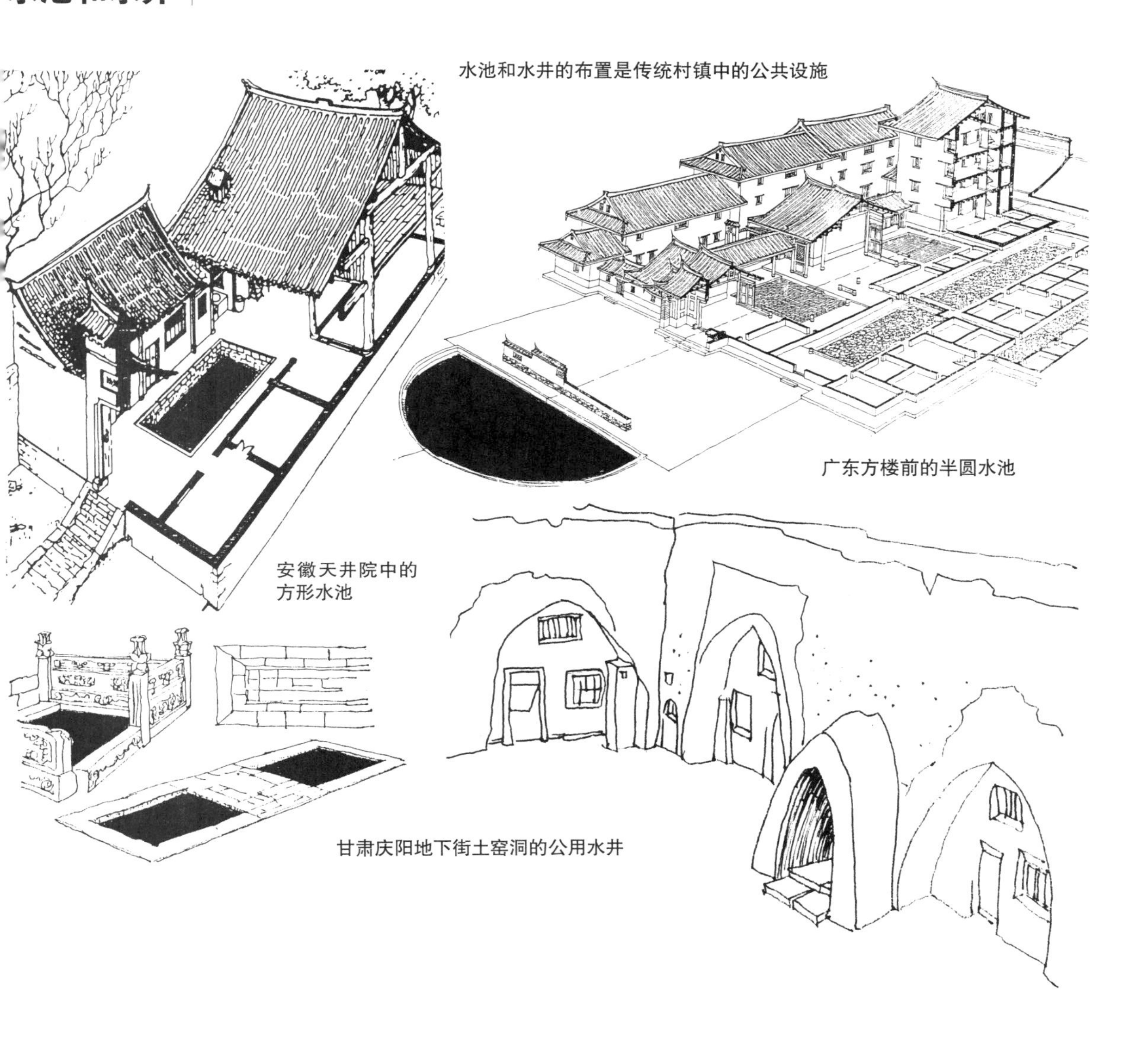
水池和水井的布置是传统村镇中的公共设施

广东方楼前的半圆水池

安徽天井院中的方形水池

甘肃庆阳地下街土窑洞的公用水井

山令人远，水令人亲，即谓远山和近水。面水背山是中国民中择宅的标准。水池和水井是居住环境中最活跃、最离不开的生活要素。在中国传统民居的布局中，庭院中的水池或水缸常常布置在建筑组群的中轴线上。如广东方形土楼前面的半圆形水池构成大宅门前的装饰水体；安徽皖南民居天井小院中的水池有石栏杆装饰。水赋予村镇美的形式，同时水池还有调节气候和反射光感的功效。村镇中公用水井的分布构成了居民会聚集散的公共中心。

前街后河 | Front Street and Back Water

江浙一带河网纵横，形成了许多前街后河的水乡城镇。后河是商业运输的通道，方便廉价的水运交通，沟通了城乡间的贸易，是水乡村镇典型的布置方式。

浙江水乡民居

苏州河网平面

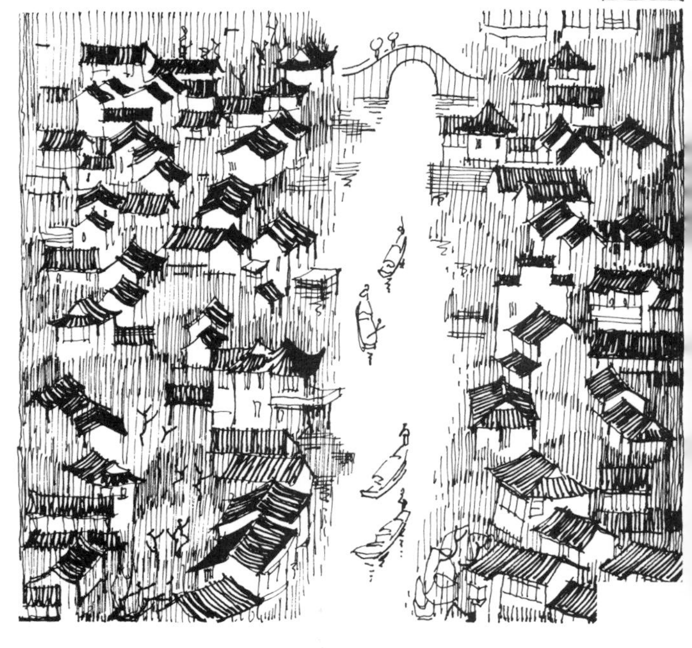

在江浙一带的小城镇和乡村之中有天然密布交错的河网系统，传统的河网村镇布局常常把河流作为天然分布的水路交通运输线，河网地区的村镇也多是鱼米之乡的贸易集散地。商业街两边店铺林立，街后的小河成为商号水上运输的通道，沿街的民居将背靠着的小河作为家庭农事副业的供应运输线。苏州原来就是这样的，素有“东方威尼斯”之称。环境建筑学认为自然条件养育着人类，水、空气和植物都是人类生存的条件，建筑师必须认识到尊重与保护自然生态的责任，规划与保护那些养育人类生存的天然水系，合理地利用、美化、疏通，在现代化的前提下维持前街后河的传统布局特点。

傍水而居 | Riverside Dwellings

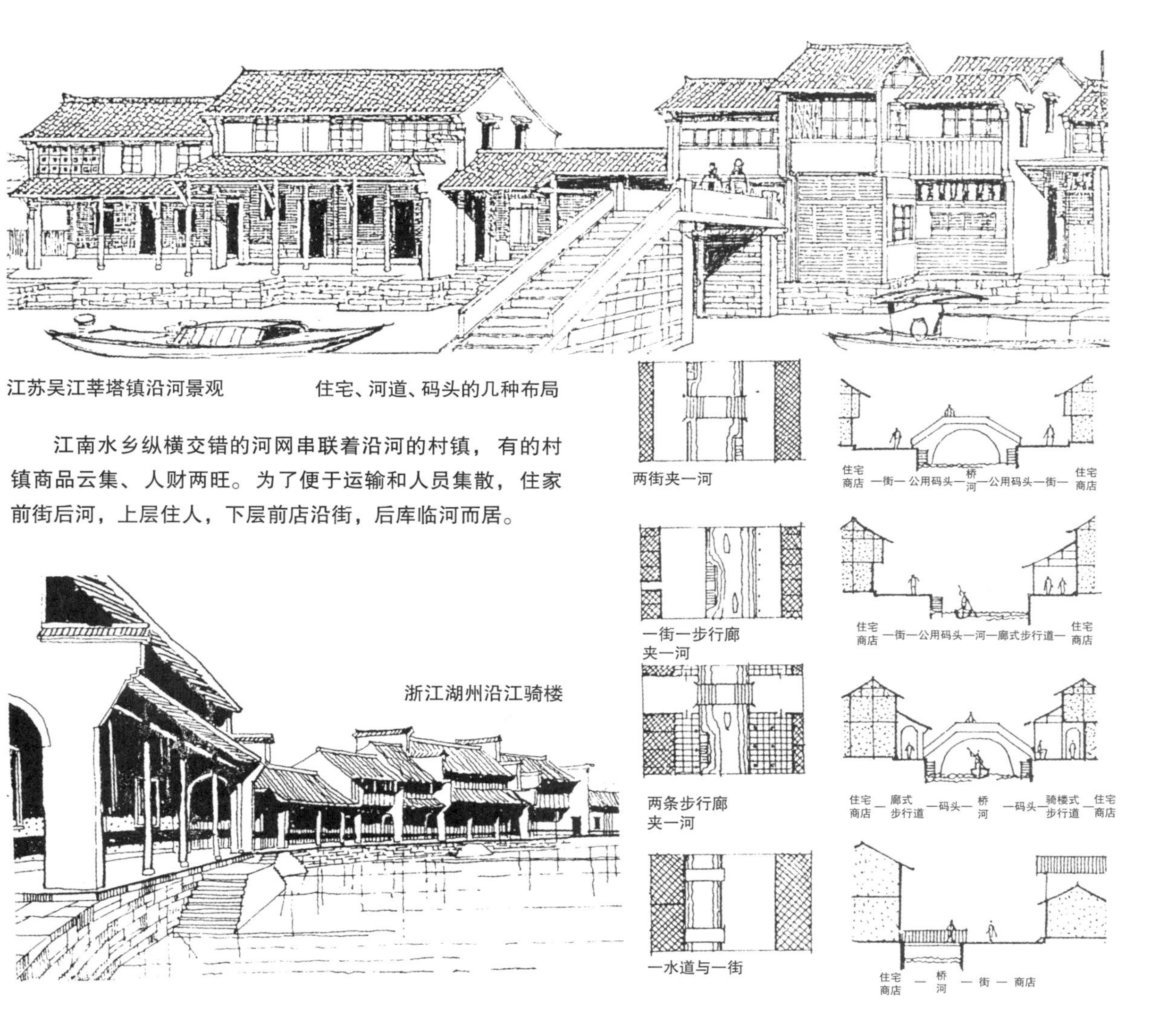

江苏吴江莘塔镇沿河景观

住宅、河道、码头的几种布局

浙江湖州沿江骑楼

江南水乡纵横交错的河网串联着沿河的村镇，有的村镇商品云集、人财两旺。为了便于运输和人员集散，住家前街后河，上层住人，下层前店沿街，后库临河而居。

江南水乡的枕水人家，家家有石级通达岸边，码头通舟，老屋连里，水光倒影的小河两侧，封火山墙突出于瓦顶之上。跨水而筑的房屋阁楼似水穿宅，桥是水乡的一大街景，两岸成一家。村镇中的戏台常设在步行街的闹市口或村口，是人们会聚之所。社戏的演出，呈现水乡田园生活之乐。小船游行于街区之间，由家中出门可登舟，此情此景令人陶醉。

桥镇 | Bridge County

图引自《中国民居的空间探索》，茂木计一郎

水乡城镇有众多各式各样的桥，桥的种类和形式不胜枚举。初始的桥只是行人通过水体的工具。在桥镇中，人们架桥的技术十分高超，江浙的水乡村镇以石拱桥为多，每个桥都展现它自身的特色，桥因连通着人与水、人与人的情感而成为醒目的标志。

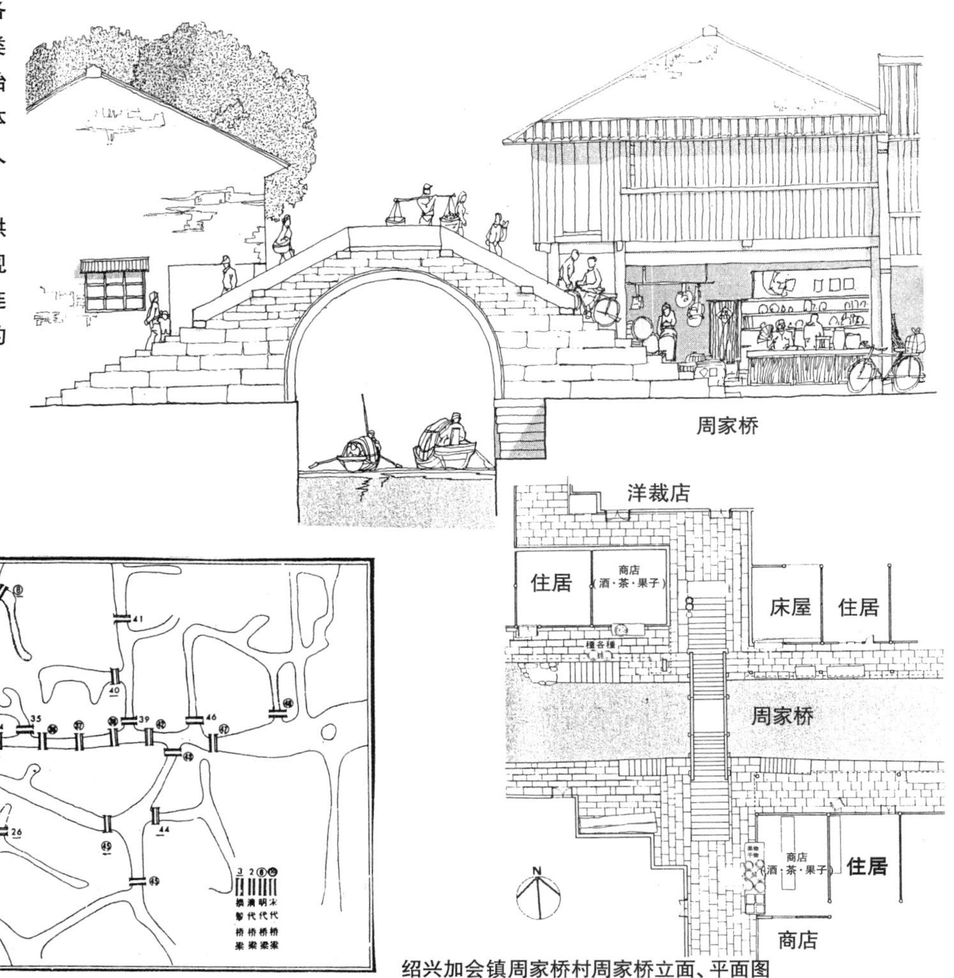

周家桥

甪直镇水街上的桥

绍兴加会镇周家桥村周家桥立面、平面图

从苏州城往东约25公里，是古镇甪直，其地处澄湖、万千湖、金鸣湖等五湖之汇，素有“五湖之厅”之名，又有多江流经境内，故又有“六泽之中”的称号。市镇以丁字河道为骨架，夹河成街，镇上的街、市、桥、宅皆因水而成。镇上的河道均筑条石驳岸。河多必桥多，桥的结构各异，形式美观，构成城市景观的主体标志，可称为“桥镇”。甪直的河、市、街、桥、埠并置的民俗乡情，整体地塑造了一个淳朴和谐的水乡多桥的古镇。

水街 | Water Street

水乡村镇中的水街和以交通为主的道路不同，以其行人、流水、桥梁引人入胜，通过沿河的街巷引导人们进入水乡的情景之中，出人意料。水街两岸充满生活气息，充满了人与人之间的和谐关系，充满了人情味。

图引自《中国民居的空间探索》，茂木计一郎

浙江绍兴柯桥镇水街平面图、鸟瞰图

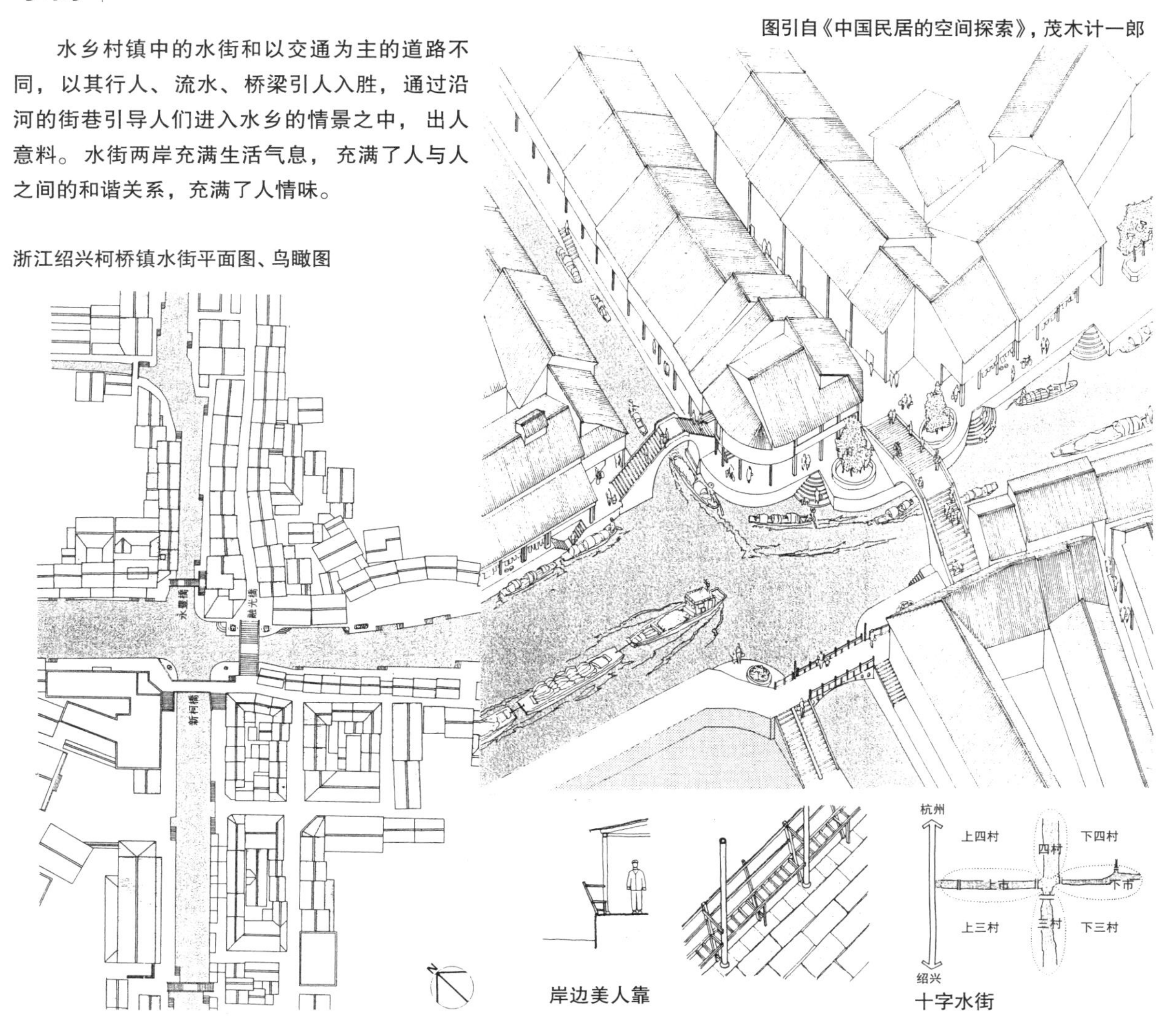

岸边美人靠

十字水街

街道是城市结构的主脉，也是乡镇生活的中枢。人们对城镇的总体印象，首先是通过街道获得的，热闹繁华的大街能吸引人们光顾。江南水乡浙江绍兴柯桥镇的水街，由河道形成十字形主街，构成四个村庄的核心地区，就如同现代城市交通的人车分行的十字路口。新柯桥、融光桥和永丰桥是十字路口的跨河天桥。水街两岸的骑楼商店、步行空间紧贴建筑，拥有既非私密又非完全公共的柔性边界，舒适宜人。水街网络的市镇格局也许是未来理想的城镇交通模式。

滨水休闲码头 | Riverside Recreation Dock

滨河水乡，水是取之不尽、用之不竭的经济又简便的资源。沿河的村镇常见两岸石阶伸入水中，以方便人们取水、洗衣、洗菜。人们傍水而居，有的住家设有私家码头。村镇沿河发展，河溪穿村而过，河道路面与村镇融为一体。

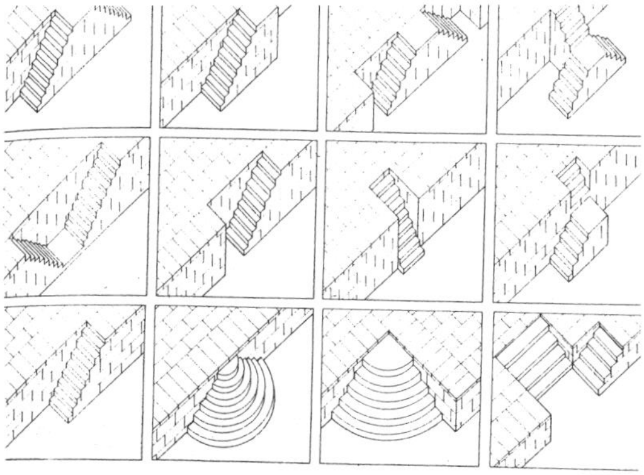

河岸的踏步设施

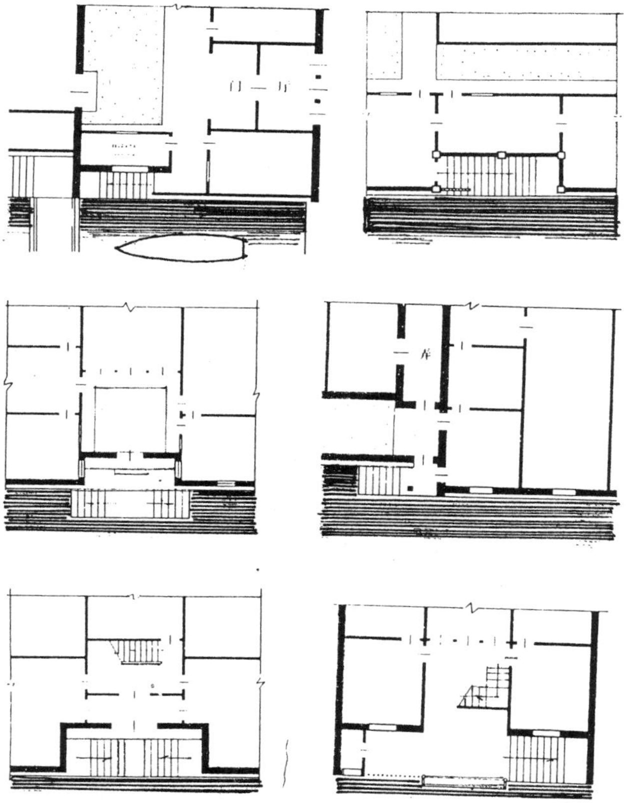

6 种私用小船码头

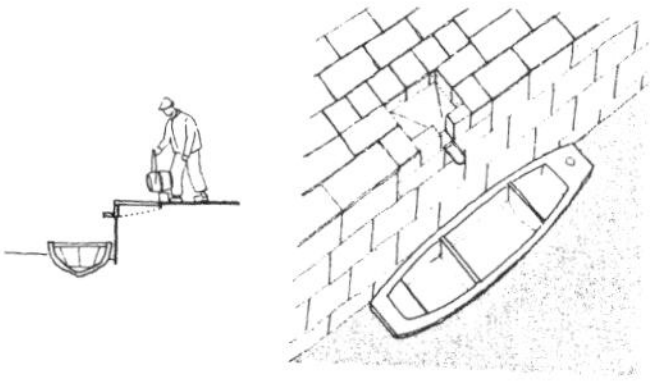

接岸边的运粪台

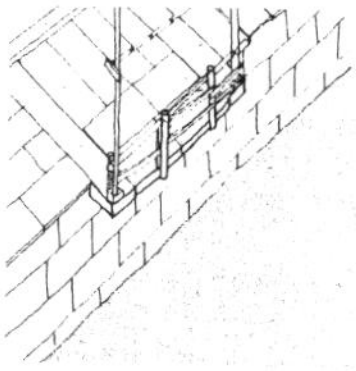

岸边晾晒支架

江南水乡村镇中，沿水街的滨水休闲码头设施，就如同大街上的停车站点，可以方便靠船。滨河的住宅设有不受干扰的自家的靠船码头。为公众服务的码头设施不只为方便停靠船只登岸，也为船民和居民提供方便的休闲服务。岸边设有为船只接岸运送粪便集肥的台阶；有为船民晾晒衣物的支架；有为居民休闲设置的美人靠；也有为方便滨水居民提水、洗涤等多种生活服务的台阶踏步。

口袋式的场地与集市 | Activity Pockets and Market

集市是居民公共生活的重点之一。集市场地最好选在过往道路的切线旁，形成一个口袋式的场地。

公共生活场地是沿着小广场的边缘自然形成的，如果没有边缘，它就很难成为活动地段。由小路相通的口袋式公共空间，既无过往交通的干扰，又与外围道路有方便的联系，是适合于逗留、交谈、交易等公共活动的场所。

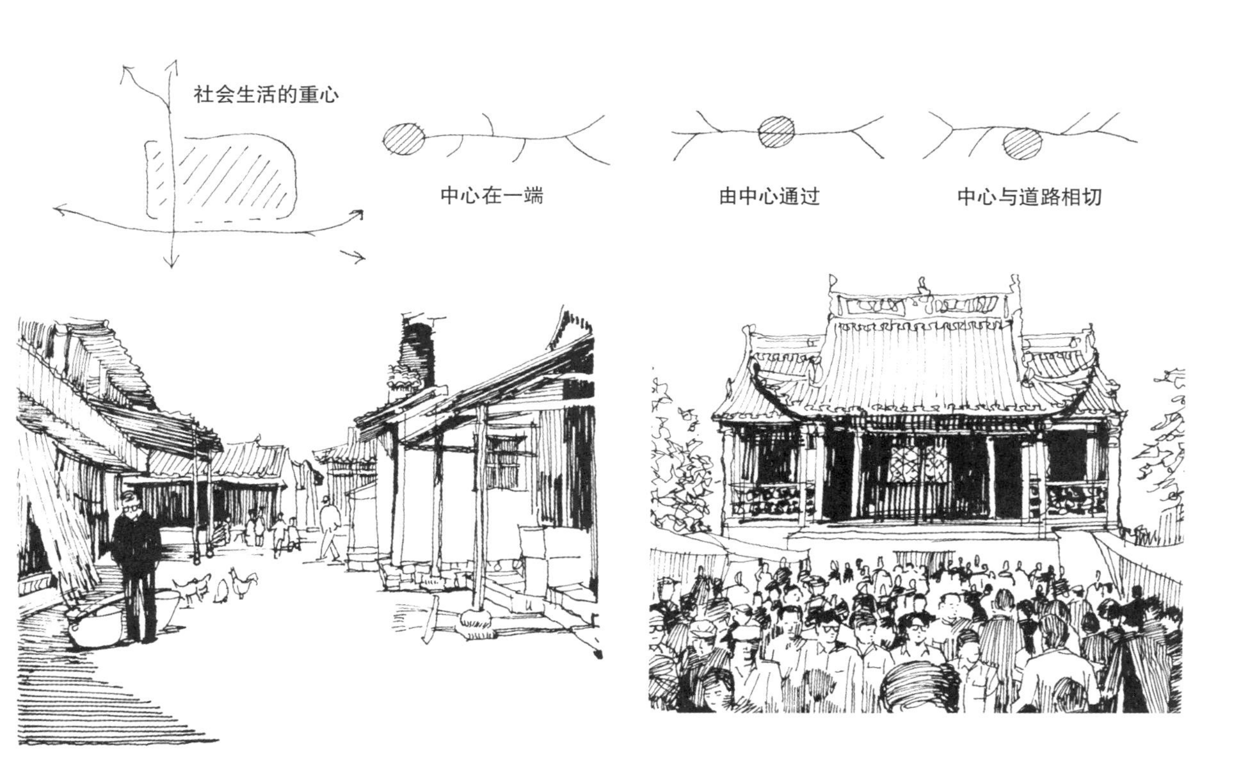

居民住宅中应保留社会公共活动的地段，农村集市应成为村镇的心脏。第一种方案是把集市布置在街道的尽端，街道像走廊一样把人们引到集市，这种布置使人们只在有特定目的时才到那里去，以免走往返路；第二种方案是布置在道路中间，过路人从集市中间穿过，但这不能形成一个完整的空间；第三种方案较好，是把集市布置在人们日常经过频繁的道路一侧，与道路相切，对于过路的人是开敞的，人群可以连续不断地流过这个场地，由于道路只在场地的一侧，不愿停留者照常通过，如果愿意停留，则可步入场地逗留在口袋形的集市之中。

开向街道 | Opening to the Street

个体商户能使其沿街住宅做到店宅合一，门面开向街道，最大限度地展示门面，把顾客吸引到店内来，从而经营效果最好。开向街道的整面隔扇门可把店内的物品全部展示于人，如有可能，应将包括步行道对面的那部分统一处理。

中国古代的活扇式店面门板也是近代橱窗活动卷帘的原型。

云南民居的小街店铺

传统的店铺门脸

商业街的设计有两种方法：一种是沿街的墙全用玻璃橱窗展示商品；另一种是没有墙的全敞开式店铺，夜间用推拉门或卷帘关闭。敞开的店铺比玻璃橱窗更好，可以听见店内的声音和人的交谈声，可以闻到店内的香味，也可以让人在店内继续沿街散步。许多小吃店、食品摊、手工作坊式的住家商店都有这种发展趋势，许多人还会观看制作食品或工艺品的操作而增加人们对商品的兴趣。更有趣的商业布置形式是公共大棚下面的自由市场，就像过去北京东安市场，不仅商品全面地展示给大众，而且还有有声有色的表演和叫卖，使得人们穿行于商品之中。不论店面是何种形式，基本上都是开敞的，以吸引过路的人进来挑选物品。中国传统的住户沿街店铺正是敞开于街道的，最便于商业贸易。可以用完全敞开的隔扇墙，甚至把商品布置延伸到人行道上来，人们路过街道时感觉店内店外没有多大区别，店铺的门板形式也是近代商店橱窗外帘的原型。

沿街的窗户 | Street Window

一条街道上，两层以上的建筑如果没有窗户，会让人感到单调。沿街建筑的窗户位置，要使室内窗前的坐椅上的人能外观街道。座椅也可布置在过道、楼梯等人们经常路过之处。沿街首层的窗户要有足够高的保护窗台。

云南民居

沿街的窗户

住宅沿街的窗户可以保持家庭生活和街道上公共生活的联系，但沿街底层的窗户只有采光作用。开高窗时，可在室内建一个高起的平台，在室内可依窗观望街道，但街上的人却看不见房间的内部。

宅前的平台 | Private Terrace on the Street

宅前或窗前的平台，高起于步道或街道水平之上，对街道来说是高墙，而对住宅来说则是矮墙，故由室内到室外有居高临下的开阔视野，由街道而向房屋有台墙维护，这种处理最为适宜。若住宅开敞于街道，则缺少隐蔽性，若背向街道，则失去了临街的生活气息。

在街道边的住宅平台

宅前、宅后、宅旁的平台

宅前平台是一种设计手法，既保持了住家的私人隐蔽性，又与街道的公共生活相联系。由于宅前抬高的平台挡住了行人的视线，由宅内向外看时只能看见街上行人的头顶和肩头，如果坐在房间中，则完全可以避开内外视线的干扰。

踏步与座位点 | Stair and Seats

在人们需要逗留的公共广场上，常在角落处或其他适合的地方加上几级踏步，或变化现有地形的标高，以吸引人们来这里逗留，因为人愿意坐在加高的台地或踏步上交谈、休息。

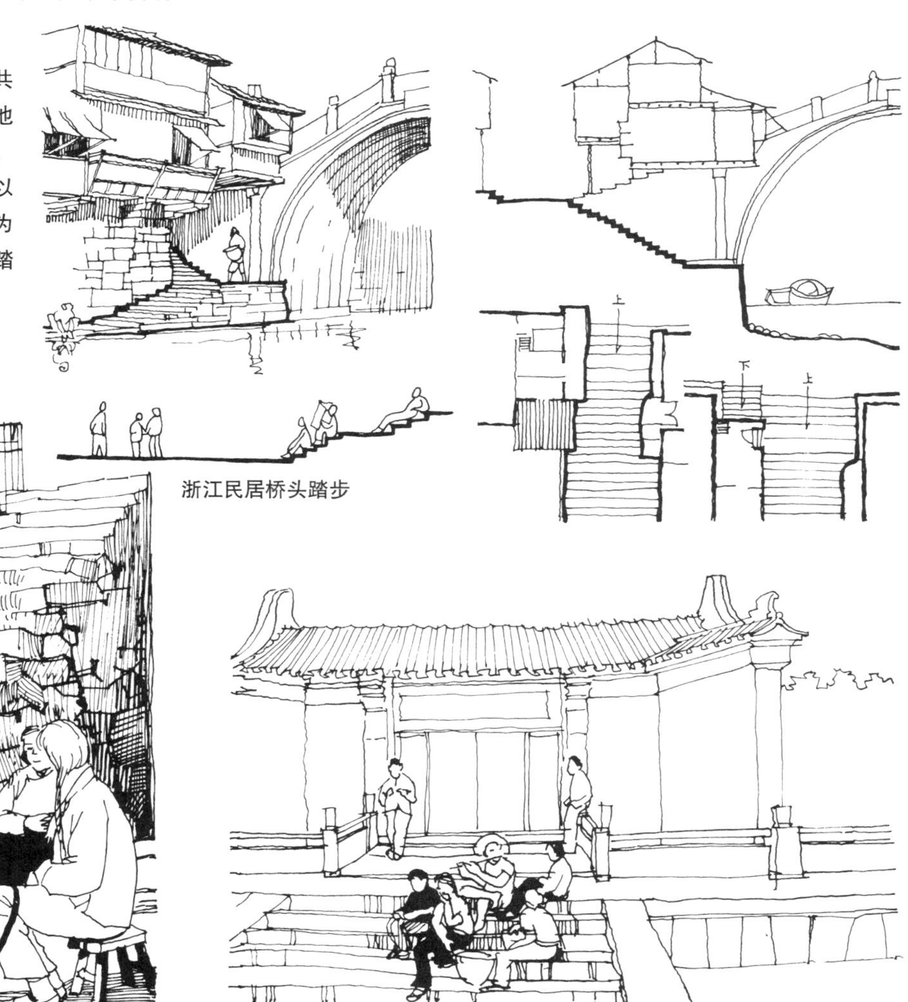

浙江民居桥头踏步

宅前、广场、桥边等处踏步座位点的布置既要有抬高的地平高差，又要有俯视的视野，还要能方便地通达外部场地。在中国传统村镇十字街口公共广场上的剧场、百货商店或其他公共建筑中常常做出高台阶，每逢天气晴朗或夏日的傍晚，成群的居民喜欢坐在高台阶上乘凉、观赏和闲谈。在水边村镇中的桥头岸边，通向河岸的踏步常常做得很巧妙，不仅可作取水、洗衣和交通之用，同时也形成水陆之间宜于交易、休息、乘凉等公共活动的踏步与座位点。在中国民居中有高差起伏的宅院内部，也有许多运用踏步变化标高的布局手法。

室外楼梯 | Open Stairs

室内楼梯是楼上与底层的垂直通道，室外楼梯则是为加强楼上与底层街道外部的联系而设置的。在设计时结合地形条件，把建筑的上层部分直接与底层相连，创造了一个室外楼梯直接通到街道的公共生活场景。根据气候条件，室外楼梯分为有楼盖和无楼盖两种，它是街道的公共地段与私人宅院之间共有的部分。此外，内院的室外踏步也别有风趣，使生活气氛更加浓厚。

公共的室外楼梯

在传统民居中，可以看到由楼上直通街道或是有墙和顶的半室外楼梯，自家的室外楼梯使每户居民都能与街区直接联系。沿倾斜地段布置的住宅，高低台地自然形成了室外踏步，台地踏步两边的斜坡成为自然升起的花坛，花卉可不受交通的干扰破坏，不必做特别的保护，再配以椅凳、矮墙、叠石等，创造出宅前的田园风貌。

层数 | Number of Stories

民居建筑一般以不超过四层为宜，以保持接近人的尺度。如果民居被高墙围绕，那就如同生活在鱼缸之中。民居的落位，最好有50%的空地，中国的传统民居在低密度地区从不建造巨大的超尺度的房子。以小建筑尺度的前廊、小路、棚架、花园、围墙等连接建筑。在高密度地区，民居集中布置，两翼加高，提高建筑密度。确定民居的层数时，要考虑楼层面积比例和周围房子的高度。

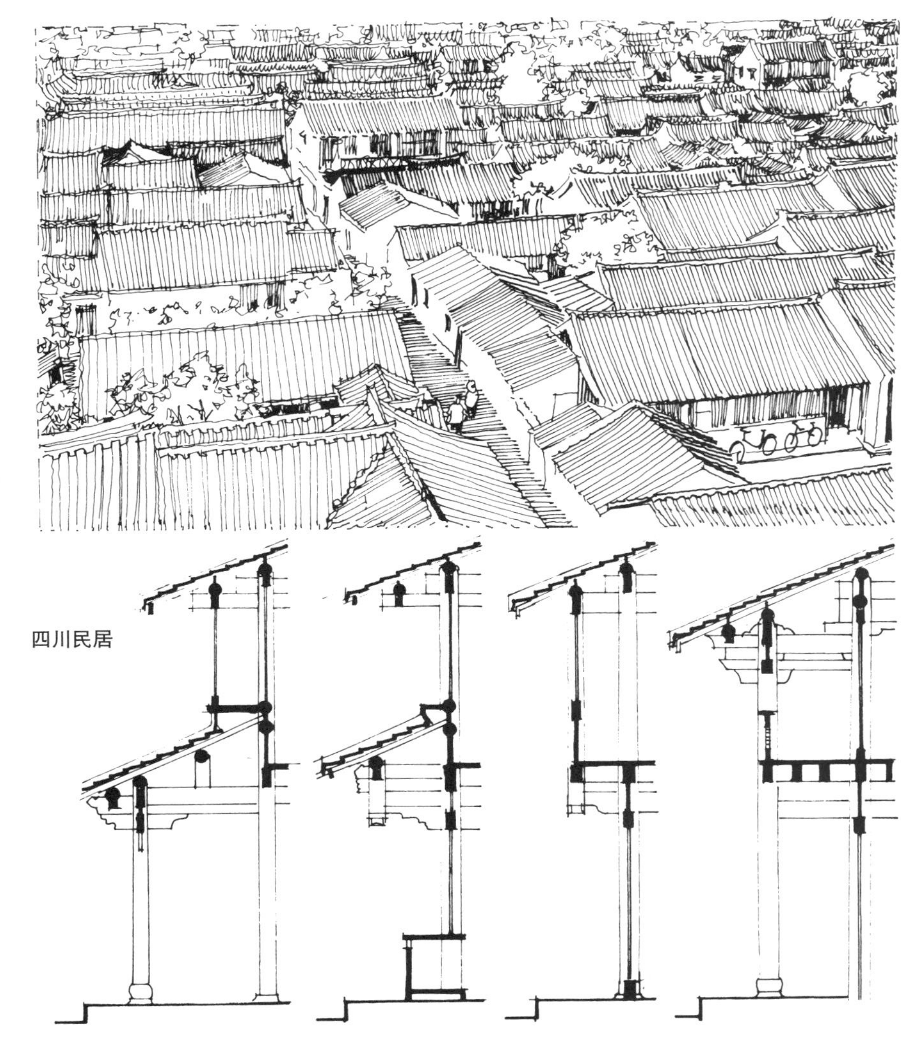

四川民居

中国传统民居一般以一二层为多，由建筑群体组成院落，更高层的民居常常只是为了防御或是为了取得良好的视野。村镇民居不宜超过四层，不要使建筑占地超过地段面积的50%，至少要有一半的开阔空地，不要让新设计的民居建筑高度超出周围房屋的高度过多，总的高度应大致相等。如果是在高密度的建成区中，要得到50%的空地几乎是不可能的，甚至弄得建筑占满用地，只好在屋顶上用屋顶花园或平台来争取室外空间。

生活庭院 | Living Courtyard

民居中的生活庭院不同于为了空间变化而布置的装饰性庭院。农村中的生活庭院要能看到外面的视野，至少有两三个屋门通向庭院，自然的小路与房间相通。生活庭院在正房与厢房之间可用矮墙分割。

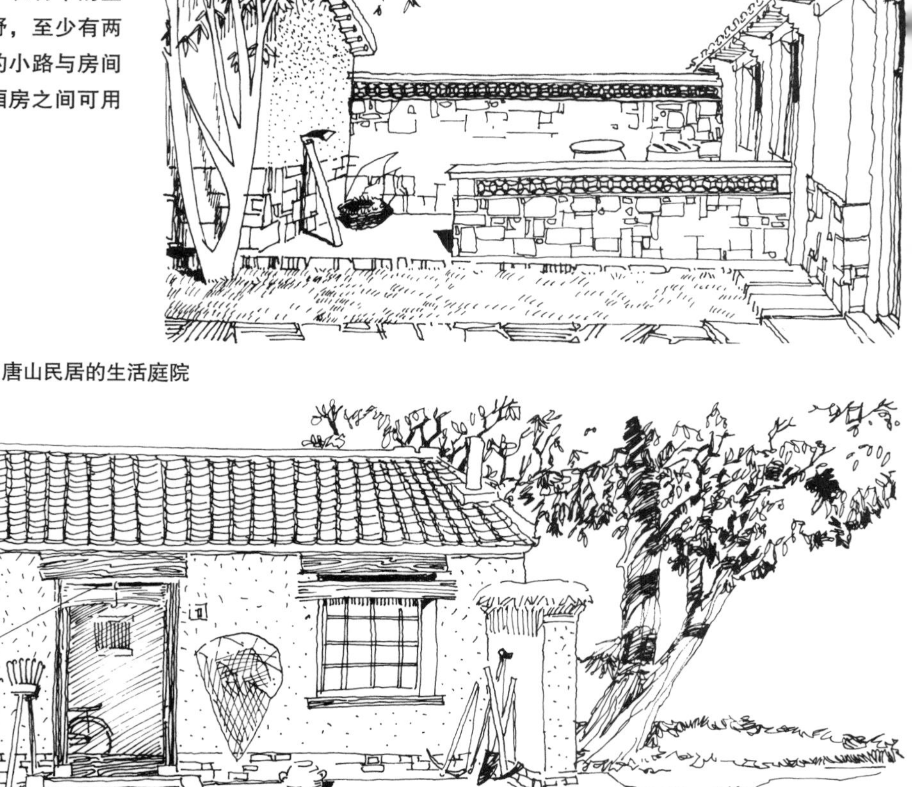

唐山民居的生活庭院

天津宝坻区孙家庄的生活庭院

中国乡村民居中的庭院是农事生活所必需的，院中放置生活用品和农具，庭院要满足方便生活的使用要求。摩登建筑（见前言中注释）中的庭院常常布满花卉和装饰雕塑，是纯装饰性的，没有生活气息。农村的生活庭院不能太大，要保持一个外部活动的领域，至少要有两个不同方向的门，使庭院成为不同方向行动的交会点；要能看到外部较大的空间，封闭的内天井不宜作生活庭院；要能看见人们的进出和孩子的游戏，但又不显得杂乱。院中可铺砌地面，让阳光遍洒；也可布置在光影闪烁的大树底下。庭院的边角可做局部的棚顶或延长建筑的檐廊，形成建筑内部与生活庭院之间的过渡空间。

单体建筑的连接 | Connection of Buildings

建筑如果孤立布置，它们之间的空间是没有联系的，而相互联系的建筑则可以创造丰富的空间和立面。建筑之间可用拱门、外廊、院墙、门楼相连接，内院可以用垂花门、回廊相连接。

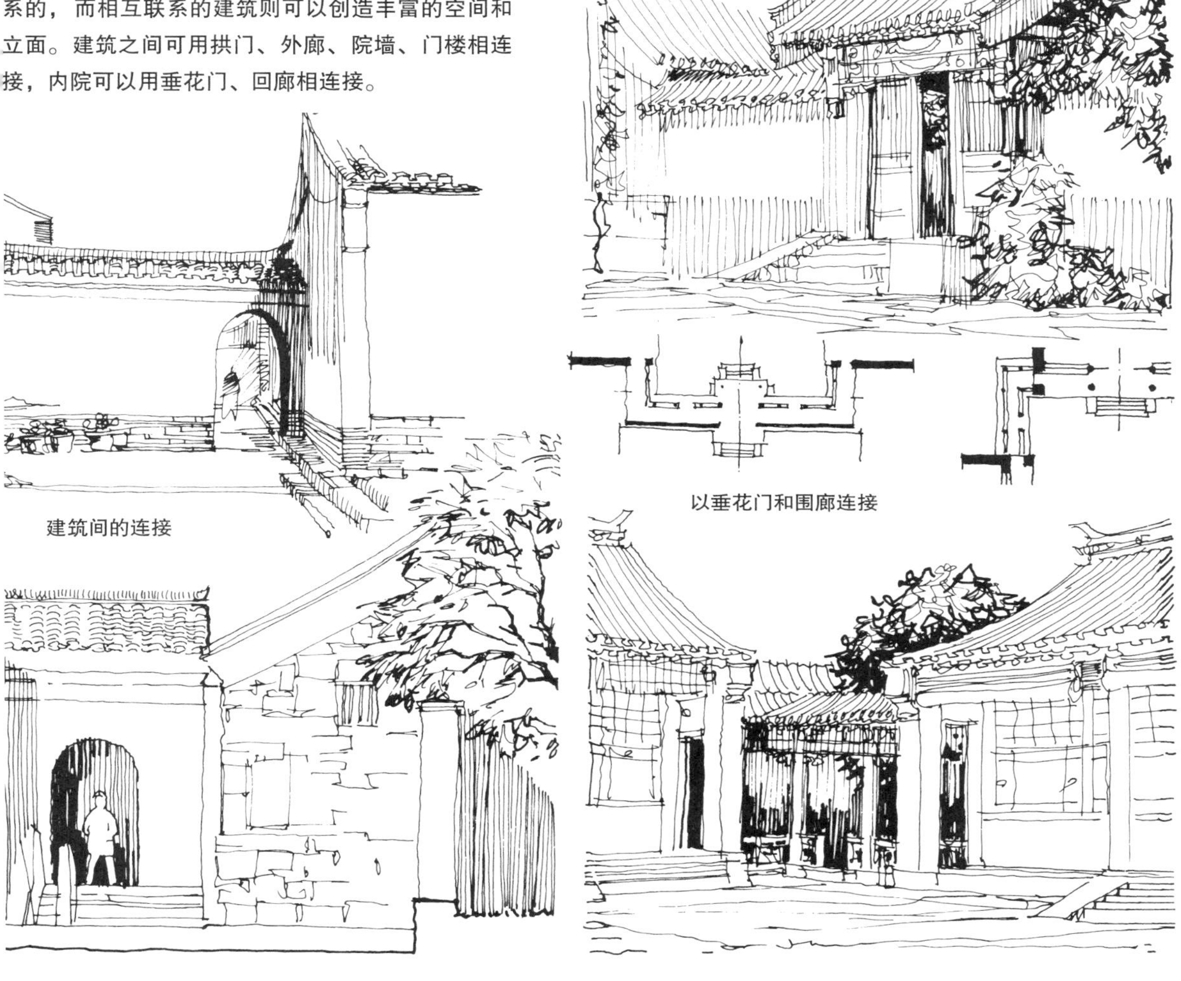

建筑间的连接

以垂花门和围廊连接

中国传统民居是以建筑群体组合起来的，在宅院中，用围墙、走廊、门洞、檐廊或垂花门等小建筑形式把单幢的建筑连接起来，成为一个宅院的整体，以表现家族团结兴旺。把建筑之间联结成组团的布局不是沿街立面外形美观的需要，而是发展人类社会关系的需要。

7

视觉

Vision

瞬间的视野 | Twinkling View

在民居中，很注重外景的视野，这与造园中的“借景”手法相同。当民居外围有美丽的风景时，要在动态中观赏风景，如沿着房屋之间的小路、入口、楼梯等处观景，不同位置可获得不同的视野效果，这种处理手法是颇有趣味的。

窗外的视野

瞬间的视野与明暗的图案是中国农村民居中的视觉特征。寺院的僧侣住在高山之上，在石头的小室中每天可以远望大海或山中的美景。这些美景妙在不是由僧侣的房间向外观看，而是通过庙宇墙缝看出去的瞬间视野。在山顶上，庙宇被厚重的围墙包围着，人们经过山门到达院中，跨过二道院才能到达房间。在院子厚厚的墙上开些狭窄的缝隙，当人们走过庭院某一点时，由缝隙中看出去，可见到大海或山峰，得到这个印象以后再进入室内，这瞬时而过的视野景观能久远地留在记忆之中。在民居的道路边、游廊中、楼梯上以及房屋之间的夹缝中，用这样的方法可以把天然的风景引入室内。人们走过时看到的景观，虽然是瞬间而过，景色的效果却是不易从他处见到的，因而可以留下深刻的印象。

明暗的图案 | Tapestry of Light and Dark

在建筑内部，我们会发现有几处特别适于人们休息静坐的地方，这是由于光的限定而产生的特殊效果，是明与暗的交替区域，这可使人们自然地由暗处走向亮处，引导人们到重要的房间和坐息的地方，如入口、楼梯、过道等，而其他地方光线则应较暗。

自然光亮处

苏州民居

光的运用是近代建筑的摩登手法。在住宅中的某些位置，由于光线明暗的差异而使人们愿意停留或休息，因为这些地方由于光线的限定形成了向外界观察最清晰的地点。人的眼睛天生像照相机一样，有自然地由暗向亮的本能，许多人愿意在窗前的坐椅上、走廊中、火炉边、花架顶棚内和门洞的边角等处逗留，就是因为这些地方可以使人由暗处向亮处进行清晰的观察。因此，在设计中要考虑到创造一些明暗交替的部位，运用光的效果创造建筑中明暗的图案。环境具有以光引导方向的特性，好像舞台上使用追光的表演效果一样。在建筑中创造光的明暗交替，以引导人们自然地由暗处走向亮处，到达建筑平面中重要的地方，把座位点、入口、楼梯、过道布置得特别明亮，使其他地方较暗，以增加对比。例如在窑洞式民居中，由地上的门楼通过隧洞渐次地进入地下庭院的过程，光的明暗变化具有明显的导向作用。在苏州“留园”的入口处，建筑和回廊与院墙有离有合，产生了生动有趣的光影变化。

明暗对比 | Contrast of Dark and Light

明与暗是鲜明的色彩对比，小天井中的明暗对比关系，可突出造型主体或表现构图中心，使观者能迅速感受画面和把握形象。

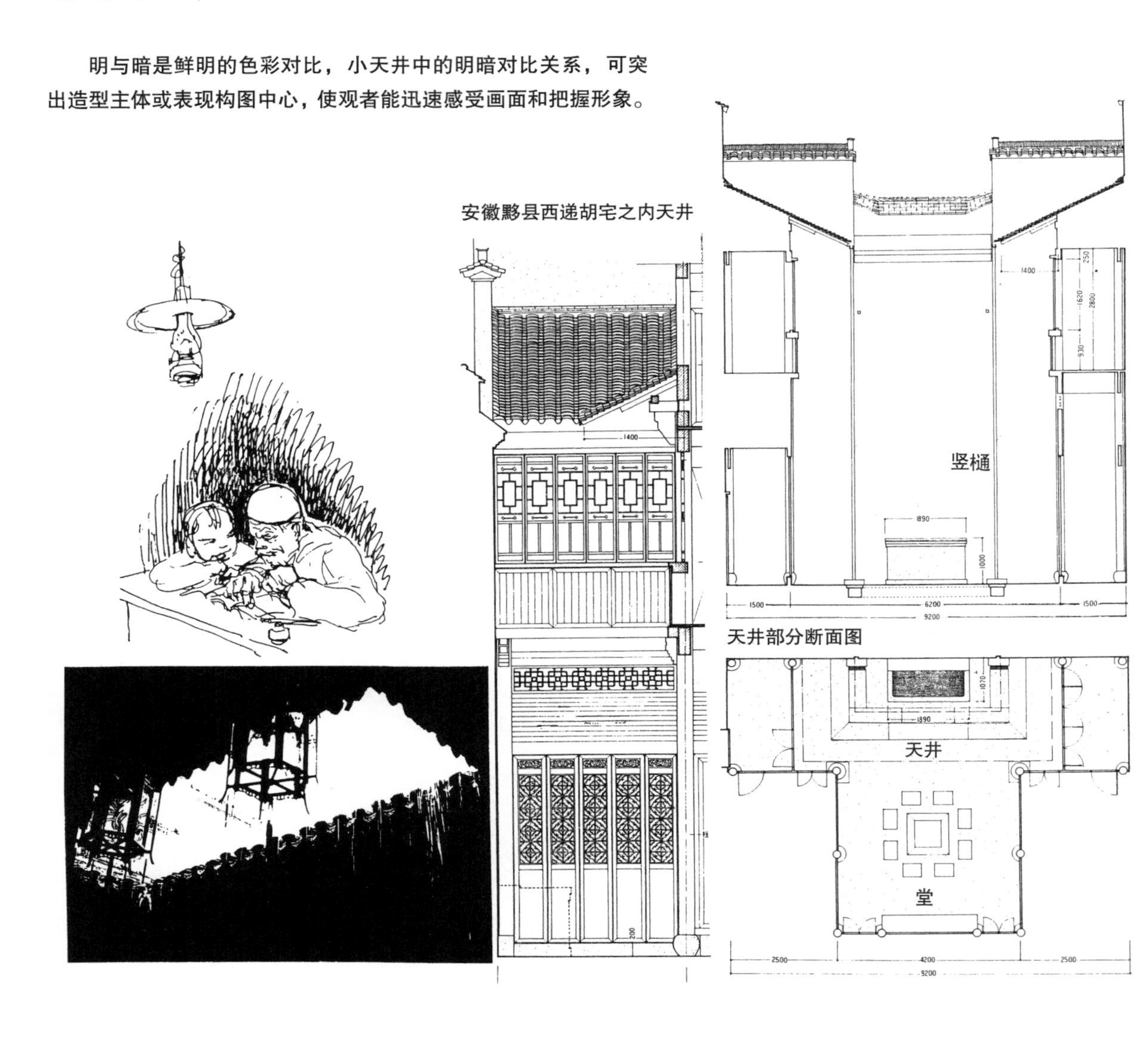

安徽黟县西递胡宅之内天井

天井部分断面图

光线的存在使人们能感觉到空间的存在。光线不但是情感空间的重要参量，其强弱与空间的大小、宽敞与否也有直接关系。没有光线就不存在艺术空间。在中国民居封闭的小天井空间中，白色部分只展示天空，明暗对比鲜明，也正由于有黑白对比，有反差，就显得空间丰富。用明暗对比也能产生空间中的丰富想象，单一纯净的环境增强了人内心的空间感受。

光影的变化 | Light and Shadow

光影是构成视觉美感的因素，光影中材料的质感和肌理可创造出令人印象深刻的空间感受，生土窑洞民居中就富于这种光影的变化。

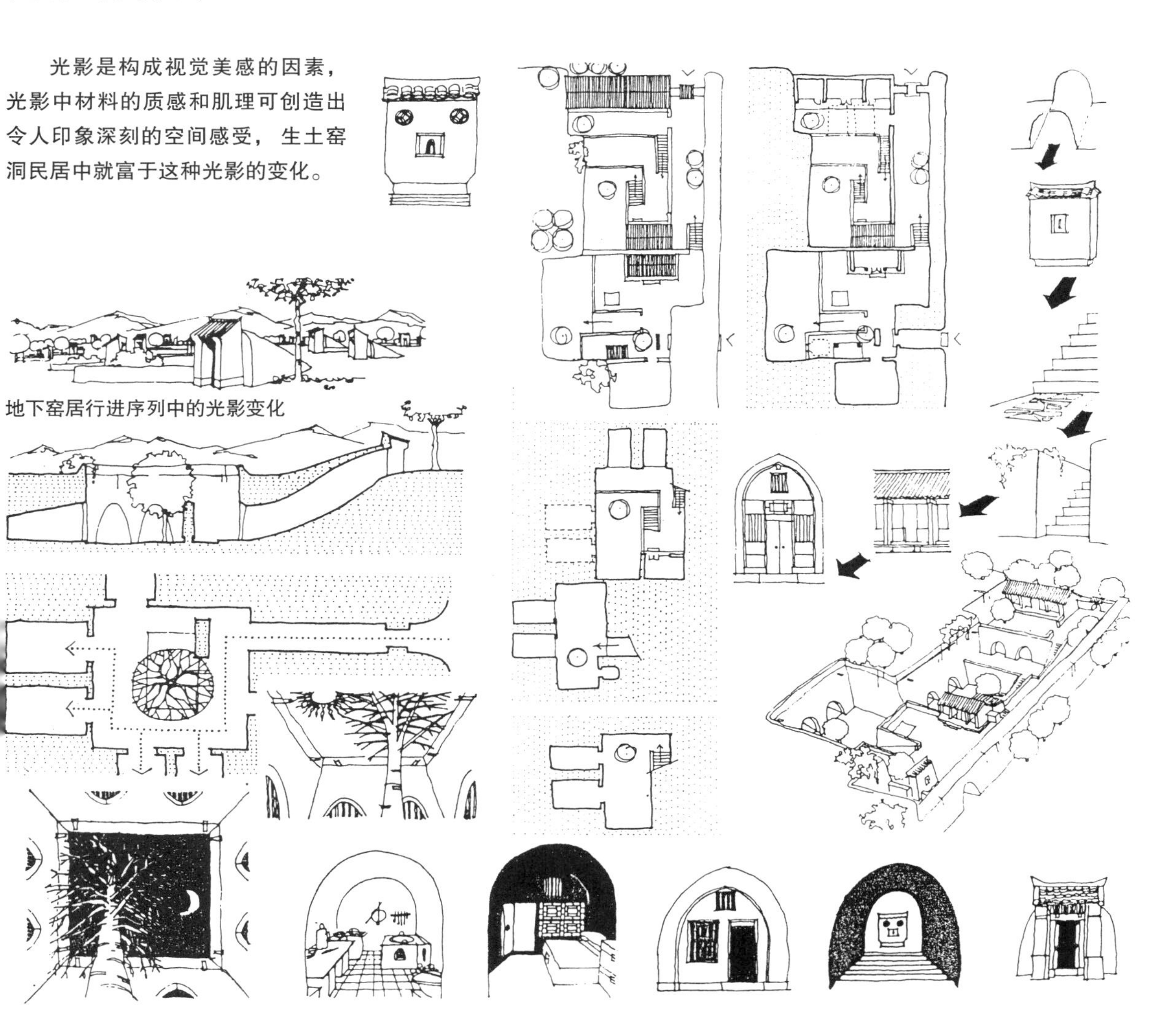

地下窑居行进序列中的光影变化

人的眼睛天生就能观看光照中光与影烘托构成的形象，所以说设计阴影就是设计光照，设计光影的变化能启发人们的想象力并扩大空间的深度。中国的原生窑洞民居中利用光与影的变化，在明暗交替的部位创造了清晰的室内与庭院中的景观视野。当人们从入口沿阶而下进入黑暗的通道时，只有前方出口处明亮的光，将人引入庭院，此时能感觉到的庭院比在地面上见到的庭院明亮得多，这就是光影变化的视觉对比作用。在地下窑洞中，人们好像生活在光影的变化之中。

色彩 | Colours

中国民间住宅的用色，大量运用材料本色和绿树、灰黑或青瓦、木头本色（深褐色）的柱梁与装修、白粉墙或浅黄或褐色的灰砂墙面，再配以枣红或深褐色的窗框、板壁，朴素耐看。

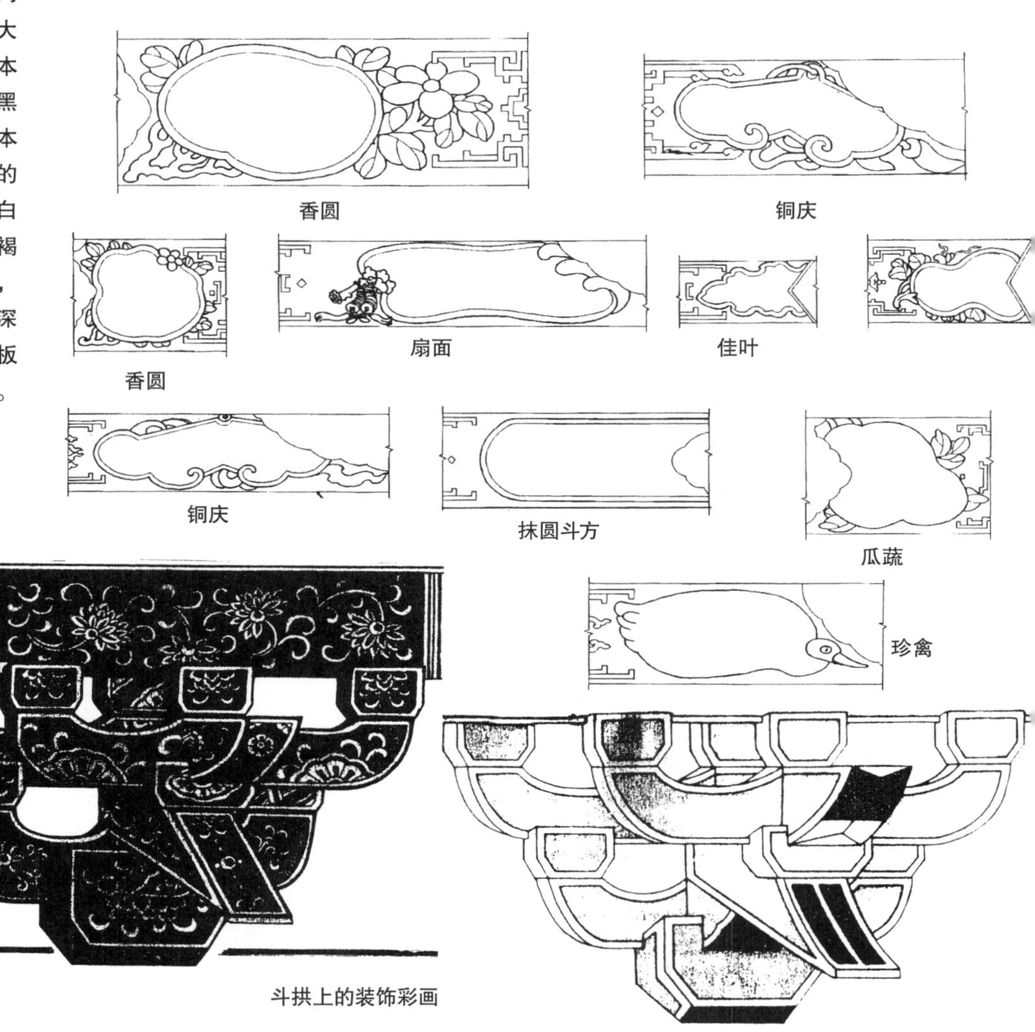

斗拱上的装饰彩画

色彩充满情感的要素，暖色和冷色，安静的、热烈的、柔和的、欢乐的、肃穆的、庄重的、晴朗的、灰暗的等，其搭配能唤起人们情感的共鸣。中国传统民居的色彩以淡雅为主，讲究表露木质材料的纹理本色，并和室内的红木家具和木装修色彩和谐。只有当木材料质不佳时才施以彩画，民居中的彩画程式和内容不像宫殿和庙宇那样严格。

苏式彩画 | Sushi Chinese Colour Pattern

图引自《中国建筑彩画图集》，何俊寿主编

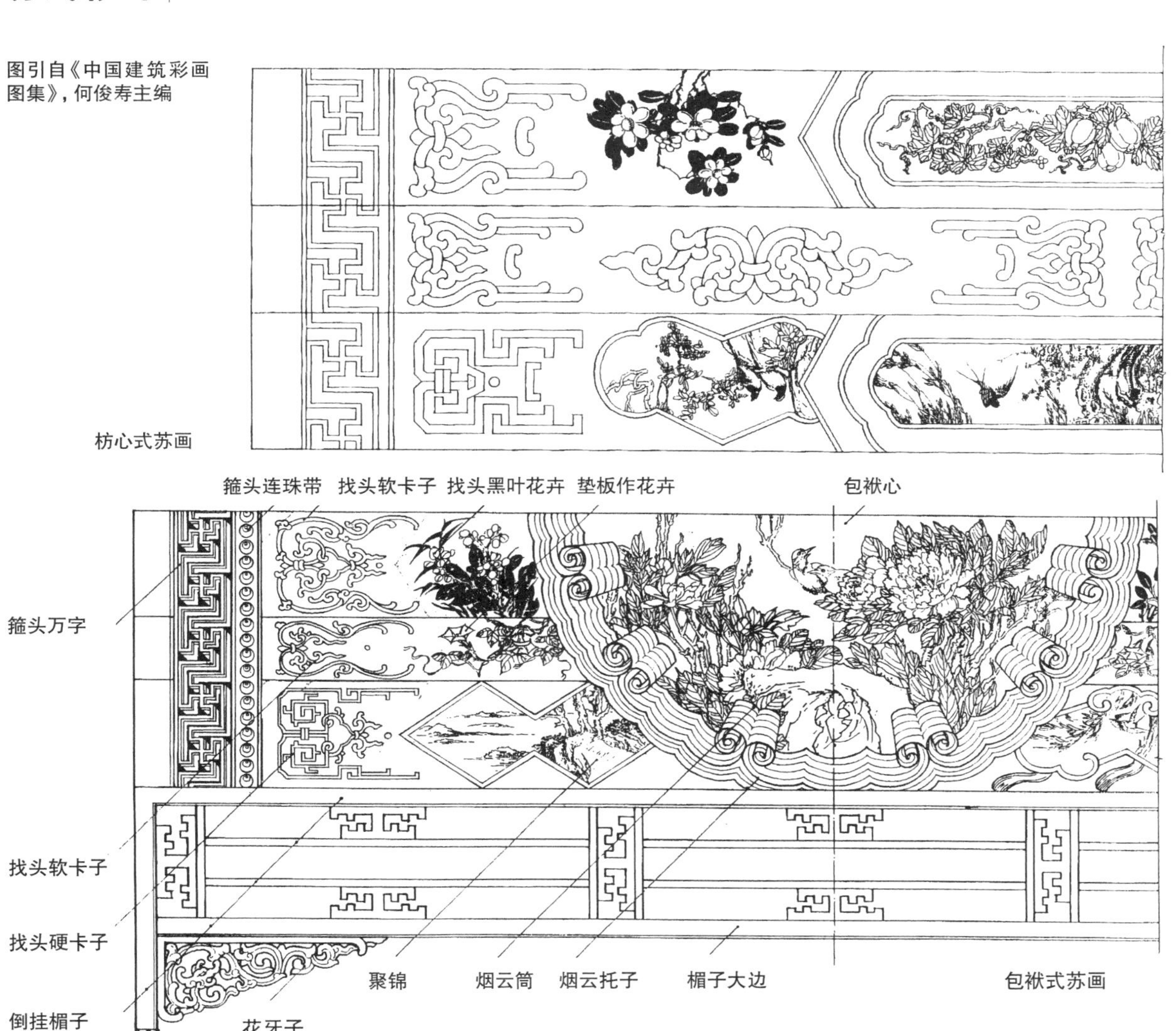

中国彩画用色有五彩、青绿与丹粉（朱白）三类，效果强烈鲜明。只在民居的园林中使用苏式彩画，重“诗情画意”的描绘，苏彩的“包袱”中描写历史传说和情节故事。

8 设计 Design

门楼 | Arch over a Gateway

门楼是中国民居与街道间的入口建筑，它使民居入口不致直接开向街道，减少了外界的干扰。门楼也是民居与街道间的连接纽带，并在它们之间形成贯穿的空间。

门楼在中国乡村住宅中是具有很高艺术性的小建筑形式。它的造型、装修和细部装饰往往是民居建筑特征的综合表现，不论贫富，家家都重点装修自家的门面。北京四合院中的垂花门，也是门楼的一种形式，它集中表现宅院中最丰富鲜丽的色彩和装饰。四合院外部入口大门道，是深深的过道式门楼，在暗影中的朱红色大门、金黄色的门簪与宅院外部青灰色粉墙黑瓦形成强烈的对比，从而突出了主要入口。陕北、陇东一带外形像道士帽式的一坡顶小门楼，就像西北生土民居造型的一个缩影。皖南民居高墙上精美的砖雕技艺和黑色包铁皮的大门，显示出这是住家的入口。门楼与房屋之间的过渡地段，有铺面的小路相通，是由公共街道进入家室之间行为举止的过渡、空间的过渡、光感的过渡、声音的过渡、方向转变的过渡、地面铺料质感与地坪标高的过渡、开与合视野变化的过渡等。这些行为中建筑学与建筑心理学的设计效果，都可以通过门楼与住宅之间的地段来实现。

家门 | Home Door

家门入口和围墙共同限定了住宅的内外边界，家门入口有界定内外和联系过渡的双重作用。中国内凹式的家门入口有回避、停留、让步、观望的实用功能，且造型各异，个性突出，便于指认。

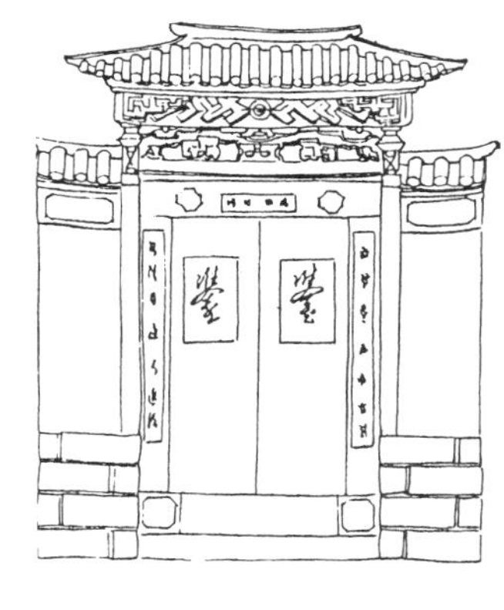

各自独特的家门入口

中国传统的合院住宅，都有各自独特的院门，民族的、古典的、砖花的、生土的、竹编的、各种饰件的……各有千秋。家门上的装饰更是别有情趣，门枕石、抱鼓石、金饰门钹、匾额题字、大红灯笼等。小院里冒出墙头的桃、李、桑、竹，标志着院里主人的爱好。家门的一砖一石、一草一木都在告诉别人这是我的家门，你来过这里。

影壁 | Screen Wall

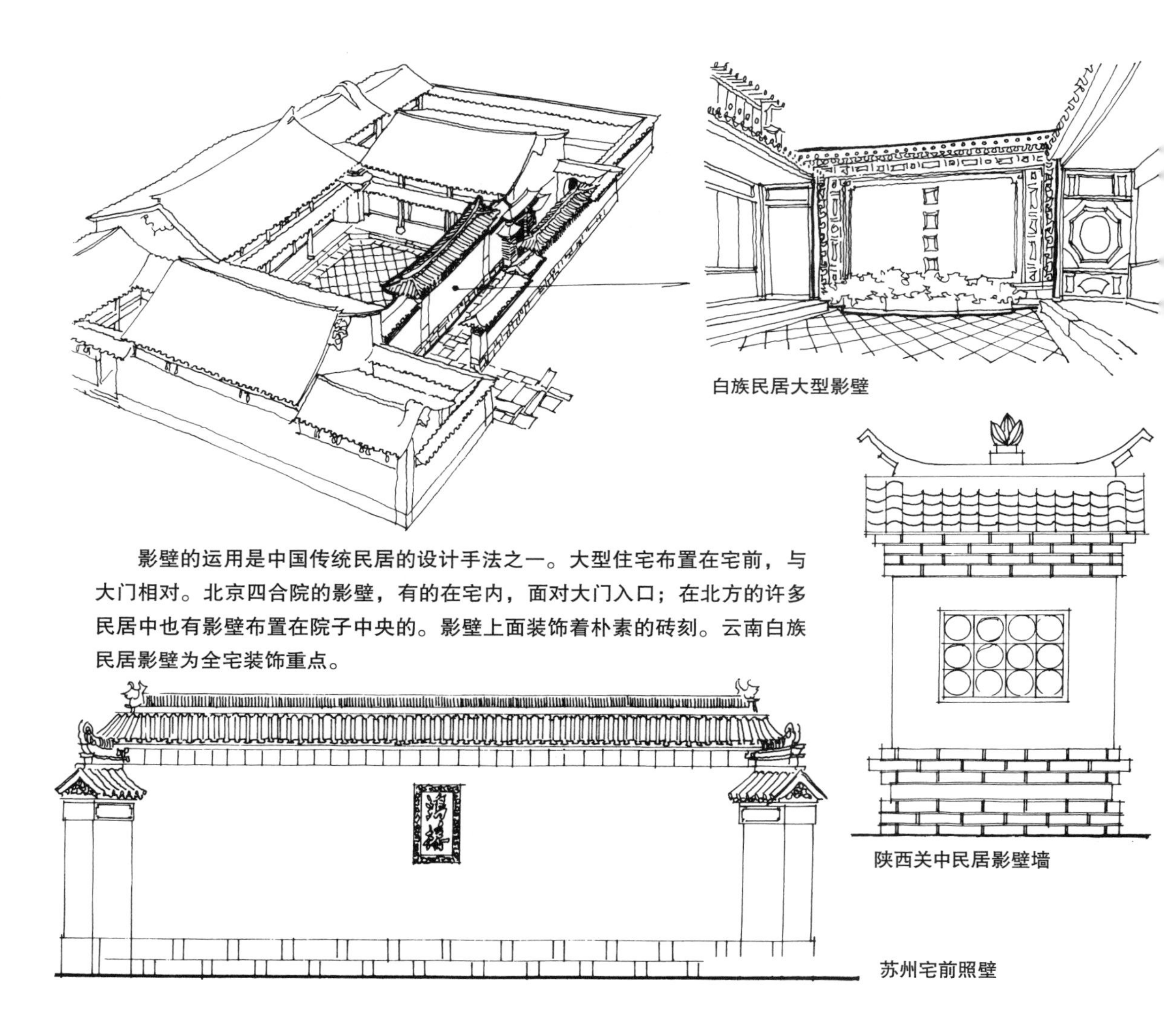

白族民居大型影壁

影壁的运用是中国传统民居的设计手法之一。大型住宅布置在宅前，与大门相对。北京四合院的影壁，有的在宅内，面对大门入口；在北方的许多民居中也有影壁布置在院子中央的。影壁上面装饰着朴素的砖刻。云南白族民居影壁为全宅装饰重点。

陕西关中民居影壁墙

苏州宅前照壁

影壁给中国民居增添了独特的装饰情趣，它以光影落在墙上的变幻动态效果作为民居入口装饰墙。影壁布置在入口大门对面或大门的内部，墙上以浮雕花饰为主，正中常书写有吉庆的文字如“鸿禧”等。布置在宅门内的影壁，前面还摆有盆景花卉。影壁可以挡住街上视线对宅内的干扰，树影落在影壁墙上，光影的变幻丰富了墙上朴素的浮雕装饰。这种光影动态效果在建筑上的运用，西方建筑家称之为建筑的第四度空间——时间性。影壁上的光影、壁前的绿化，引导人们进入宅院，可谓最生动的四度空间处理典范。这样具有时间延续性的第四度空间境界，就寓于影壁与门道之间的绿化、光影和踏步及顶部投影的光线之中。

房角屋边 | Building Edge

对于一座建筑，人们常常忽略了房角屋边的外部处理。实际上，这是很重要的，处理得当，可丰富院落街景的空间，使人们愿意停留，进行有趣的户外活动。

云南民居房角屋边的处理

老式传统民居的外围都有空廊、平台、长凳、花草和围墙，有可供休息的边角余地，从而令人感到亲切。这样的房角屋边富有生气，使人们愿意停留，并感到与外围世界相联系。房角屋边与房屋内外之间的地段，建造一些活动点，以摆设座椅，从这些座位点上可以观看户外的活动，增加了与外界的联系感。

儿童的领地 | Children's Realm

民居设计要考虑儿童游戏的需要，楼梯底下及厨房的窗井下可设置低矮的像小洞一样的场所，供儿童玩耍，儿童卧室床边亦可创造他们独用的天地。室外儿童游戏场地应布置在街道的端顶，最好有遮雨的檐棚，以利安全。

儿童喜欢像小洞一样的玩耍场所

在住宅的公共空间中，常布置有儿童玩耍的地段。例如在墙角处设加高的平台，在楼梯下面设些孔洞和桌椅，儿童是很喜欢在这样的处所玩耍游戏的。降低局部天棚也可以形成儿童玩耍的环境。室外游戏场地最好与室内相连，以保证儿童领地的连续性，因为儿童不大喜欢单一的空间，而要求一个连续多变的空间。但家庭中要求安静的房间则应与儿童领地分开。

中国民居有以建筑空间组合院落的特点，并有曲折变化的回廊、檐廊和房角屋边，构成适合儿童玩耍的空间。

低门道 | Low Doorway

高门道是简单而舒适的，但低门道有时更有深刻的含意。选用人可以通过的尺寸，压低门道，可以强调由一个空间进入另一个空间的层次感。

中国传统民居庭园之中的白粉墙上，常有低矮的门道，形状多种多样，有花瓶形、月亮形、多边形等，门边窗下配以花卉植物，山石点缀，形成花园似的独特景色。供人通行的门本来有标准尺寸，但有的门道故意做得雄伟高大，有的却故意做得低矮，以观赏外界若隐若现的景物。有的低门道则是为了使人们通过时获得“穿过”之感。

穿过式的套间 | The Flow-through Rooms

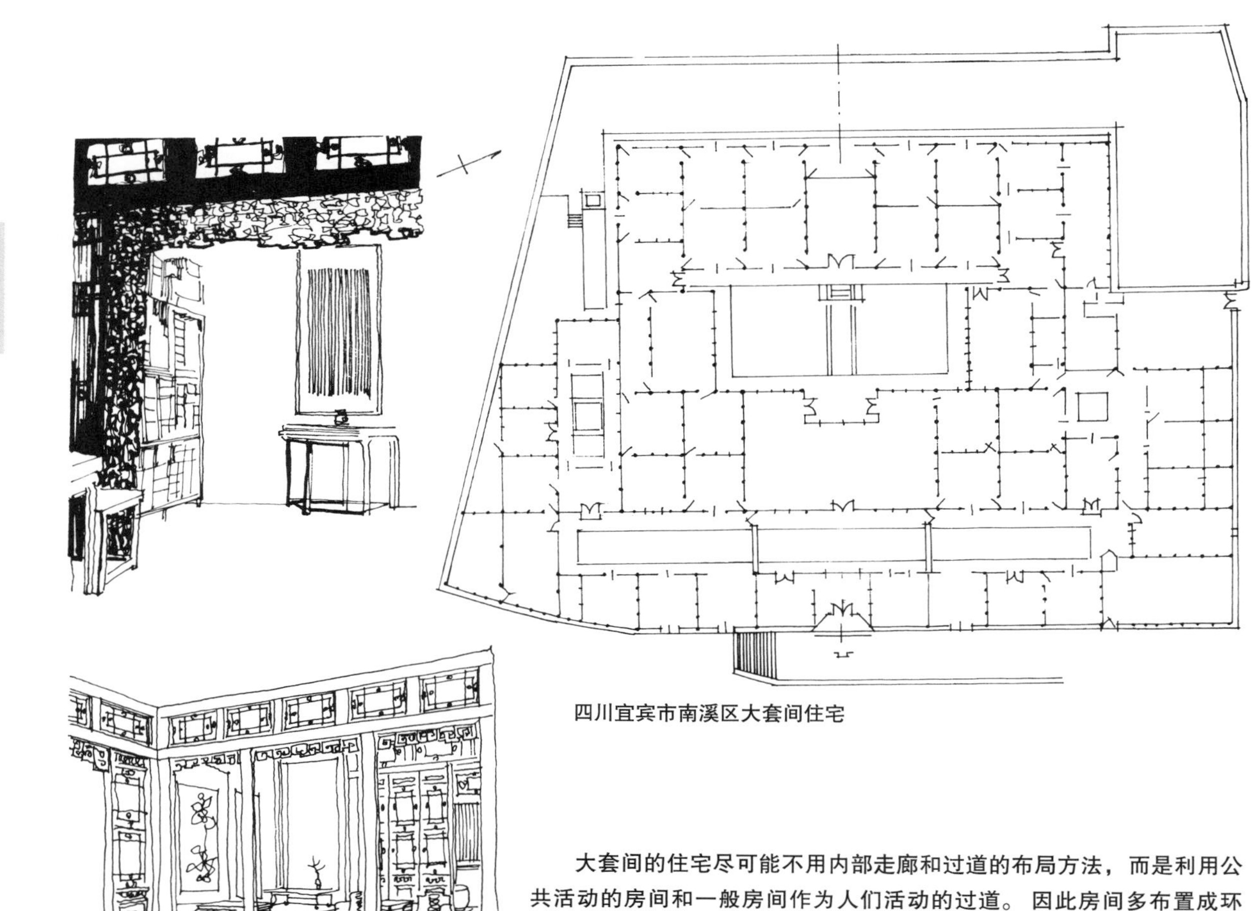

四川宜宾市南溪区大套间住宅

大套间的住宅尽可能不用内部走廊和过道的布局方法，而是利用公共活动的房间和一般房间作为人们活动的过道。因此房间多布置成环形，以便人们在房间内部穿行，故要求房间均开向公共间，这种处理手法可使建筑的内部流线显得通畅。

设计时处理好房间之间的关系，比设计好房间本身更为重要。走道式的房间关系是通过较暗的长走道连接各个房间，套间则不同，有阳光、家具和较深广的视野。走道和套间都是供人“穿过”用的，但心里感觉却不同。套间是用门来作为房间之间的联系，环境套间可把许多房间连接在一起，形成一个穿过房间的环；另一种是与房间平行的像链子一样的套间。在四川的大型民居中，应尽量减少过道，以公共性的套间把许多房间联结在一起，布置成套间的环与链，围绕中央的内天井，房间都开向公共性的套间，房间之间所经过的套间环和链都有明亮的光线，能看见天井庭院中的布置。

短过道 | Short Passages

住宅的过道避免过长，以减少交通面积。短过道的布置如同房间一样，可陈设家具，并可设天窗或隔扇，使窗户的光线照射在整个短过道的墙面上，显得更为美观。

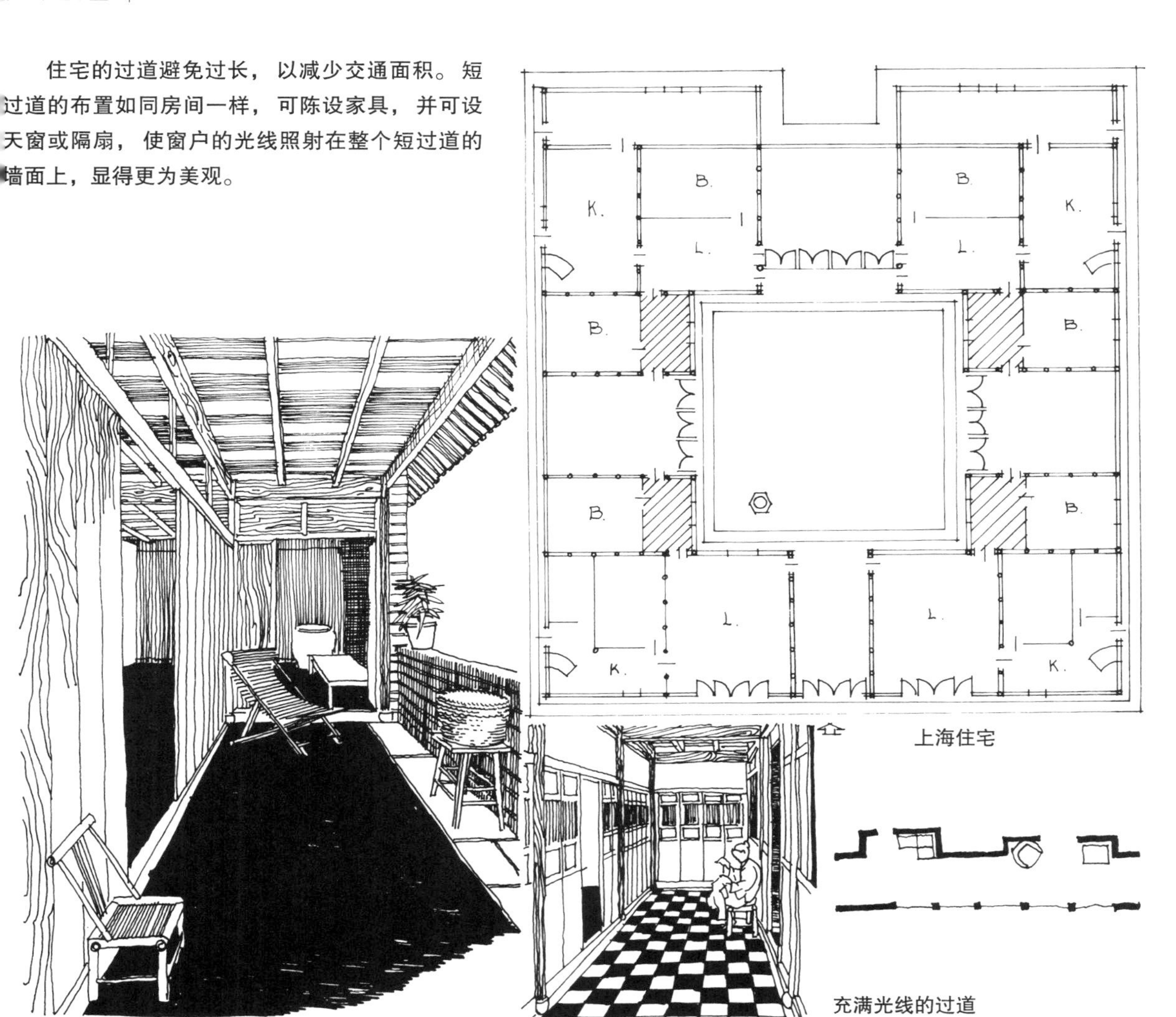

上海住宅

充满光线的过道

过长的走道很难使其美观，在设计中可把走道布置得像房间一样，陈设家具，并开较大的窗，使走道尽量短些，最好是有明亮光线的单面走廊。在中国传统民居中，运用室内的门窗来处理过道与房间两者之间的相互渗透关系，可供借鉴。

周围外廊 | Surrounding Gallery

如果从瞭望外界的阳台或平台上直接通到外部空间，就能感到自己是和外部公共生活联系在一起的。因此尽可能在房屋的每一屋设置外廊、前室、阳台、户外的坐椅、遮篷、花架等，通过这些和外界相联系。特别是在通向街道的建筑边角处，可设围廊的形式，以联系内外。

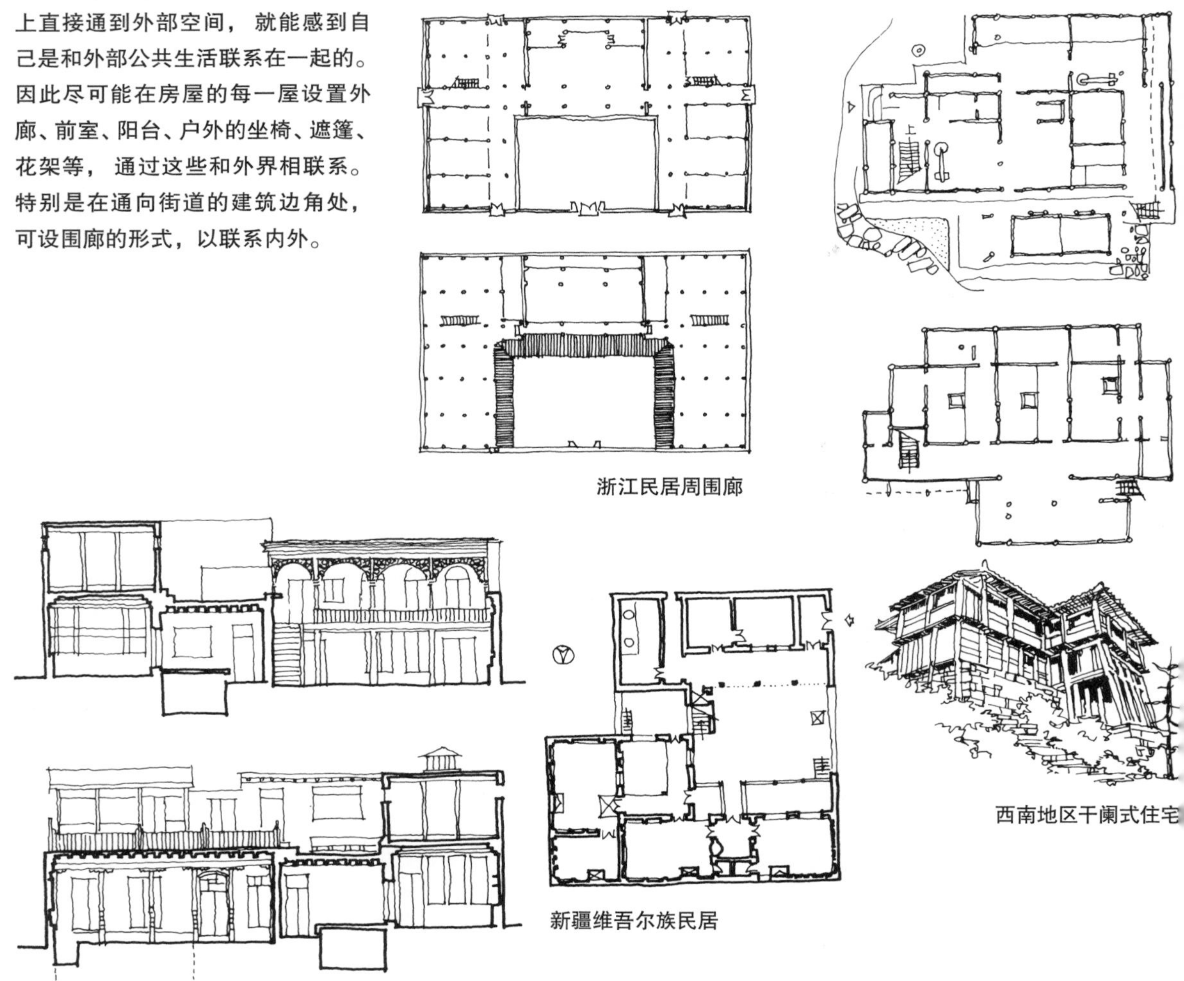

浙江民居周围廊

新疆维吾尔族民居

西南地区干阑式住宅

周围外廊在中国南方民居中形式很多，如云南竹楼的晒台叫作“展”，贵州民居中二层上设置的周围外廊，新疆民居中围绕内院形成的外廊等。周围外廊是住宅与外部社会生活之间的过渡领域，也是住宅中的室外部分，可供人们饮茶、娱乐、儿童游玩、晾晒衣被、手工劳动和体育锻炼之用，尤其是热天，许多活动都可到外廊平台上进行。

深阳台 | Deep Balcony

浅窄的阳台是不适用的，设计阳台、前室和外廊时，应有能放得下桌椅的宽度，最好将阳台部分伸入到建筑之中，部分在内，部分悬挑，这是最受欢迎的形式。

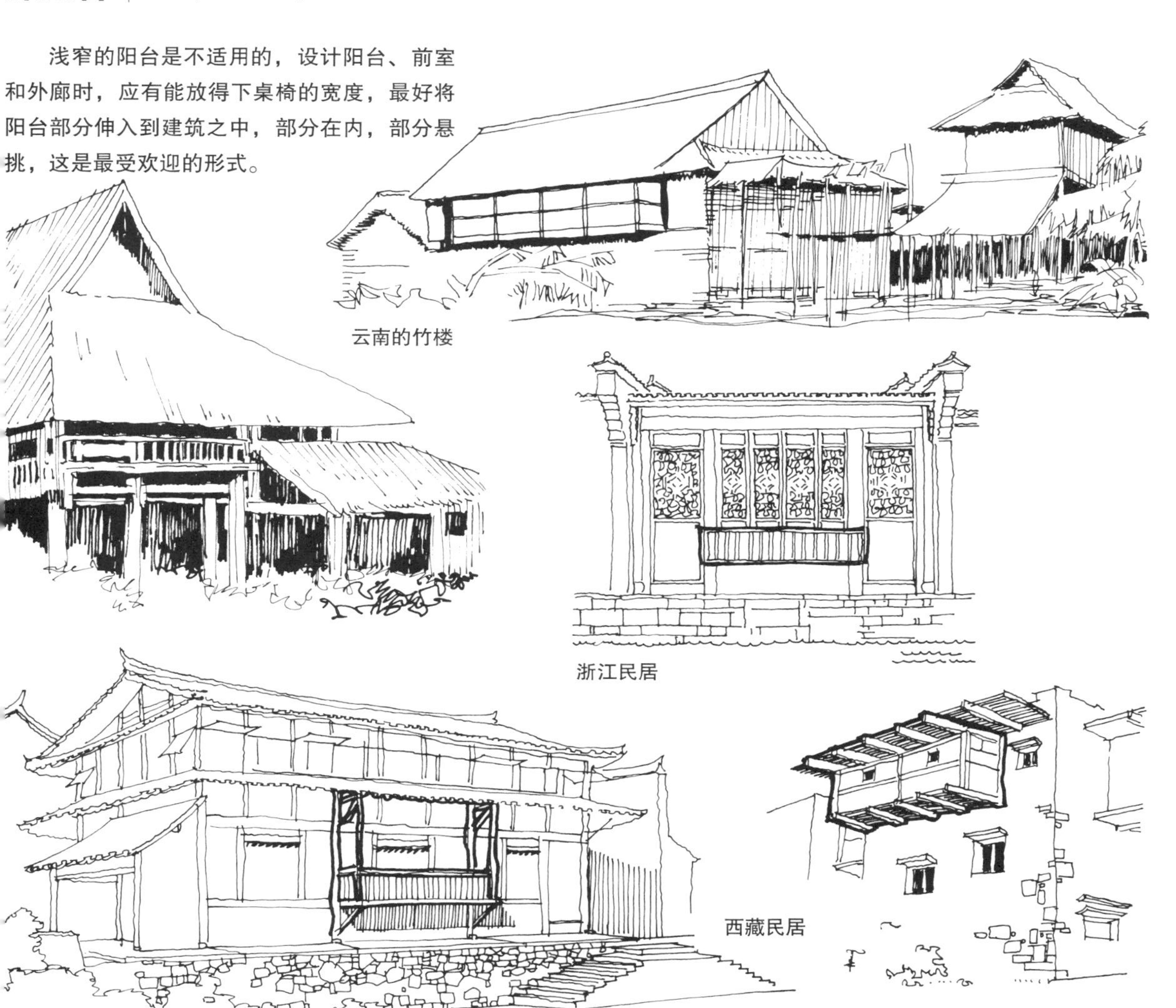

云南的竹楼

浙江民居

西藏民居

中国传统民居的阳台大多是和房间连接在一起的，房间中伸出去的前廊式阳台，其挑出部分与室内没有明显界线。阳台的柱子之间可以安装隔扇门窗或木栏杆，隔扇门窗也可以退在后面，门窗敞开时阳台和房间的空间完全畅通，摆设桌椅灵活，是具有可变深度的灵活阳台。阳台太浅不便使用。在深阳台中，半凹半挑的阳台因有部分建筑环抱，半开半合，或用柱子、透花隔断和花架等遮盖，就如同使用窗帘一样，使人感到舒适。

半截墙 | Half-Open Wall

运用半截墙是室内划分空间的手法之一。使开与合的空间之间贯穿流通达到平衡，亦可运用立柱、前门廊、落地罩、隔断等划分空间。

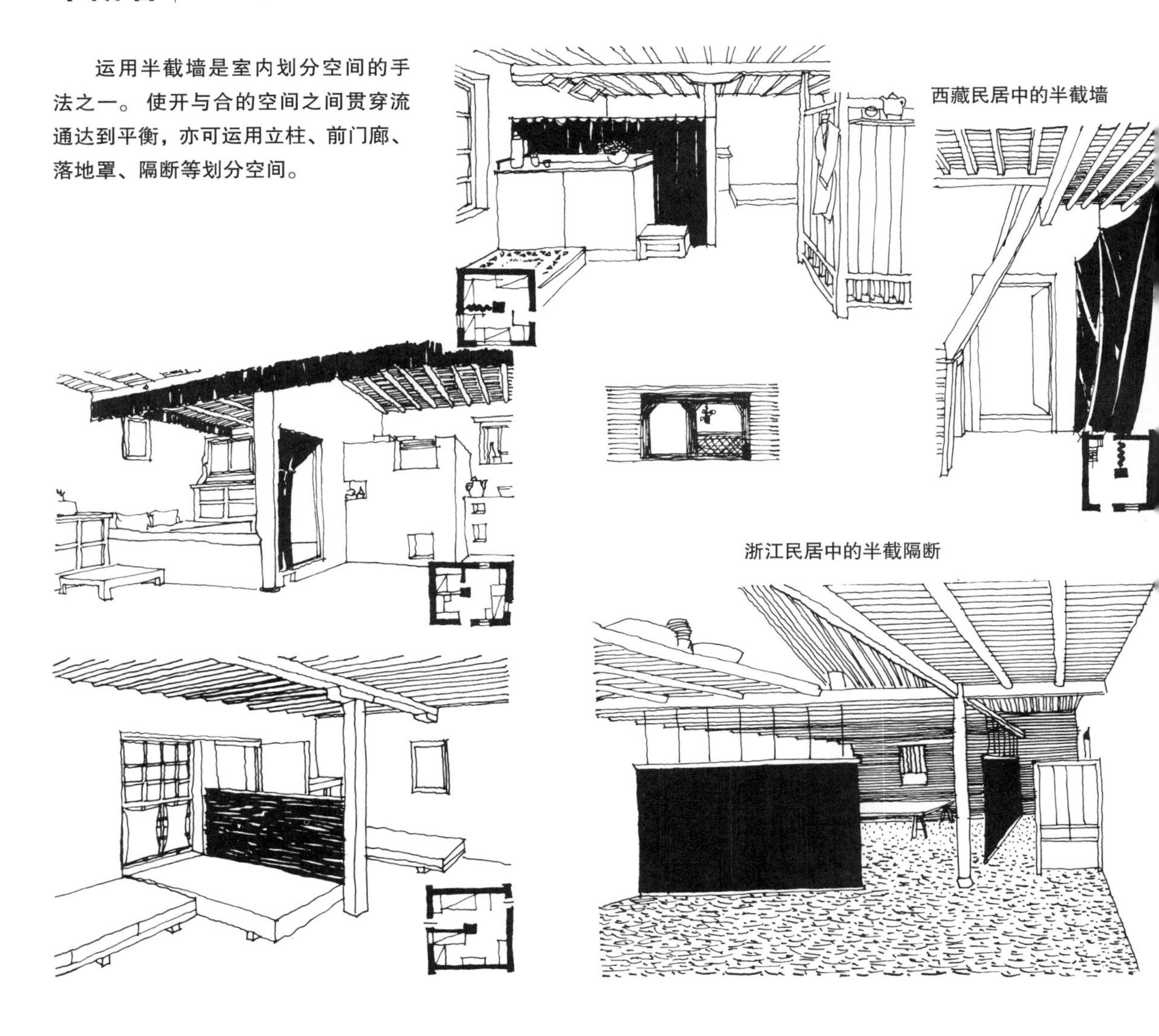

西藏民居中的半截墙

浙江民居中的半截隔断

柱子之间的半截隔断和透空的花墙、带装饰性柱子的柜台等，可以和邻间有分有合，创造一种开敞与封闭之间的平衡。在前厅或起居室中运用半截墙，可增加空间变化，使空间显得美观。例如，房间中如有相互连接的柱子，深深下垂的梁、拱形隔断或厚厚的短墙等，都可以在大空间中创造小天地。在浙江和藏族的民居中，都有许多这方面的好例子。这种手法也可以用在室外，以体现房间和外部空间的联系，达到内外空间之间的相互流通。

落地罩 | Indoor Partition

落地罩是室内隔断的一种形式。门窗一般有室内外的联系作用。室内空间需要划分的，有时用一般的玻璃窗隔断会显得呆板，而用落地罩则显得生动有趣。

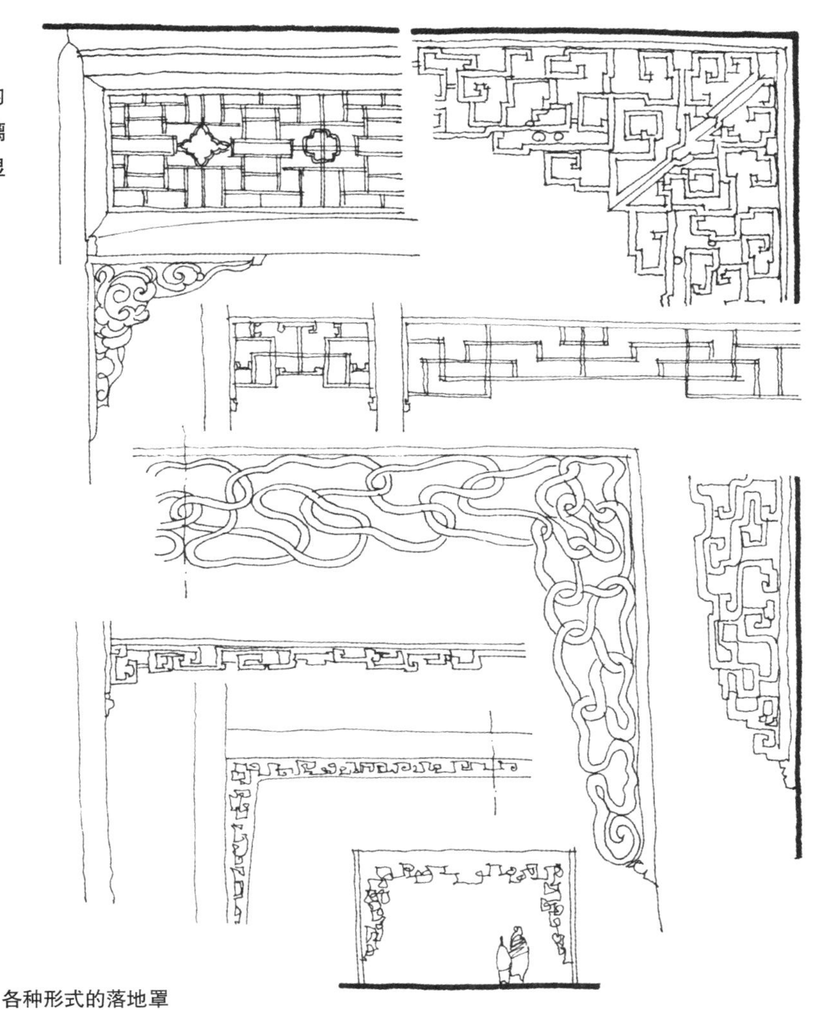

各种形式的落地罩

中国民居中用落地罩分隔空间的办法就如同近代建筑中使用的透明玻璃隔断，同时罩本身又是精美的室内装饰。落地罩是隔扇中最空透的形式，落地罩以精美的木雕制作，布满精细的纹样，在三开间或五开间的厅堂之中用罩或隔扇来划分空间，堂屋中可以透过两边的落地罩看见两侧跨间室内的陈设，这也是一种在大空间中分隔不同使用区域的布局手法。在一个长形房间中，家具陈设不易做到和谐优美，而划分为若干个中心，分组布置，使家具的组合不被流线所贯穿，罩就可以在这方面充分发挥作用。

厚墙 | Thick Walls

近代建筑中运用的预制钢筋混凝土墙板和钢、铝、玻璃墙体，使用起来缺乏灵活性，而加厚的墙壁却可以创造墙体内部的空间。在古代，采用厚墙有时是为了防御的需要。

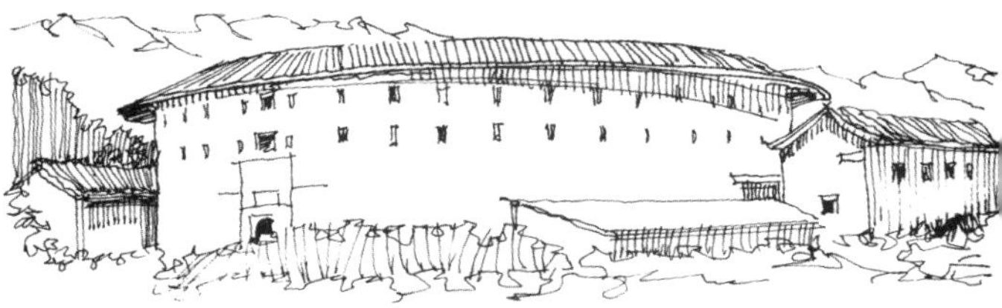

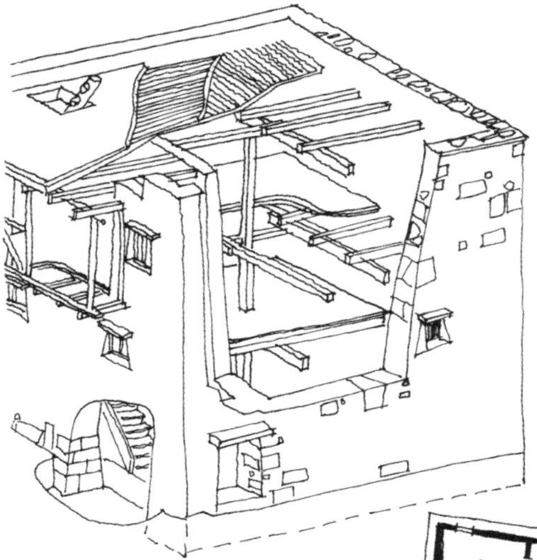

福建土围楼

西藏的雕楼

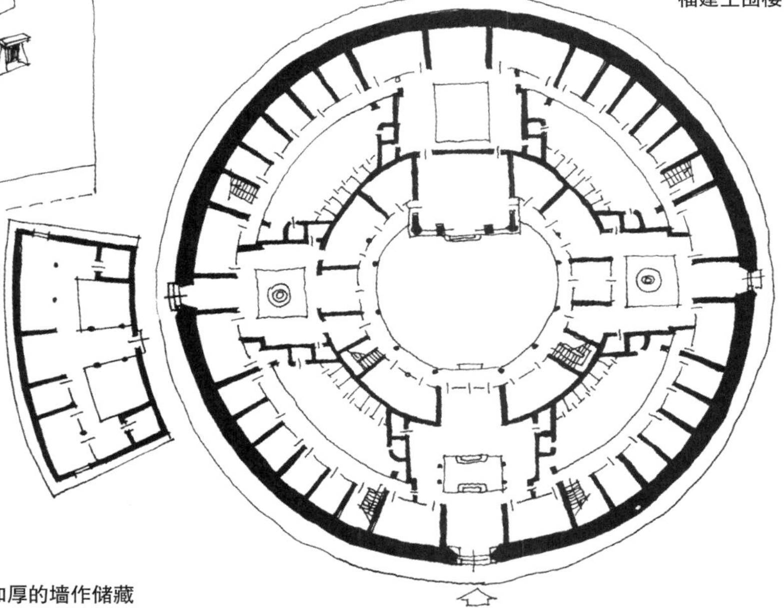

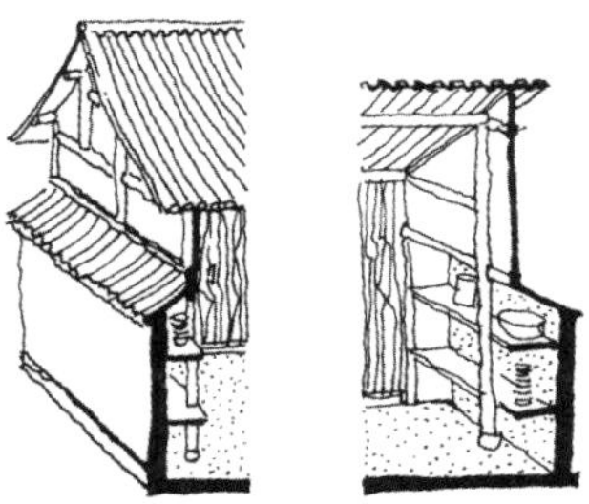

加厚的墙作储藏

在民居设计中，尽量加厚墙壁以充分利用墙体内的空间体量，黄土高原上的窑洞更有这种特点，它的居住空间本身就是从墙体中挖出来的。在乡村民居中，以手工方法建造的墙表现出村民的各自特点，而工业社会中建造的光滑表面的墙体却难于表现这种个性。厚墙给建筑内部创造了发挥表现力的条件，凹入墙内的橱架，墙中的固定家具，富于质感变化的墙壁表面，特殊的灯，都可以根据主人的喜好表现出室内陈设的多种风格与兴趣。此外，原始的厚墙还有防御性功能，如福建巨大的环形土楼、藏民的石块碉楼、广东侨乡的炮楼住宅等。

低窗台 | Low Sill

窗最主要的功能之一是使人们与外界接触，高窗台加重了隔离感，也不利于采光。而用低窗台坐在炕边就可看到院中景色，视野开阔。

藏族民居

人们之所以喜欢来到窗前是因为光线和窗外的景色。读书、谈话、做针线时，就很自然地坐在窗边。窗台的高低应适当，太高了在窗边看不见室外窗下；窗玻璃直落地面，又会给人以危险之感。楼房上层的窗台只需比底层略高一些。中国北方民居中的火炕常常占有满卧室的整面朝南窗户，沿炕边的窗台很低。家庭主妇大部分时间是在炕上操作，她们盘腿而坐，炕边是低矮的窗台，明亮的玻璃窗透进来满炕的阳光，可以看清楚院中的一切，花卉、植物和家禽家畜等，显得格外舒适。

门窗加重的边框 | Frames as Thickened Edges

在任何平整的墙体表面上开洞都需要加厚其边框，门窗的周边框不仅是构造上的需要，也是心里感觉上的需要。加厚的边框会使人感到门窗坚固可靠，是应力集中的表现。设计边框时运用与墙体相同的材料，可使墙体连续而完整。

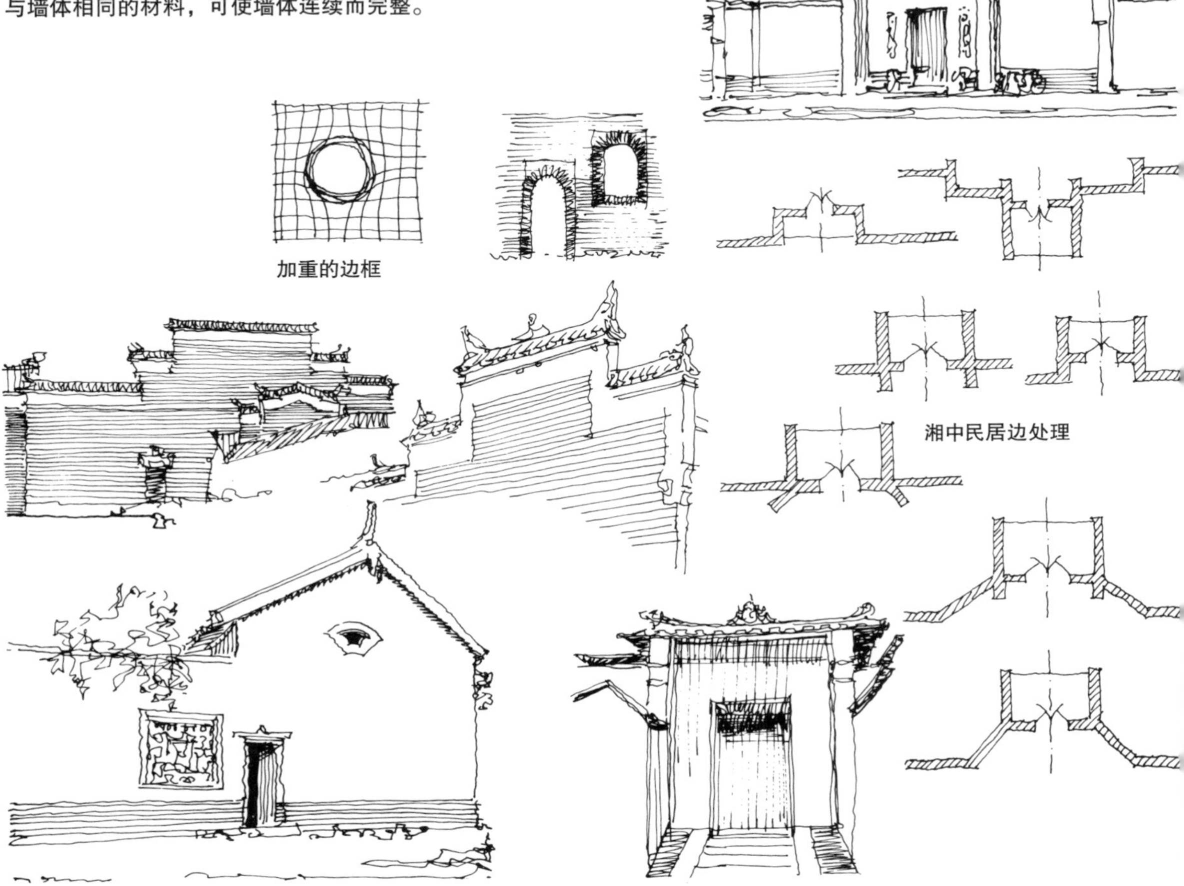

建筑上的门和窗就如同人脸上的眼和嘴，有一个天然加厚的边框形成建筑的容貌特征，每幢建筑的门窗都表现出其个性特点。在自然界中开孔洞时需要加厚孔洞的边框，这个道理可以由钢筋网格开洞来说明，横竖交叉的网格由于开洞在孔洞周边加密了横竖钢筋的密度，加强了孔洞边框的强度，防止材料由于开洞向外扩展而撕裂。不论是木板还是混凝土壁板上的门窗都以同种材料做加重的边框，这是规律性的建筑处理手法。在非洲的原始土屋中有的用石条装饰砖墙上的门窗边框，因为石比砖的强度更大。门窗的边框是因为在墙上开洞而在洞口周围产生应力集中圈而设置的，门窗边框要用墙体材料自然加厚，并和墙体有连续的整体感，在构造上也应和墙体是连续的。

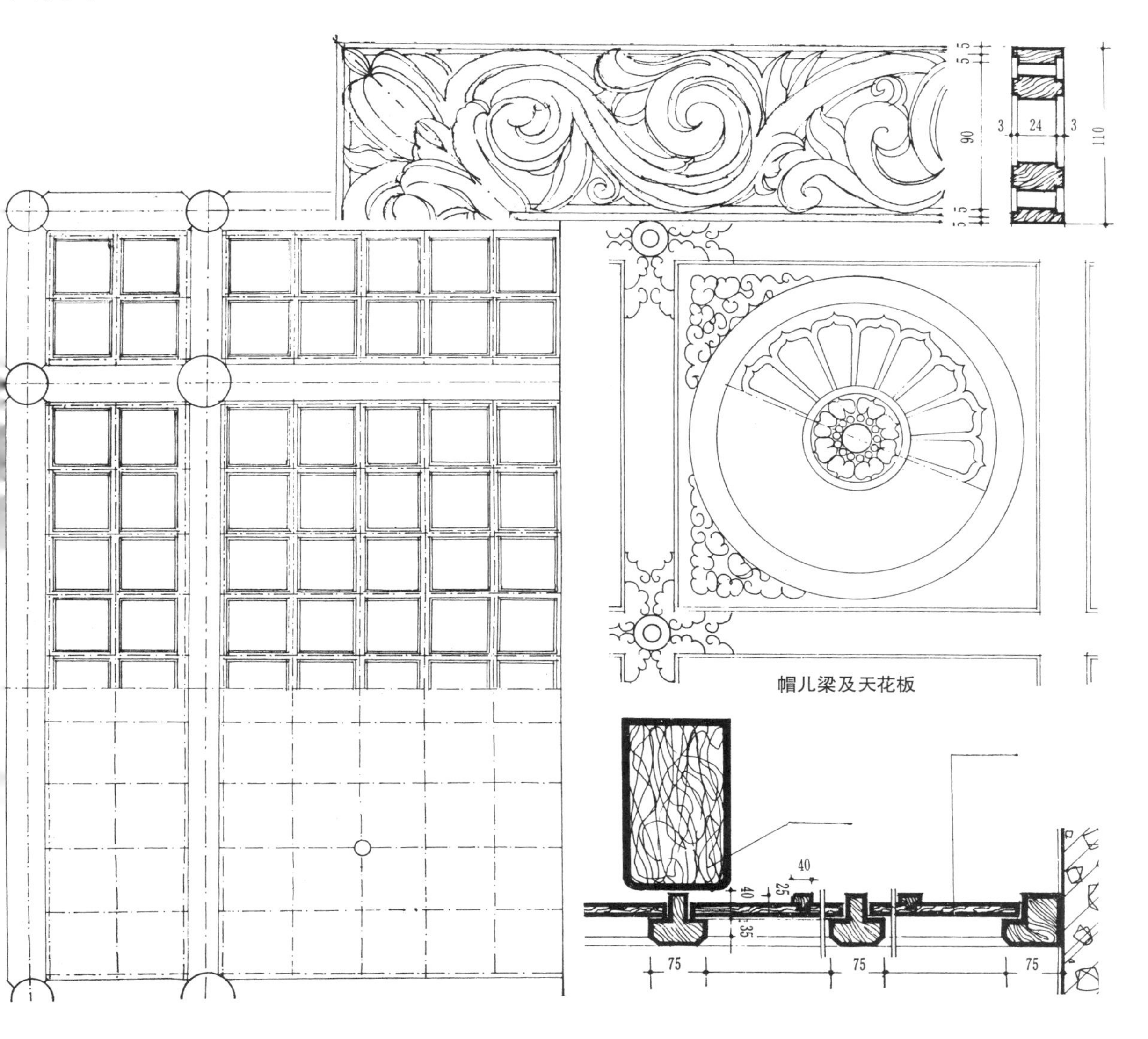

帽儿梁及天花板

中国式天花可分为软天花、硬天花和藻井。软天花有纸糊顶棚和海墁天花，硬天花指井口天花。

9

原生材料

Raw Earth as Building Material

土筑墙 | Rammed Earth Wall

土筑墙是北方民居常见的墙体形式，有土坯墙、板打墙、椽打墙。民间土墙的砌法丰富多彩，有单袜、双袜、平砌、立砌、挂斗等。夯打墙是用模具直接夯打而成。

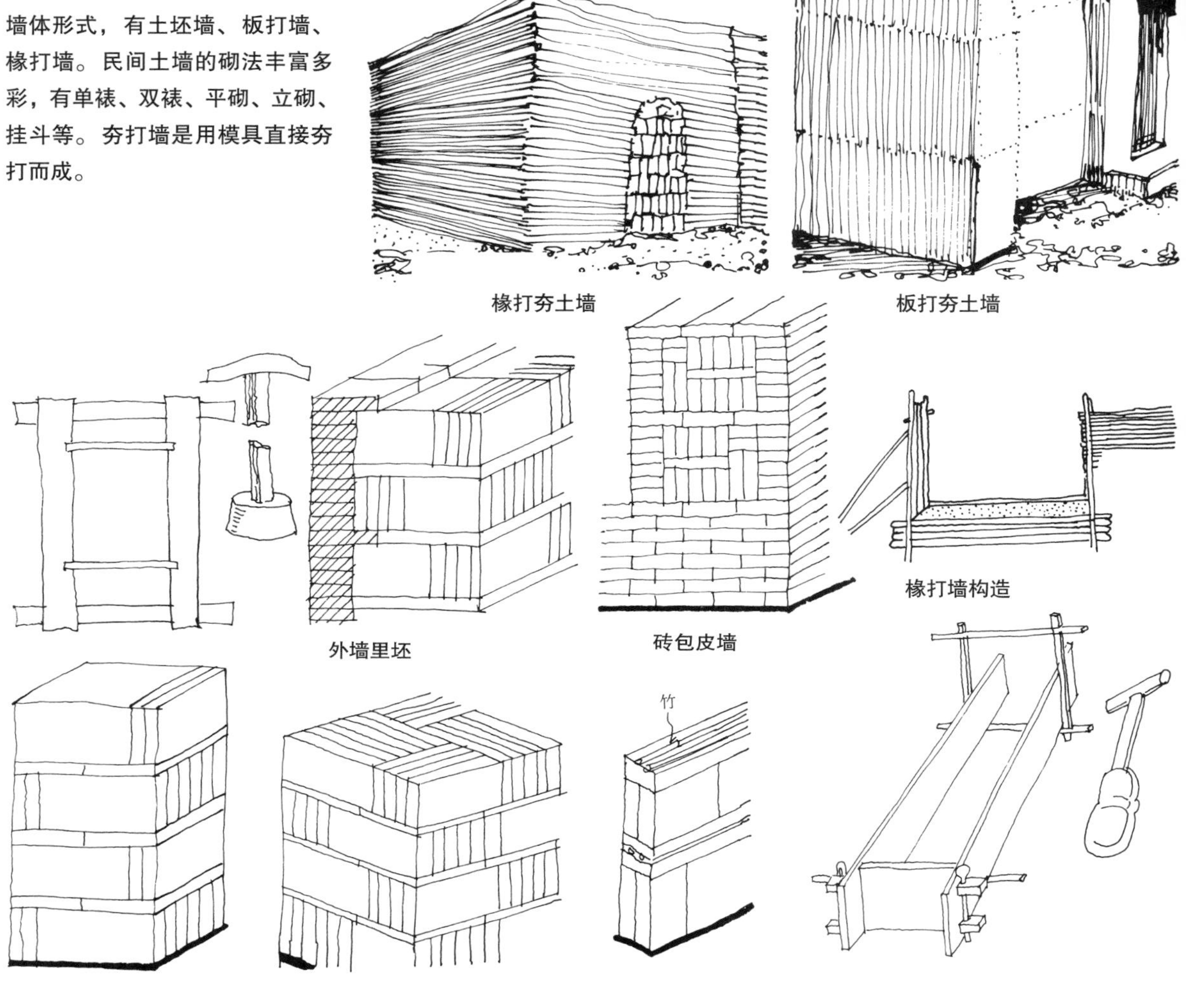

椽打夯土墙

板打夯土墙

椽打墙构造

外墙里坯

砖包皮墙

黄土高原大部分地区地下水位很低，雨量不大，土层深厚，土质的塑性很强。用土做墙，草泥做屋面和火炕的面层，以及粉刷内外墙的表面，就地取材，用之不尽。由于土质干燥，原土夯实，不需基础，只用少量条砖砌勒脚、包山尖，重点加固墙身，即可经久不坏。生土墙朴素美观，一般的围护墙、院墙都是土坯砌或夯土筑的，有的外抹草泥，有的则不加修饰，露出横板痕迹，粗糙的表面更显出黄土质感的美，也有的在外墙表面刻出粗糙而均匀的纹理。夯筑墙依施工方法可分为椽打墙（或称棍打墙）和板打墙两种，干燥后才能承受荷载，墙的断面都是下宽上窄的梯形，这种墙不易开设门窗孔洞，而且不可太高，否则垒土有困难。

土坯墙、土坯拱 | Earth Bricks and Roof Vaults

土坯拱结构是我国西北地区民间广泛采用的结构形式，历史久远，造价低廉。土坯拱用于屋顶、结构与屋面一体，或用于门窗过梁，也可以是多跨连续的，用模板施工，做成半圆形或抛物线形，拱顶与夯打墙连接在一起，端部加厚以抵抗拱脚推力，拱顶用泥浆粉刷，每年更换。女儿墙高出屋檐，用挑出之木滴水排水，以避免雨水冲刷泥土墙面，一般土坯拱的墙高只一米多，跨度约三米。

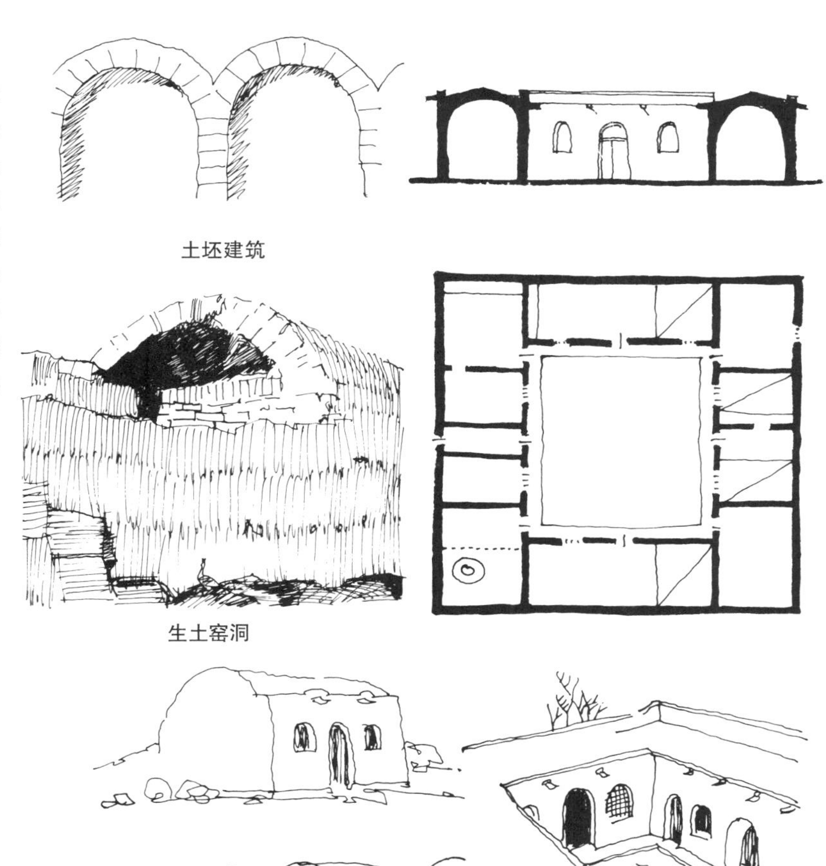

土坯建筑

生土窑洞

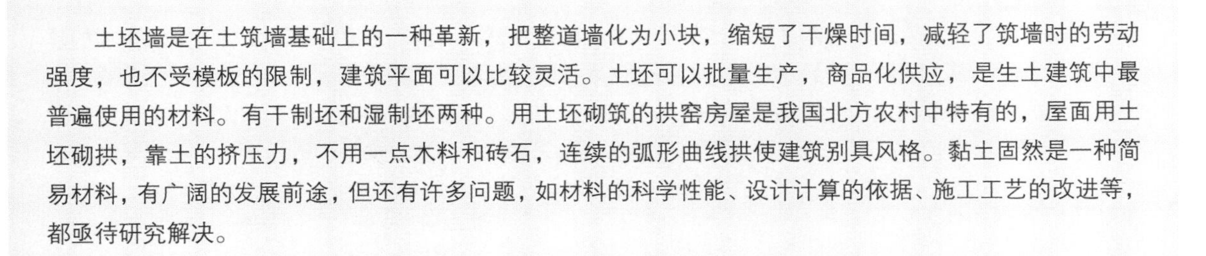

土坯墙是在土筑墙基础上的一种革新，把整道墙化为小块，缩短了干燥时间，减轻了筑墙时的劳动强度，也不受模板的限制，建筑平面可以比较灵活。土坯可以批量生产，商品化供应，是生土建筑中最普遍使用的材料。有干制坯和湿制坯两种。用土坯砌筑的拱窑房屋是我国北方农村中特有的，屋面用土坯砌拱，靠土的挤压力，不用一点木料和砖石，连续的弧形曲线拱使建筑别具风格。黏土固然是一种简易材料，有广阔的发展前途，但还有许多问题，如材料的科学性能、设计计算的依据、施工工艺的改进等，都亟待研究解决。

木头的展示 | Woodstock Unwinding

中国传统建房技艺首推木匠，普遍崇敬神匠神工的祖师爷木工鲁班，建房先立框架，然后上梁。上梁是整个建房仪式的高潮，上梁要选择吉日。木头在中国建筑中有最全面的展示。

木工工具

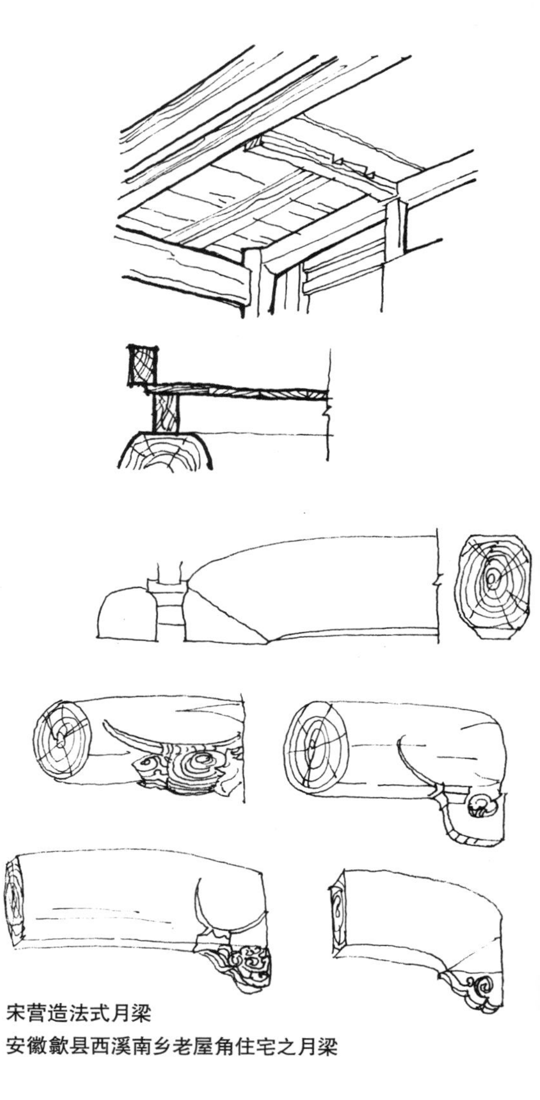

宋营造法式月梁

安徽歙县西溪南乡老屋角住宅之月梁

木材是中国传统建筑的主体材料，也是可以再生的原生材料，人们对木头的性质怀有深沉美好的感情，源远流长。从古代的图腾到木斗拱、木装修、木家具、木雕、木刻等艺术品，以及古代文艺诗文中对松、柏、桃、李等树木的人格化描写，颂扬了木头的资质、品性和情操。木头作为民居中的天然材料可雕、可塑、可粗可细，具有天然的表现力，能够展示丰富多彩的建筑美的创造，中国古代的木匠是传统建筑的设计大师。

竹材 | Bamboo Material

傣族和景颇族的竹楼，充分发挥了竹材的性能，承重、墙面、楼板、楼梯、门窗、栏杆均用竹。竹墙有竹片、竹席、小竹筒等形式，缝隙可通风采光。

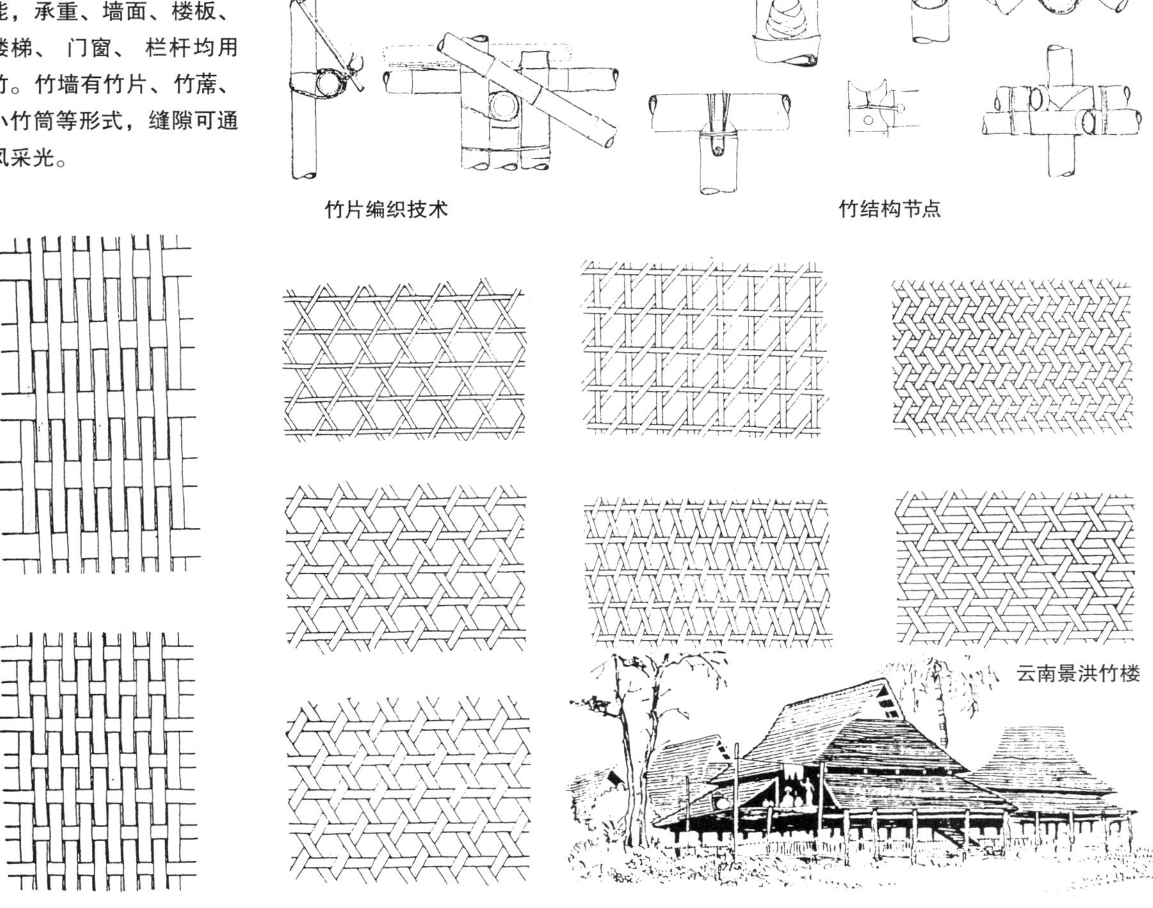

竹片编织技术

竹结构节点

云南景洪竹楼

建筑竹材比木材生长速度快，中国的竹材产量丰富，竹材易于施工操作，便于运输，耐储存，可用简单工具制作成型。竹材有弹性，自重轻，有柔性，在中国南方广泛应用。

中国云南的傣族民居是热带雨林的竹楼形式，包括德宏、景颇、西双版纳一带。竹楼即“干阑”建筑，在云南元江一带彝族民居称“土掌房”，台湾高山族也是一种适应湿热气候的竹木家屋。台湾的雅美人、麻里人的村落均依山之势建立半地下的竹墙草顶木屋，并利用石料铺砌地面，修筑平台。朱欢人、泰雅尔人、阿眉人的住宅是建在地面上的竹墙草顶木屋。高山族民居中的床、谷仓、厨房、庭院、室内外组成整体，庭院中设有头目的标石和司令台。

石碾、古树、石板路 | Stone Roller, Old Tree, Stone Plate Pavement

山区村镇街巷较小而曲折，在陡峭山地常以踏步连通上下，形成别具风采的街巷空间，尺度宜人，景色变幻有序。路面多为天然条石，与住宅基部或底层的片石墙面浑然一体，街巷中的古树或称“风水树”和遗留的石碾，成为居民聚集之场所。

贵州的石板屋民居和石板路

古树下

石碾

多山地区，石材在中国民居中广泛应用，河北石家庄地区的许亭镇、贵州山区等许多山区中，一山一石、一草一木都充满乡土气息，大街小巷古朴清新。往往镇中有千年古树，由于年代久远加上民间传说，使老树更具神秘色彩。为“消灾避邪，化祸为福”，每逢初一、十五烧香拜神，摆供祈祷。古树周围成了人们聚集之场所，消夏乘凉，沐浴阳光，闲话春秋。村镇中遗留的石碾常是儿童理想的活动场地，现今的石碾和水井已成历史陈迹，但极富乡村生活气息。石板路是山区就地取材修建的，踏在不规整的石板路上，两侧有石头墙壁的房子，更增添乡土村镇古朴的魅力。

10

堂屋、厨房、茅厕

Main Hall, Kitchen, Dry Lavatory

像舞台一样的堂屋 | Main Hall as a Stage

堂屋是中国民居的组合中心，它不仅是家庭生活的中心，也是建筑组合的构图中心。它本身的空间和布置构成民居建筑中的主体部分，也是全组建筑的关键部位，是中轴线上最明显的部位。堂屋常设置在明间的正中，对称布置。南方的堂屋常常开向天井及庭院，室内布置为一桌两椅，中设家族传承的物品，如同中国旧式舞台一样，在这里上演一出出家庭戏剧。

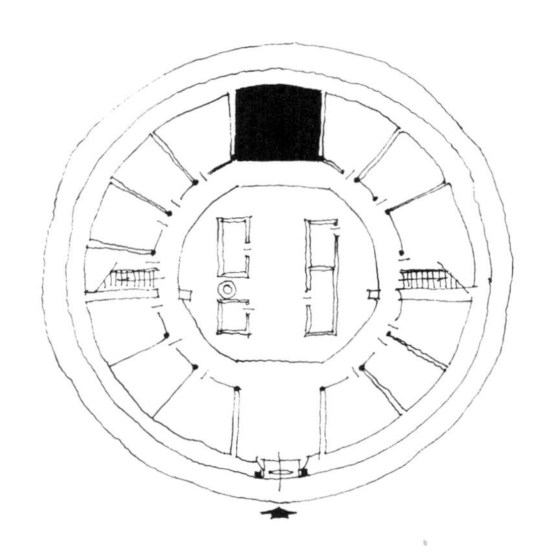

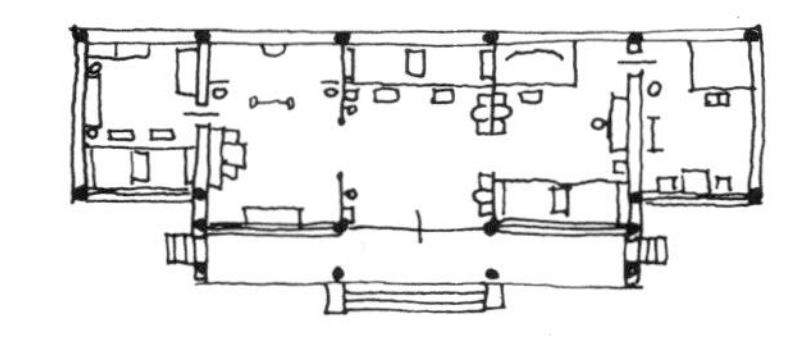

清代住宅内部布置

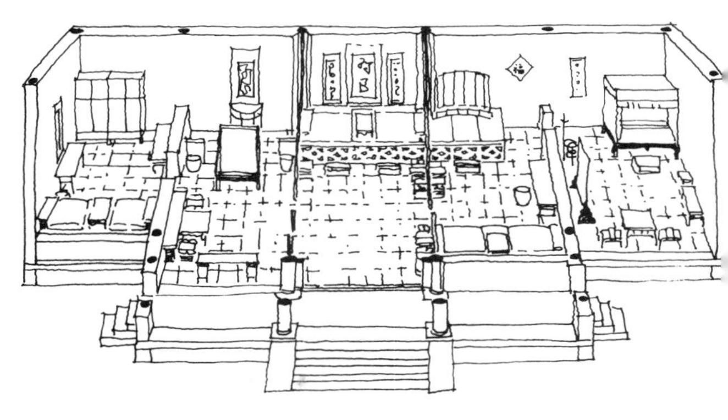

在中国传统民居中，堂屋居中的设计思想反映了家族的族权支配地位，家庭中商议大事、接待来访、喜庆活动均在这里进行，好像是在舞台上上演一幕一幕的家庭戏剧。堂屋内的家具布置与陈设也如同中国传统的舞台道具布置。堂屋的布局一般是开敞式的，位置在主要中轴线上，成为全宅的核心。在北京的典型四合院中，堂屋是中心庭院的正房；在福建巨大的土楼民居中，堂屋是环形土楼的重心；在江浙、皖南、四川一带，堂屋组合在底层中央部位，有较大的空间和屋顶；黄土高原的窑洞民居也有“一明两暗”居中的堂屋。这是几千年中国家庭生活的传统习惯。敞开堂屋的隔扇门，在庭院中就可以看见堂屋的内部布置，堂屋内外形成庭院中的上方主体，堂屋内的活动可以很自然地扩大到室外庭院之中，堂屋也是庭院的一部分。

田园式的厨房 | Farmhouse Kitchen

田园式的厨房是同居室分开的，这种独立的厨房使用极为方便，它比一般厨房大，有足够的活动空间，能放置较多的桌椅用具，并设有火炉、水池，同时有充足的光线。

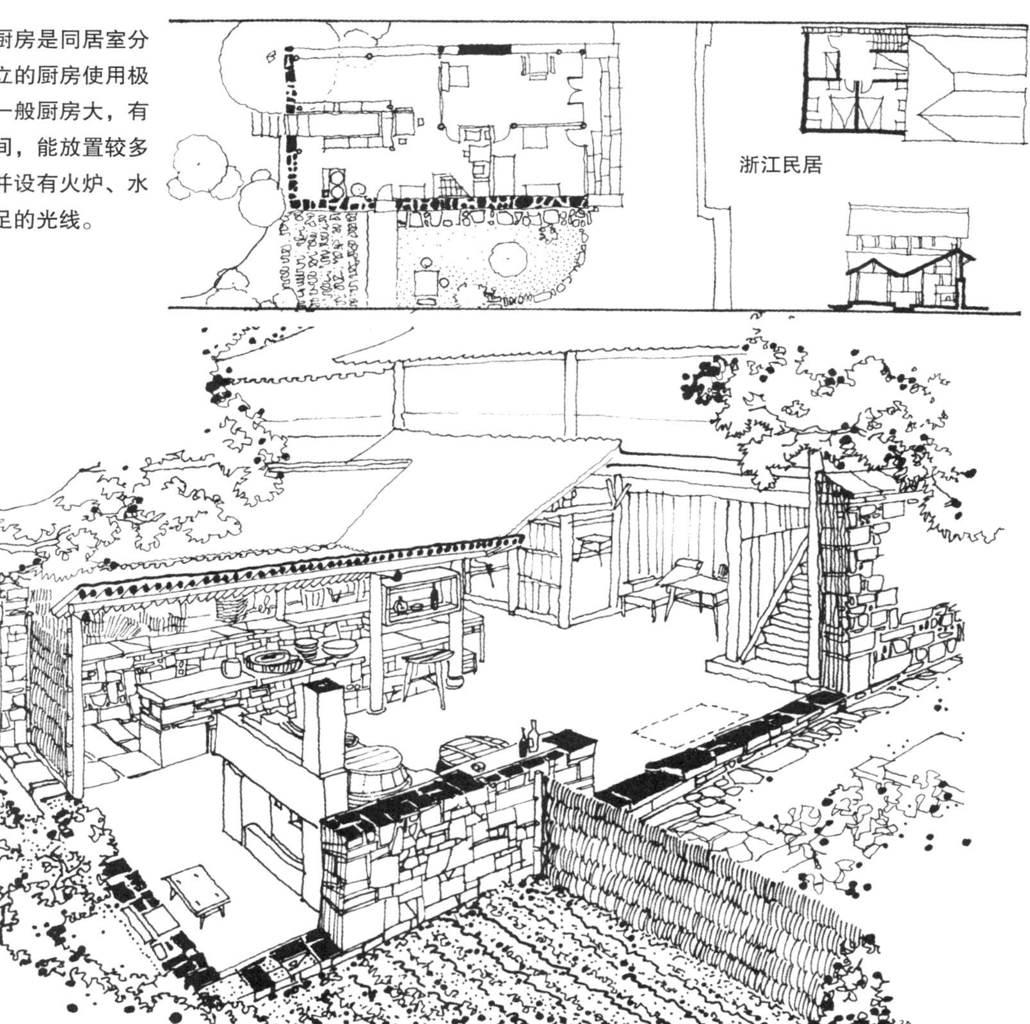

中国式乡村田园式的厨房是独立于住宅之外的一部分，或与住宅相通，或在住宅的底层，既有充足的面积，又有方便使用的内部布置，兼用于存放农产品、家庭用具及小型农具，还可做家庭手工副业，并考虑到饲养家禽家畜的方便。厨房设计以烹饪为中心来安排洗池、橱柜、火炉、燃料、水缸及台案等，保证足够的空间与面积，并考虑到操作的方便。农村中，并不需要所有的操作都连续在一起，也不必在墙上做固定家具，而把布置灵活的桌子或橱柜的面板当作台案使用。

灶火 | Cooking Stove

厨房的锅台太长或太短都不适于操作，一日三餐，家庭主妇很多时间是在厨房度过的，设备和炊具应布置在适当位置，并有足够的面积。

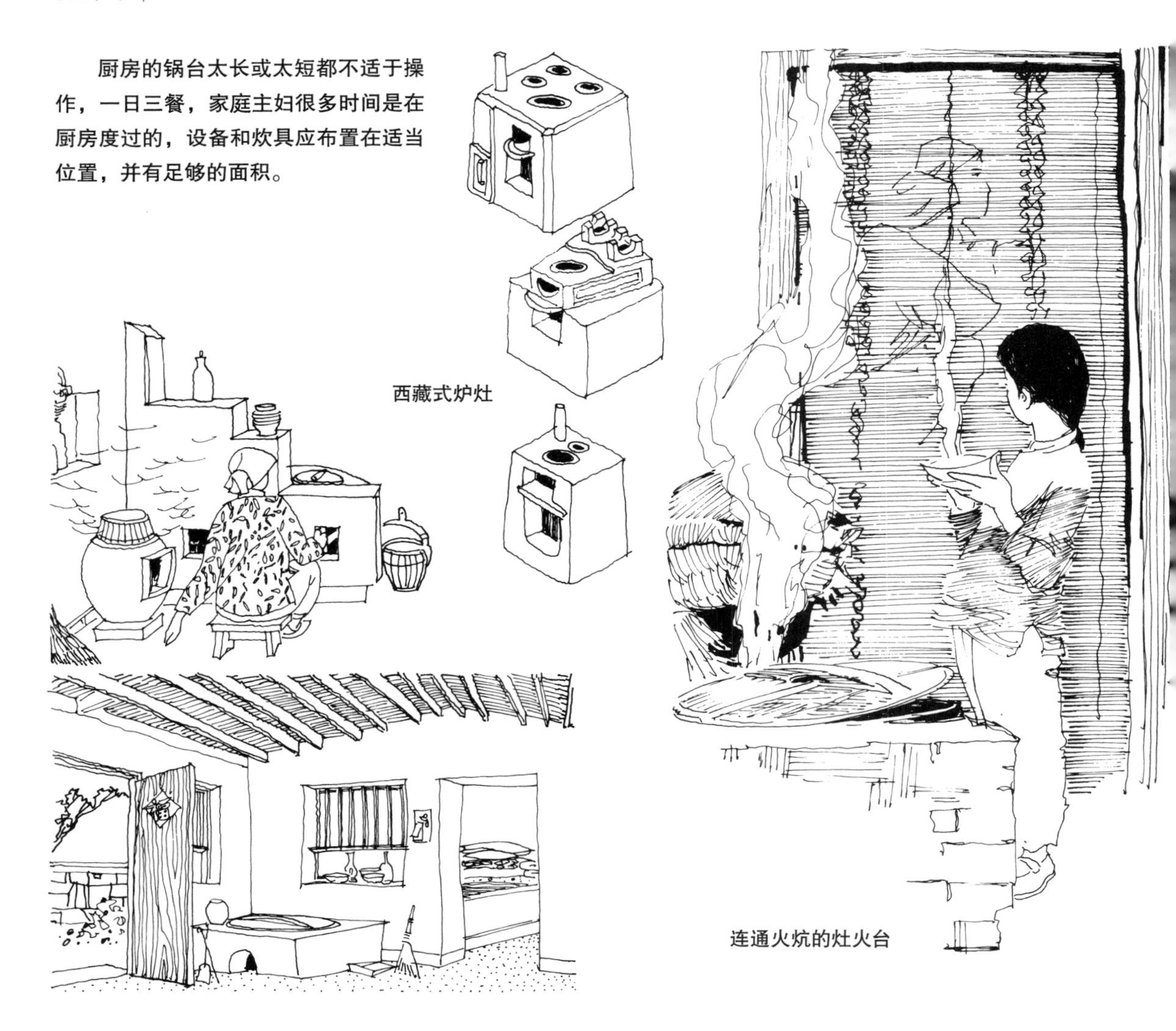

西藏式炉灶

连通火炕的灶火台

在民居中，灶火不仅用来烧饭，而且也用来取暖。在北方，灶火是火炕的热源，南方的灶火常常布置在房间的中央或重要的位置，就像西方住宅中的壁炉一样。一天工作完毕以后，大家可围坐在炉边火旁，享受愉快的家庭生活。冬季围炉闲谈，火炉上煮些食品，炉灰里烤红薯和鸡蛋，孩子们面对火焰充满幻想。然而灶火的缺点是烟尘多，浪费燃料，要设法寻找其他能源来取代木材、煤和柴草。例如用废物制成的代用燃料或采用居民区集中燃烧的办法，把燃烧后的灰烬回收用作肥料。藏民区一般是多眼炉灶，充分利用余热，但燃烧牛粪较费，高原山区积极研究太阳能灶有重大的意义。

户外的茅厕 | Outdoor Dry Lavatory

中国农村民居中，在户外布置旱厕以利积肥，有的布置在院落中，有的与畜圈连在一起。

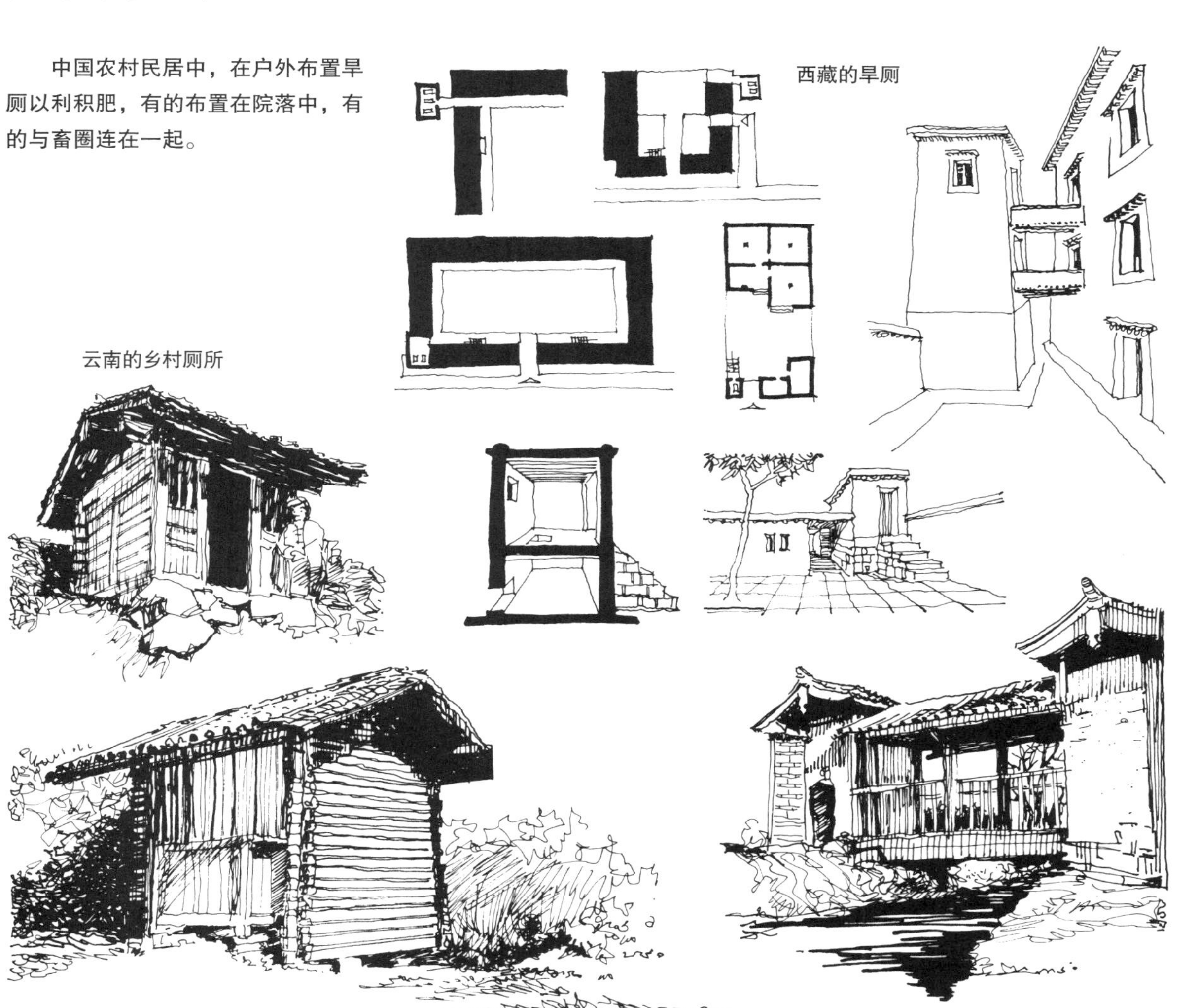

西藏的旱厕

云南的乡村厕所

旱厕是中国传统民居的茅厕特点，年代悠久，极为普遍。在没有上下水的条件下，旱厕上楼使如厕近便，特别是不需要化粪池，积肥方便。平房旱厕可以抬高半层，楼房旱厕底层不设坑位留作地面上的粪坑，掏粪方便，也可防止地下水渗入粪尿之中。在藏民的大院中，旱厕常布置在院落的一角，有的与建筑隔开，有天桥连接，一般紧靠外墙以便于掏粪，并尽量隔绝气味。由于设有排气筒，掏粪口又朝街，有碍卫生，且上下层布置厕位也不够节约，有待改善。

现时排污的通行办法是用自然水流把污水冲走，生活用水的半数流入下水道，整个下水道系统的造价很高，同时也把应该还原到泥土中的养分冲到河湖里去了，反而造成环境污染。所以应该探讨建立一种小型的集中下水系统，使茅厕下水能返回土壤中去制造有机肥料。

11

采暖方式和用餐环境

Heating Methods and Eating Atmosphere

火炕辐射式采暖 | Kang's Radiant Heat

火炕是北方民居主要的取暖形式，以柴草为燃料，取暖和做饭相结合，形成辐射式热源，温度均匀，环境卫生，对于某些疾病还有医疗作用。

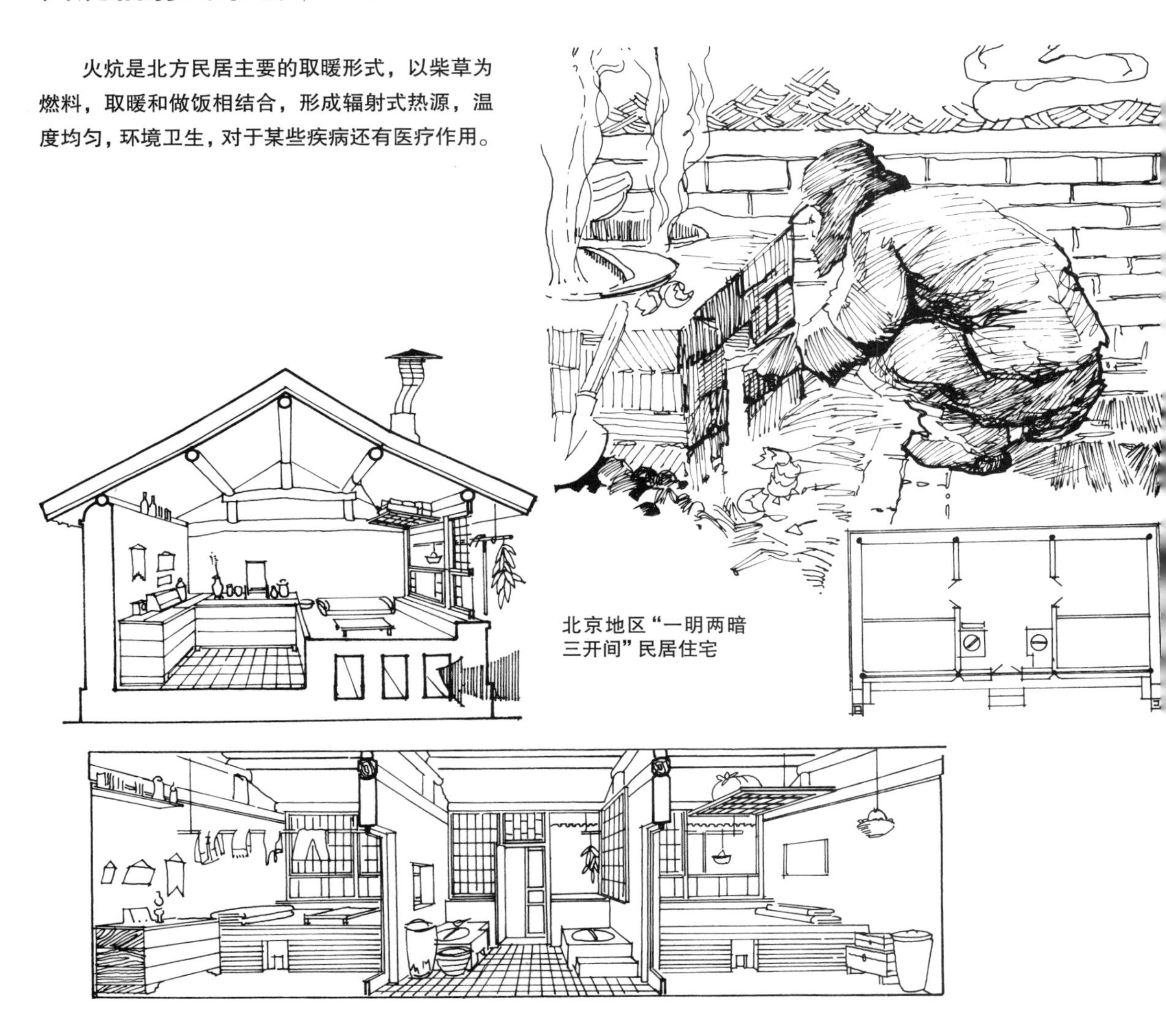

北京地区“一明两暗三开间”民居住宅

辐射式热源是舒适的采暖形式，火炕采暖是热辐射的采暖方式。

最舒适的采暖环境是使平均辐射的热量比周围空气温度略高两摄氏度。辐射热量需要来自房间的大部分表面才能维持。一般的窗户和外墙表面通常是低于室内气温的，中国北方民居中的火炕、火墙、火地是利用房间内有限的表面取得均匀辐射热量的好方式。热空气在烟道中转换为辐射热量，通过土的蓄热慢慢散放出来，形成舒适的采暖环境，火炕的另一特点可称之为直接的人身接触采暖方式。

火坑、火墙、火地 | Kang Fire in Wall and Ground

火坑、火墙、火地是我国北方乡村主要的辐射式采暖方式，有久远的历史。火坑在北方农村中最为普遍，一把火既可取暖又可做饭，充分发挥了黄土的蓄热性能，温度均匀舒适，可用柴草作燃料。火墙是东北较讲究的采暖方式，有较大的散热面积，但需烧煤或木柴。火地是蒙古包中的取暖形式。

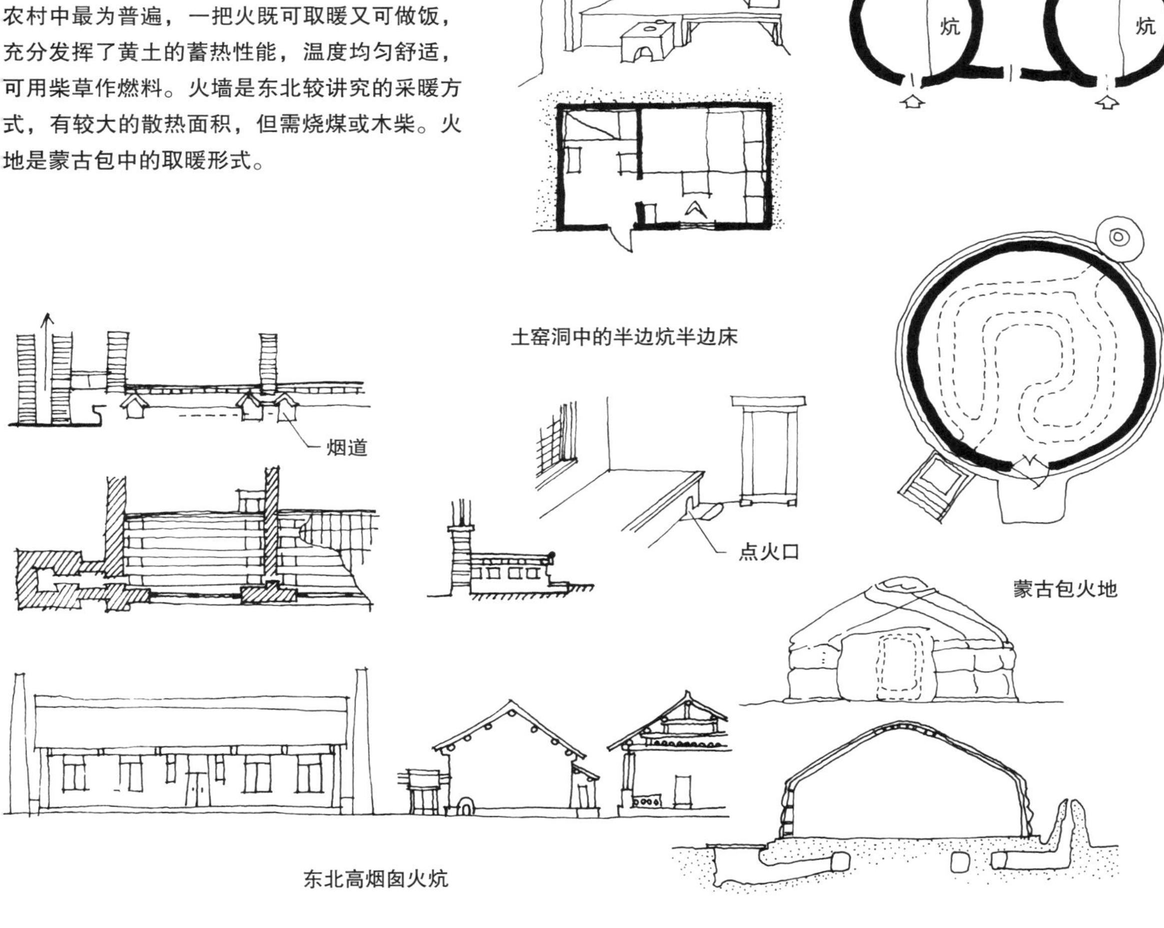

土窑洞中的半边炕半边床

蒙古包火地

东北高烟囱火炕

火炕广泛应用于我国广大农村，华北冬季一般只靠火炕取暖，东北尚需辅以火盆。炕的构造、燃料、炕洞和火膛各不一样。火墙在室内可兼作隔墙，散热量大，温度均匀，灰尘较少，保温时间长。它的缺点是燃料消耗量大，只能烧木块和煤。火地是将室内地面做成火炕式的孔洞，上铺砖地面，从室外的一端生火，烟火从火洞进入地下通道流入，再由烟囱排出，使地面全部温暖，作用同火炕一样，在蒙古包中多有使用。

火塘和壁炉 | Fiery Pit and Fireplace

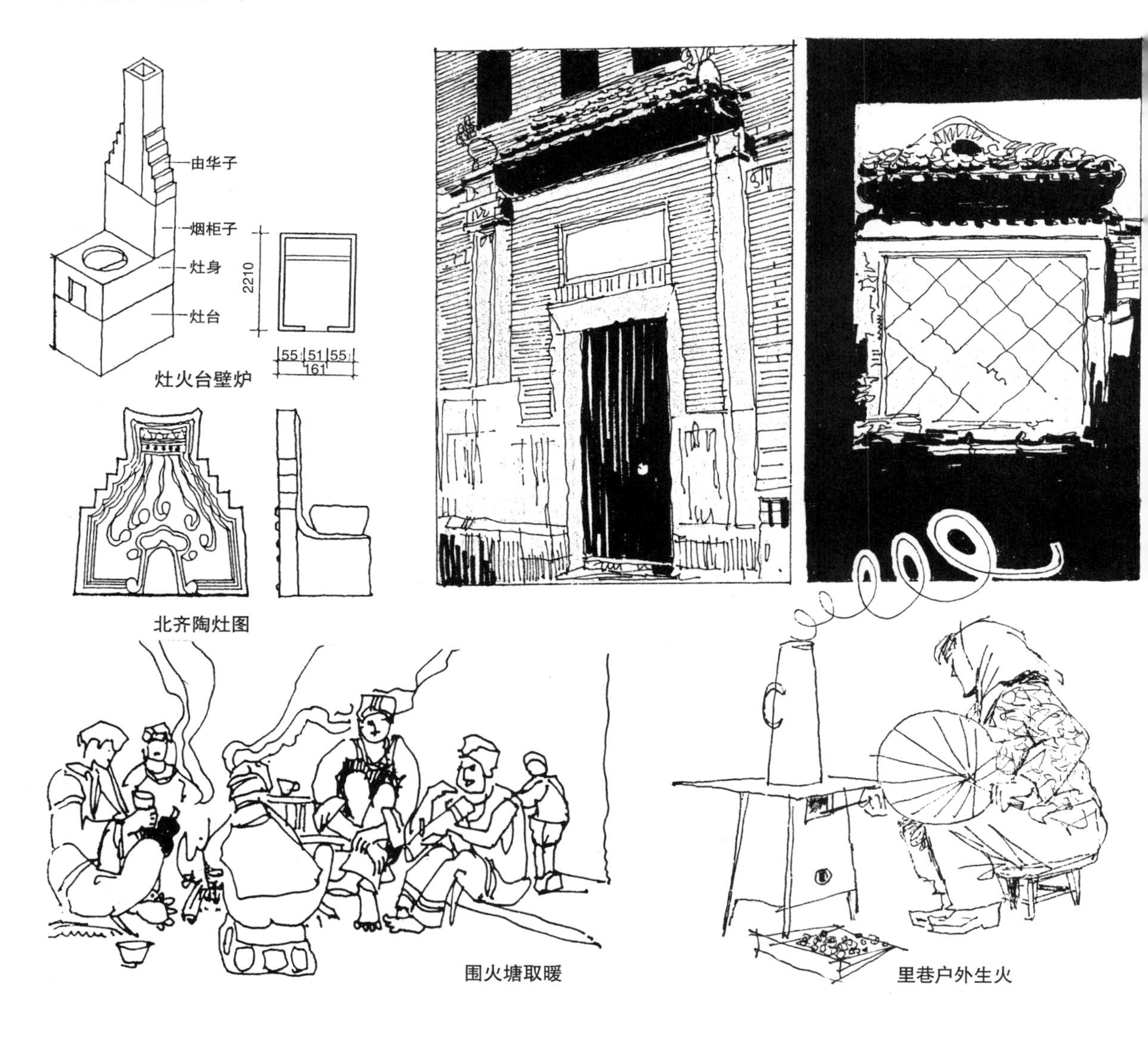

灶火台壁炉

北齐陶灶图

围火塘取暖

里巷户外生火

在云南众多的少数民族中，火塘犹如人们身上的衣服、手中的饭碗，是生活中的伴侣，一年四季火塘中的火常不灭。从古至今，火堆逐渐发展成为多样的火塘，有三石鼎足、铁三脚凹形坑、平台形、围板形等。炊事取暖照明也发展为具有信仰色彩和文化习俗的缩影空间，具有神灵、家庭、生计、性别等多元的象征。小小火塘方圆数尺，几缕或明或暗的火焰青烟却与家庭生活、歇息劳作、社会交往、人际关系密切相关，成为人们的生活中心。民居中的各式炉灶和壁炉，不论是采暖或做饭，都是由火塘发展而来的，这体现了对远古火的传承。

炕桌上的会餐 | Eating Atmosphere

在炕桌上会餐。工作之余，家人团聚，舒适有趣，大家边说边吃，共享天伦之乐。炕桌位于居室的正中，灯光正好在炕桌的上面，抚照着吃饭的人，形成亲切、温暖的气氛，使人们不愿离去。

光在餐桌的正中

中国民居中，炕桌是家庭生活的一个中心，炕桌上的会餐是亲密的，大家盘腿蹲坐，饮酒吃饭，气氛亲切。这时候，人们一起闲谈，交流思想，即使意见不一致，在这种气氛中也会感到舒适和睦。光线对吃饭的环境也很重要。如果光线柔和，低低地照在饭桌正中，四周围附以暗色，会令人感到更加亲切。炕桌同时也是家庭主妇日常工作的地方。

12

结构

Construction

楼梯间的分量 | Staircase Volume

一般民居中两层楼的楼梯，其形式可分为直跑的、L形的、U形的及C形的。其宽度均不大，布置在一个两层楼高度的结构开间之内。

家庭用的小楼梯不受标准坡度限制，也可用移动式的梯子。

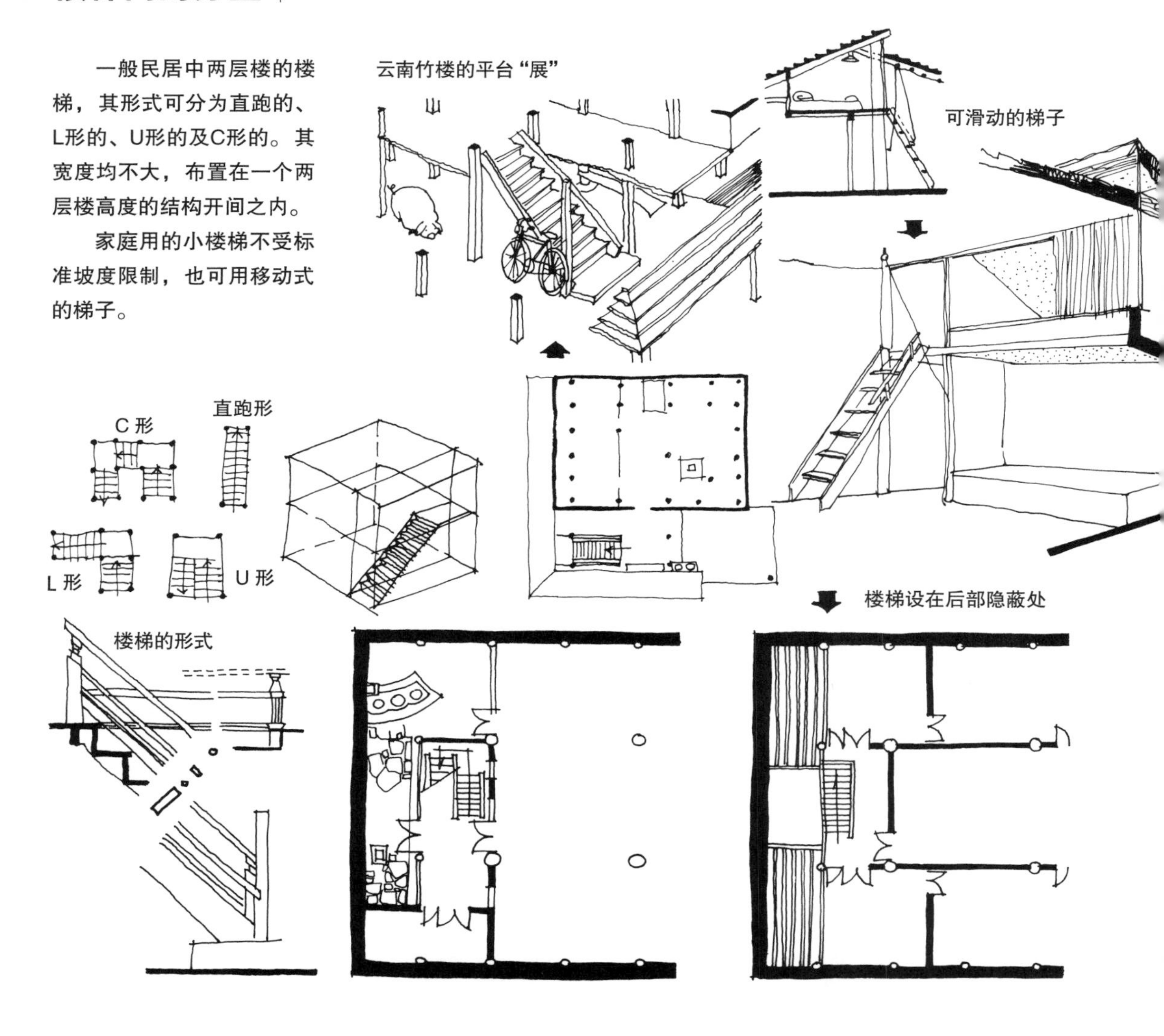

在中国传统民居中，楼梯间常常占据很小的空间，坡度也比较陡，与西方住宅对楼梯的处理和认识有传统习惯上的差别。中国民居一般把楼梯布置在次要的、隐蔽的位置，不能影响堂屋作为民居主体核心的地位；而西方住宅则习惯把楼梯作为住宅的核心，并重点装饰，故意强调地坪起步处的宽度，以显示主人由楼上走下来时的气派。

单元及构件标准化 | Standardization of Unit and Structural Member

北京五檩大式硬山房是我国典型的标准化法式民居，由木构架、开间、进深、檩架、墙柱、门窗细部组成，均可由檩径尺寸依营造法推算出全部建筑尺寸。

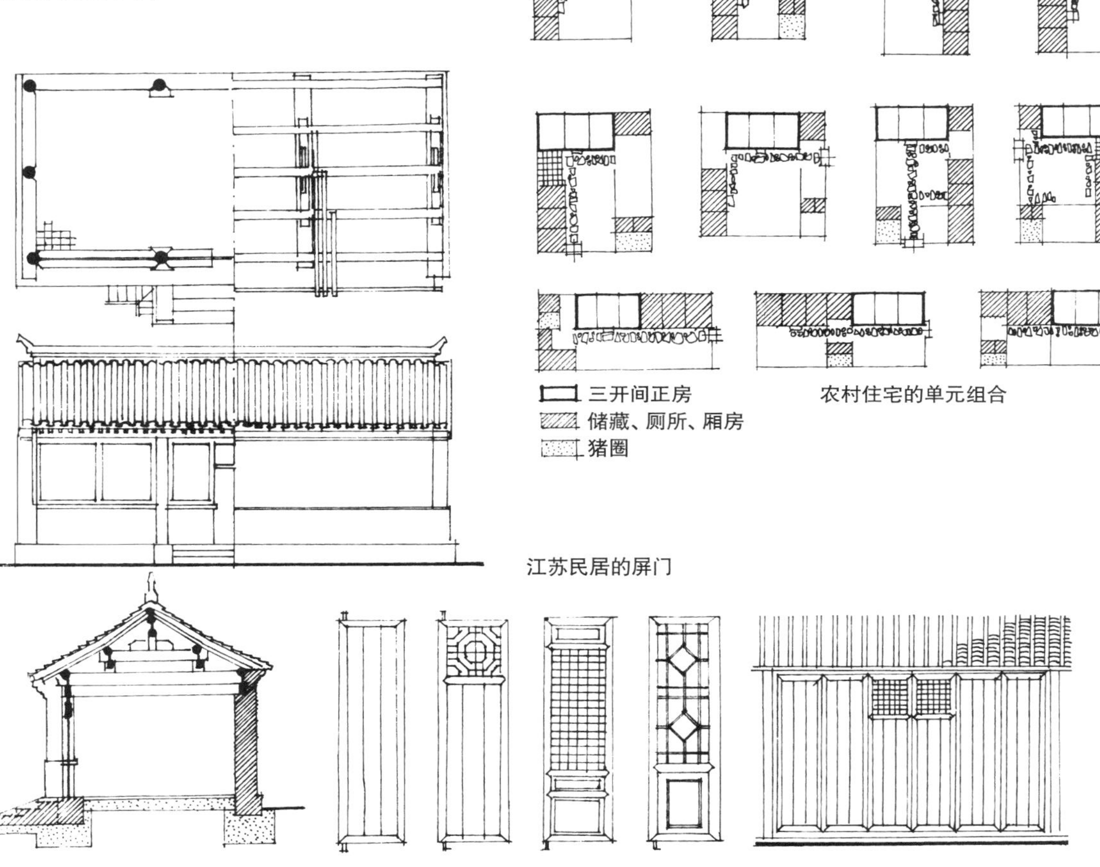

农村住宅的单元组合

江苏民居的屏门

中国传统村镇中民居的建筑尺度、色彩、风格是和谐统一的，并在统一中有变化。近似的尺度、适度的街道小巷、统一的灰瓦粉墙、严谨的整体布局，在千变万化的各自需求中能表达得非常统一和谐，是难能可贵的成就。原因是古代就制定了建筑标准化单元构件的规范。在宋式、清式营造做法中，从土石作、木作直到细部装修，都有详尽的规定，有一套完整的尺寸推算法则。例如北京的大式硬山房，可根据檩径尺寸推算出整个建筑各部分的细部尺寸，从房屋的比例尺度到构件都以法式为依据。中国民居中的单元组合体，如北京四合院、云南一颗印“三间四耳倒八尺”，布局可以自由拼合而不失其原有格局，其他地区的民居组合也有这个特点。民居构件标准化有利于用材、制作、运输、经济合理而又灵活地组织空间。例如可以自由更换的隔扇门窗等，这些原则与近代建筑的灵活空间标准化模数化理论是一致的。

墙倒屋不塌 The House Stands While Walls Collapse

中国民居为木梁柱结构体系，梁架木柱支承屋顶重量，外墙的门窗只起分隔内外空间的作用，墙体厚度依需要各异。内部空间划分自由、灵活，有“墙倒屋不塌”之称。

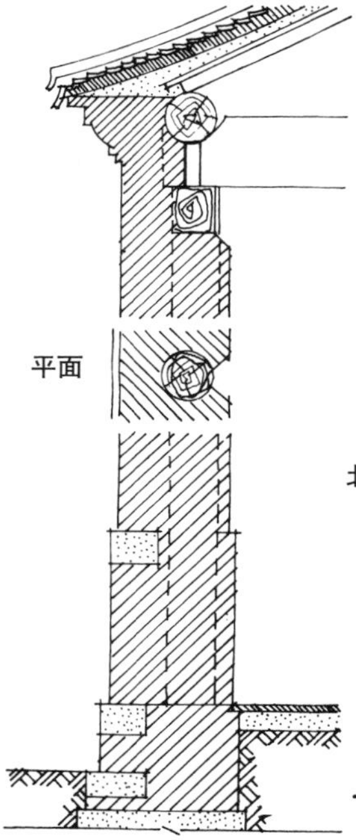

平面

北京民居后檐墙墙内含木柱

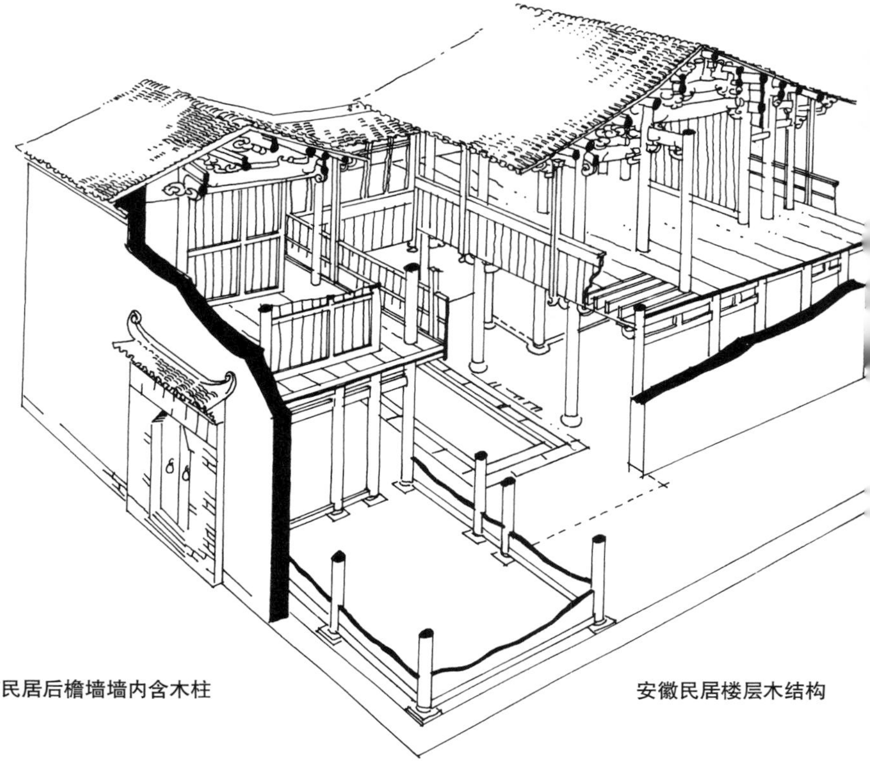

安徽民居楼层木结构

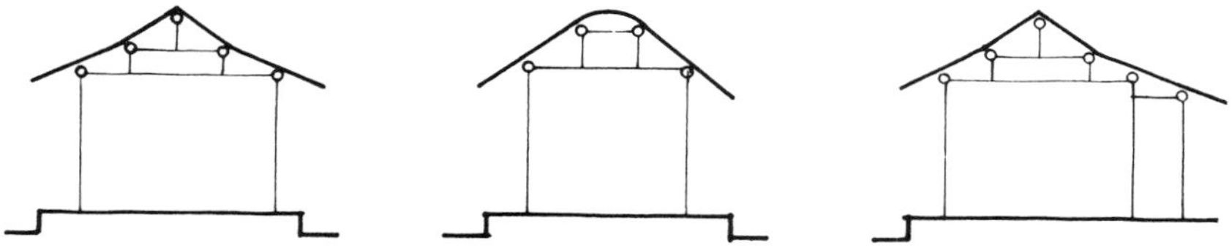

中国传统民居自古以来就是把结构骨架和门窗墙壁两者分开处理的，承重结构体系和维护墙体体系是两种不同的功能作用。从功能上区别对待是建筑技术发展中的进步。中国民居以木结构梁架承重，为了保温防寒，在北、东、西三面以厚墙围护，把柱子包含在厚墙之中，为了得到最多的温暖阳光，南面全部做成开敞的门窗隔扇，是典型的框架幕墙体系，承重体系与墙体维护体系的功能各得其所，室内冬暖夏凉。在南方，木梁柱体系支撑较大的挑檐、垂檐、飞檐和起翘、阁楼、吊楼和轻瓦屋顶、高低错落的屋面交叉，表现出高超的木结构制作技艺。墙体则以隔扇门窗为主，灵活轻巧，安装方便，开合自由，并可任意替换而不影响房屋的承重骨架。由于结构与墙体的分工，加上木结构的柔性节点，大大减轻了地震对房屋的威胁，有闻名于世的“墙倒屋不塌”之美誉。

最有效的结构空间体系 | Efficient Structure

根据不同材料的性质选用最有效的结构空间体系，中国民居以梁柱木结构框架体系为主，可以充分利用屋顶上层的空间。拱形建筑如土拱、石拱或砖拱可以结合材料的力学特性做成连续的联排结构。

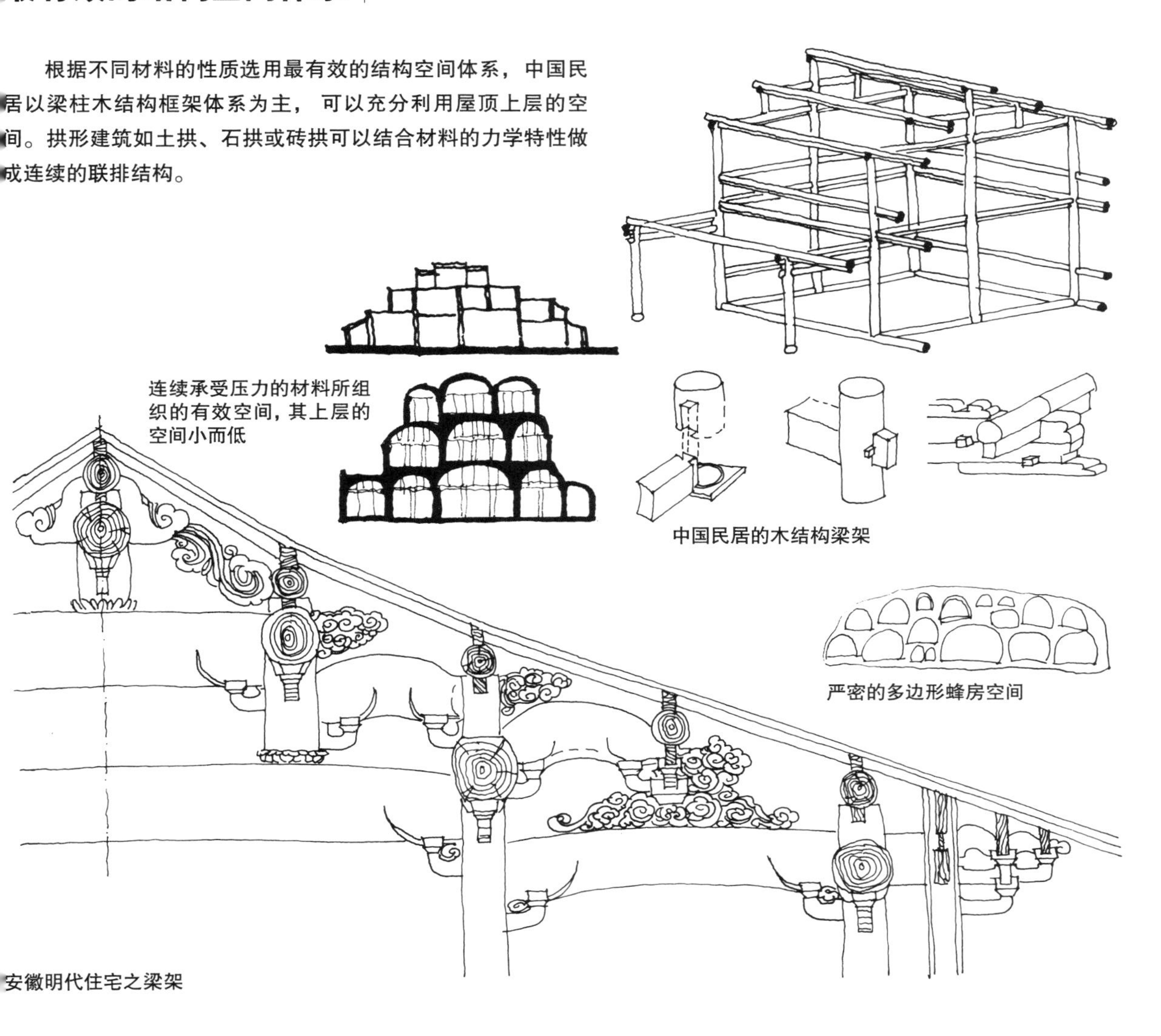

连续承受压力的材料所组织的有效空间，其上层的空间小而低

中国民居的木结构梁架

严密的多边形蜂房空间

安徽明代住宅之梁架

我国民居建筑的设计原则不是从单纯的工程观点来组织墙、柱、楼板所形成的建筑形象，而是根据居住者使用空间的需要来安排结构。有的是梁柱体系，有的是承重墙，有的是拱结构、圆顶、帐篷、土窑洞以及多种承重系统的混合形式。建筑师要以建筑空间的三度特性找出最有效、坚固、适用、美观的结构体系。还要根据使用空间的需要，确定建筑的平面组成和剖面形式，充分发挥结构材料的力学性能，做出有效的构造节点细部。

梁柱体系和檐口 | The Wooden Post and Beam Structural System and Eaves

檐口是屋顶与墙身的交接部位，是保护房屋的重要构造节点。北方民居护檐有冰盘檐、抽屉檐、菱角檐、圆珠混檐等丰富做法，也有用麦秸泥芦苇的。南方因气候不同，有各种瓦饰及檐饰等。

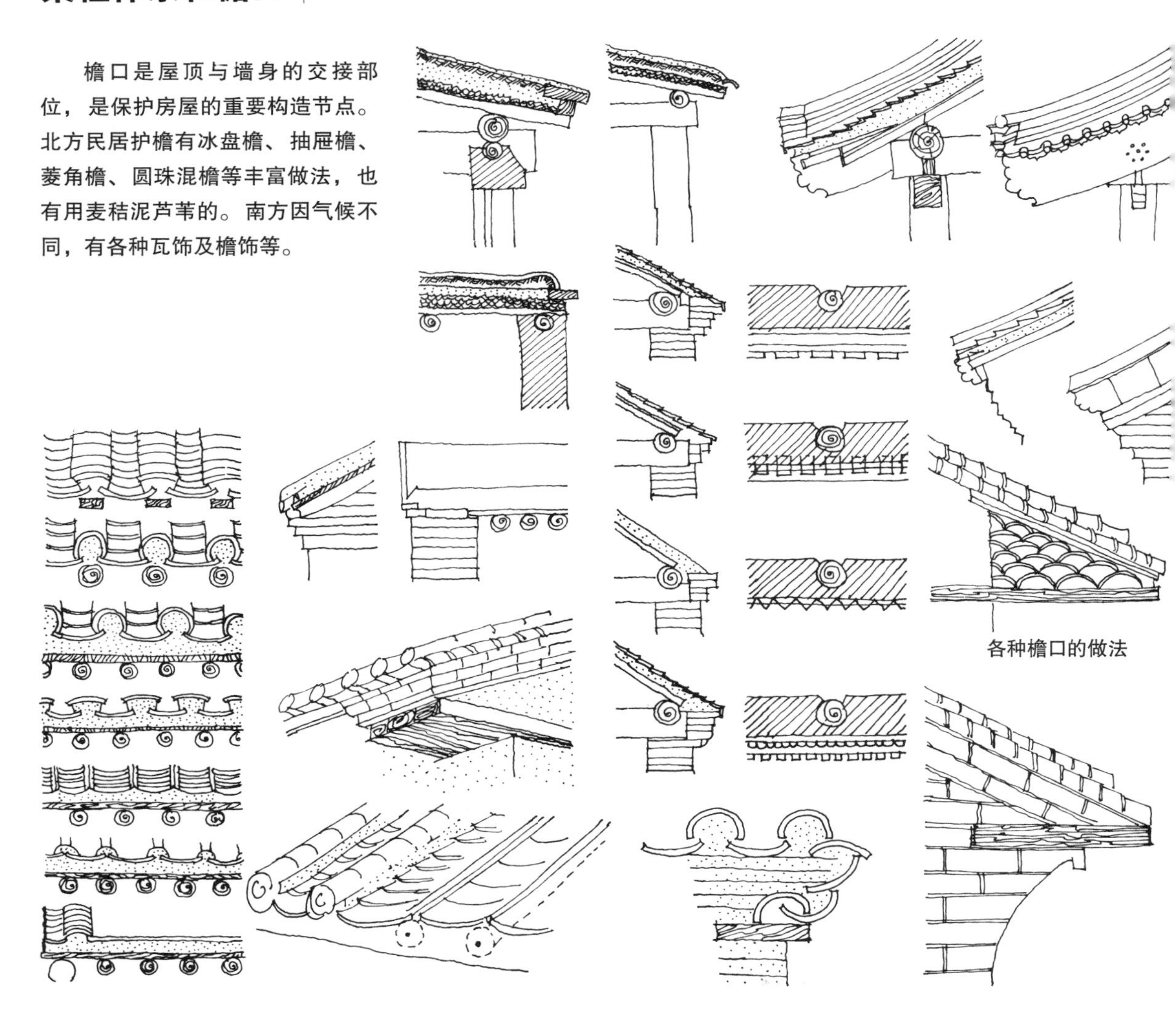

各种檐口的做法

中国民居大多是木结构，构架原则以立柱托梁架檩，分横椽、顺椽两种，上面是瓦屋面，围护墙一般是土墙或砖包土墙，开启部分是隔扇门窗，房屋规整对称。这种木结构梁架体系以典型的明代徽州住宅为代表，其结构体系如外墙、地面、石础木柱、楼面、梁架、屋面、栏杆、隔断、楼梯、天棚、彩画、木料、石作、装修五金等都有一定的制式。檐口除了是中国民居中屋檐与房身构造结合最巧妙的装饰重点之处，它的做法还表现了地方经验和各地的传统风格。

雕梁画栋 | Decorated Wooden Beam

中国民居中采用的是抬梁式构架，大梁上以短童柱抬高二梁、三梁，层层退缩至脊柱，造成屋面的曲坡。讲究大梁裸露，即“彻上露明造”，梁架经艺术加工直接袒露在外，不加天花，手法坦率，雕梁画栋，装饰华丽。

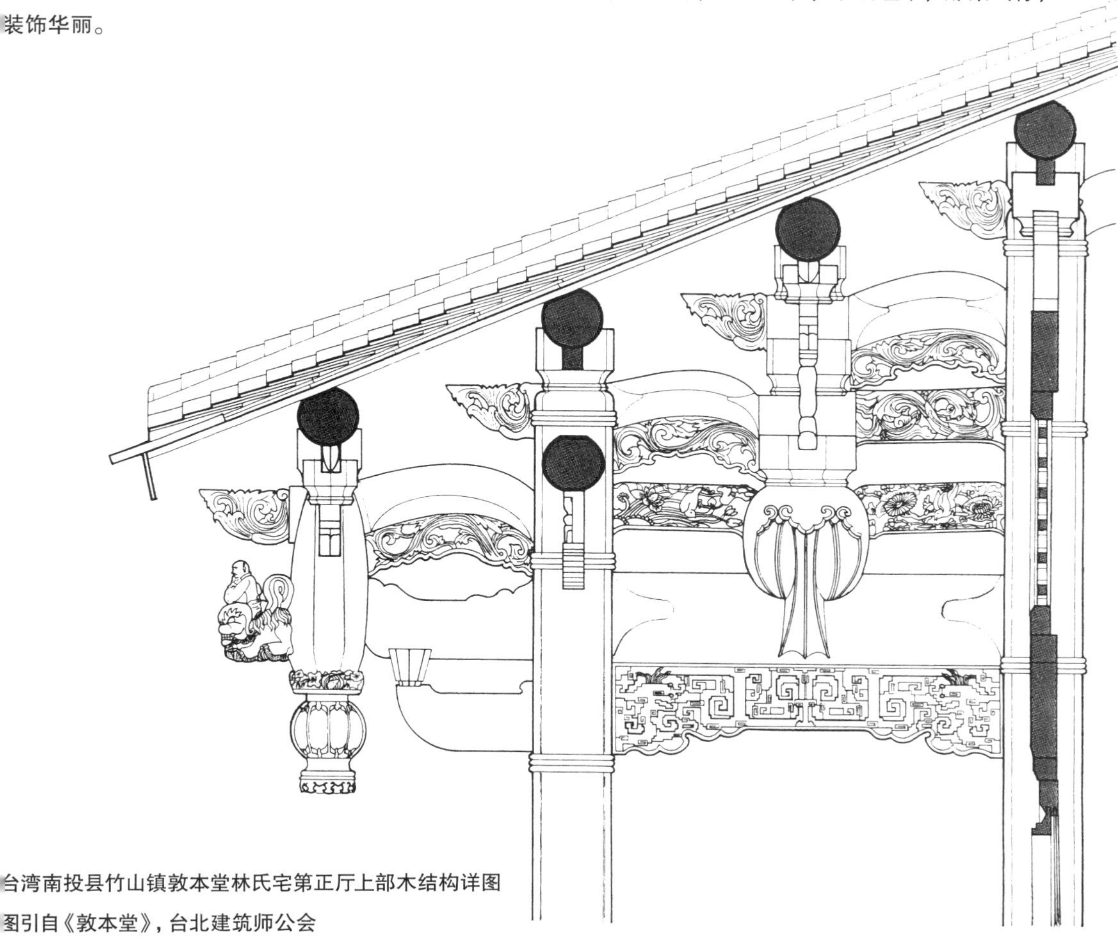

台湾南投县竹山镇敦本堂林氏宅第正厅上部木结构详图

图引自《敦本堂》，台北建筑师公会

台湾民居的木结构形式不受官府建筑技术成规的束缚，在应用上更能表现匠师们对地方性手法的创造能力。台湾南投县竹山镇敦本堂林氏宅第为清代遗存（1764年），保存完好。大木结构为“抬梁式”与“穿斗式”之混合使用。正厅步廊举目可望，不仅装饰华丽且加施色彩。步通呈卵形截面，两端卷杀成矩形入柱。步通上置三瓜三叠斗，瓜做南瓜形，上雕如意瓜蒂及瓜瓣，颇为生动。吊筒之下雕宝瓶形，瓶身刻“松鼠葡萄”和“松鼠南瓜”，隐喻多子多孙。室内的结构素色简明，室外的结构装饰华丽，有朴实稳重之感，是民宅中大木结构之上品。

13 构造 Structure

屋面处理 | Roof Layout

屋面的坡度在同一气候地区大体是相同的，并从属于构造的形式。

云南民居的屋面形式

坡顶是居住建筑最好的形式，屋顶的安排要与建筑的社会职能和建筑的组合处理一致，最高大的屋顶表现最重要的社会活动空间，次一级的屋顶围绕着最大的屋顶，依次环绕。层层出檐的中国式屋顶组合是屋面处理的最好模式。

层层下落式的屋顶 | Cascade of Roofs

中国传统民居的总体印象是屋顶的制式，把最高大的屋顶布置在主要的建筑上。建筑组合群体的高低层次也由层层下落的屋顶显示出来，屋顶的檐口设有精美的装饰。

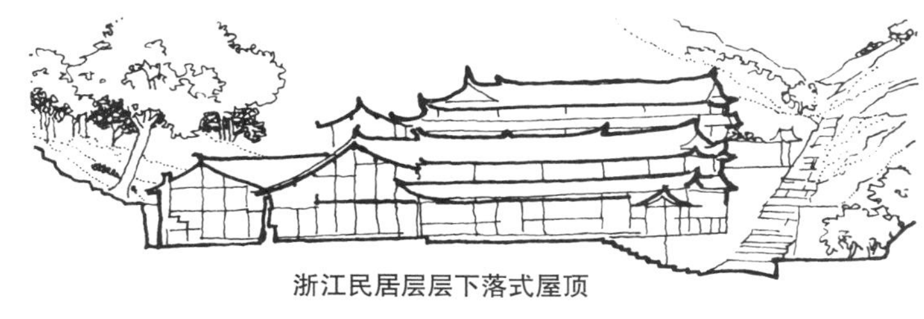

浙江民居层层下落式屋顶

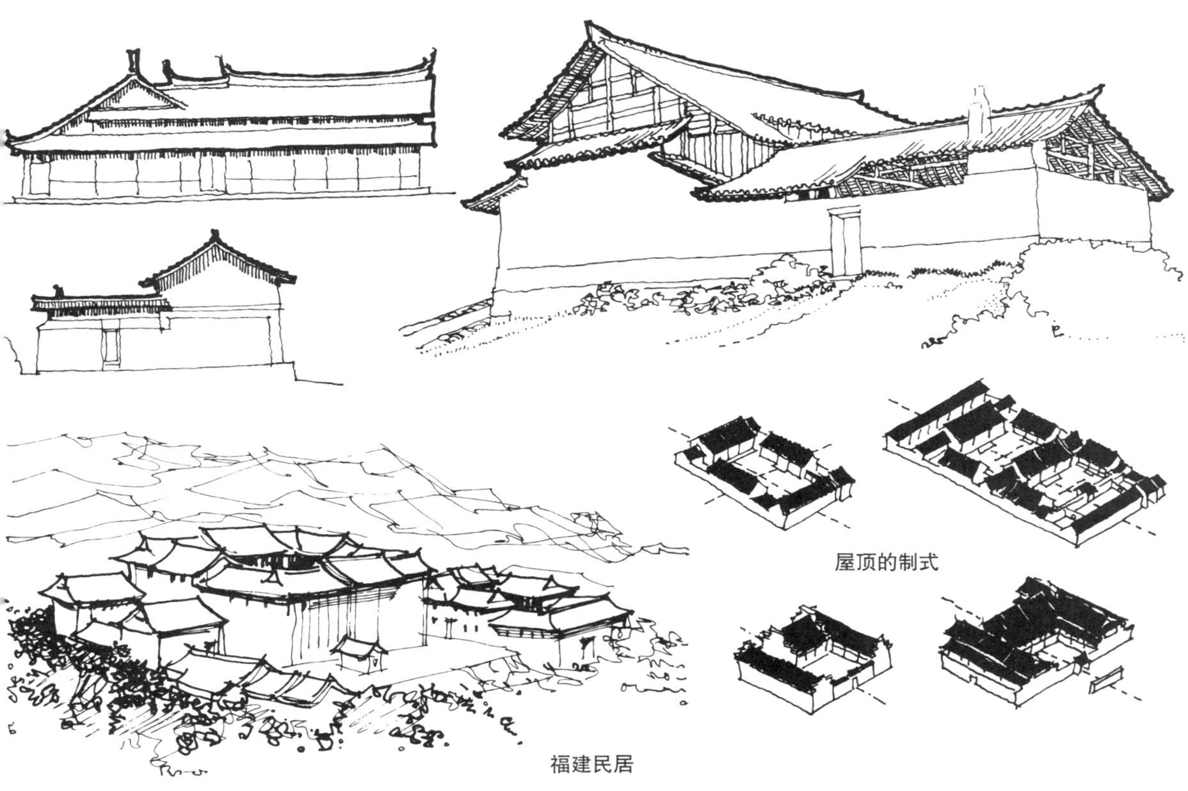

屋顶的制式

福建民居

古典建筑美的手法常常表现在层层下落式的大屋顶上。中国福建民居巨大的土楼，屋顶庞大而美观，中间高起，层层向下跌落。北方的四合院民居，堂屋居轴线的正中，屋顶高出其他外围从属的房子，整体上看，也形成一个屋顶起伏有主有次的层层下落式屋顶群组合。中国民居以建筑组合群体的办法，在一个完整的院落中形成有起伏的屋顶组合体制。

阁楼、吊楼 | Attic and Mezzanine

坡顶创造了屋顶下面的使用空间，而悬挑的木结构可以争取到更多的可利用的空间。斜屋面下的阁楼和吊楼是建筑设计中最大限度利用空间的手法之一，并形成重叠屋檐和交替屋顶组合，丰富了建筑外观。有时屋顶并不单纯是覆盖结构所需，也是为了创造更多的可利用的阁楼空间而设置的。

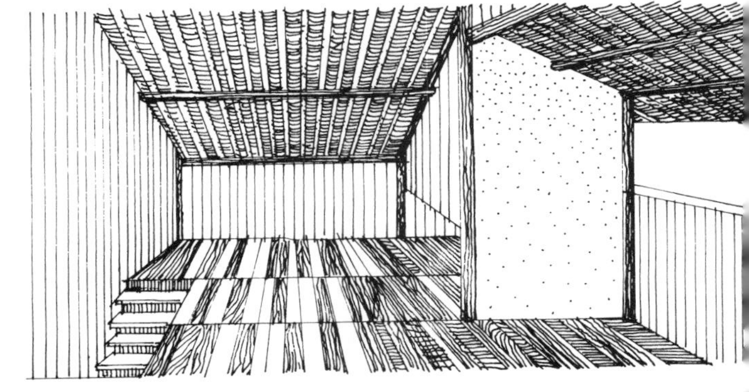

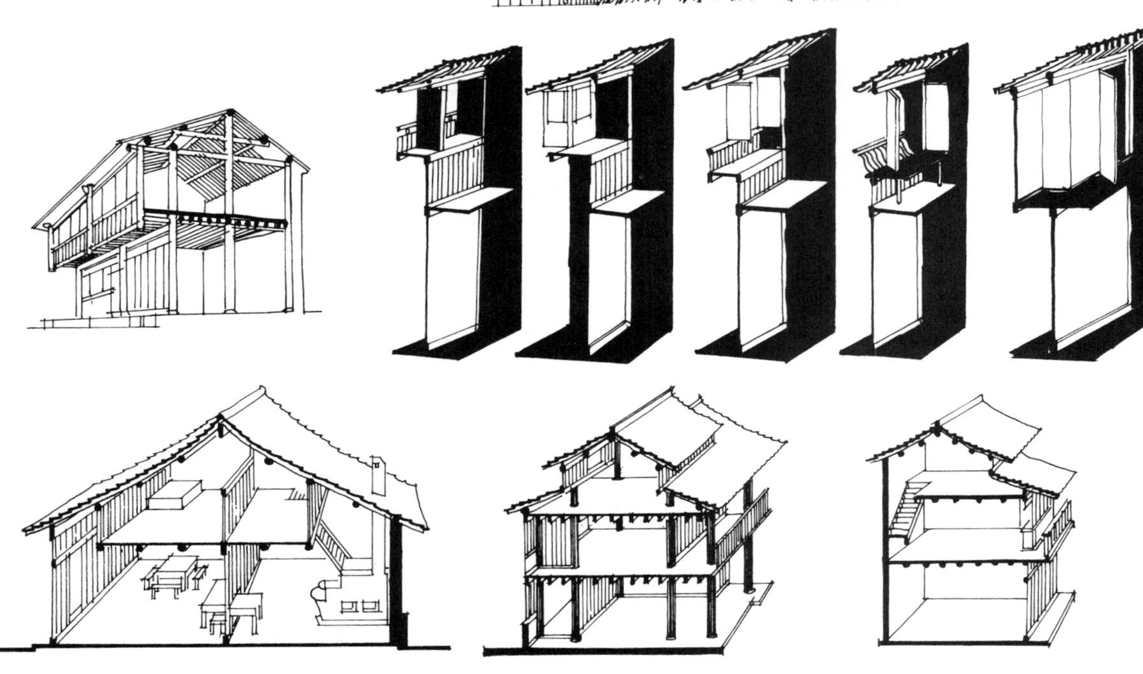

阁楼是江南民居中利用木结构的特点、充分利用结构内部空间的方法；吊楼是四川、湘西等地民居利用山地地形和木结构的特点把上层挑出以争取空间和扩大楼层面积的做法。阁楼和吊楼都是中国民居木结构体系所特有的处理手法。

储藏空间 | Storage Space

生活中常用的或不常用但又舍不得丢掉的物品是很多的，在设计民居时一定要考虑有足够的储藏空间。粮食、旧家具等大件物品和日常用具的储藏和放置需占很多的空间，用阁楼壁橱等方式可不占居室面积。

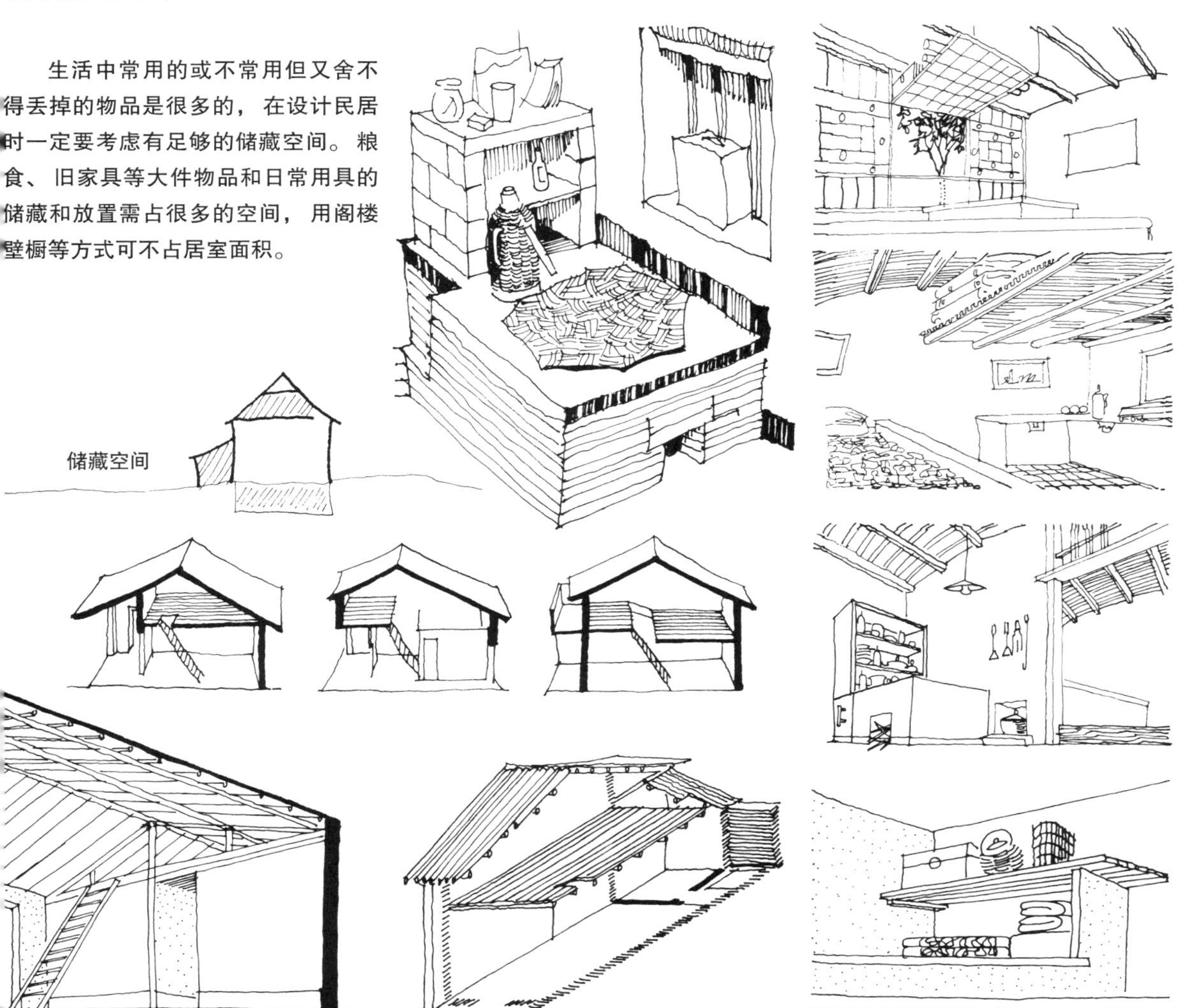

在老式的住宅中，常常巧妙地利用顶棚、阁楼、搭接出的小屋等，在建筑组合中很自然地形成用于储存的空间。越是富裕的家庭，需要的空间也越大。有的家庭甚至为儿子结婚储存木料和砖瓦。在村镇民居中至少应有10%的建筑面积作为储存空间，有的高达50%，一般应保证15%~20%的面积，这样多的面积不应简单地做成储藏室，传统民居中有许多巧妙利用空间来储存物品的办法。例如唐山民居中利用弧形屋顶下部空间的夹屋；江南坡顶木结构民居中利用阁楼、夹层以及三角形屋顶的内部空间；陕西和云南民居两侧厢房一坡顶所形成的上部三角空间，不仅可用来存粮，也创造了优美生动的建筑外观。生土建筑的墙体很厚，则利用壁龛储存物品，就像近代建筑室内的固定橱架，在炉灶旁边、炕边、窗下，都可做成土龛式的格架。土窑洞民居中的储藏洞穴，可以套在室内，也可以在院落中建单独的储存窑洞，如河南巩县张百万家，有大量储藏窑洞围绕在他豪华的地坑式窑洞住宅周围。

屋顶平台 | Roof Terrace

充分利用屋顶平台是重要的。在气候比较干燥的地区，平屋顶上充满阳光，空气新鲜，多用来乘凉、晒粮食衣物，如河北、新疆和云南元江很多民居建成平顶，西藏民居的最上层平顶为经堂。

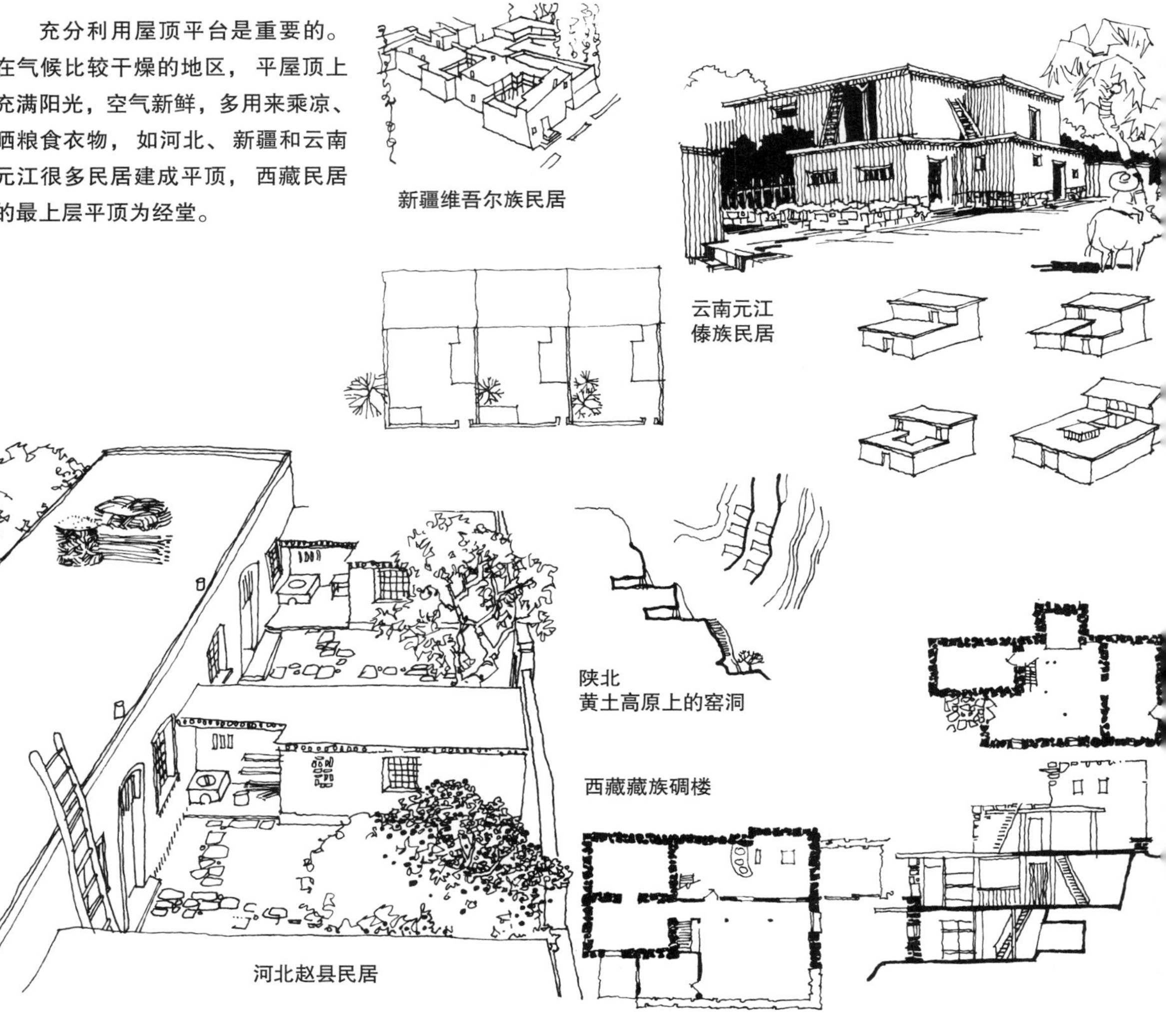

新疆维吾尔族民居

云南元江傣族民居

陕北黄土高原上的窑洞

西藏藏族碉楼

河北赵县民居

中国乡村民居的平屋顶有多种实际用途。陕北黄土高原的平台或沿山窑洞是按阶梯沿山布置的，这一层的山崖平台就是下面一层窑洞住宅的平顶，就如同近代的多层后退阶梯式金字塔形公寓一样；河南等地的地坑式窑洞顶上的土地仍然可以种植庄稼，居室在耕作地面之下；河北省的平屋顶民居，屋顶是晾晒谷物的场地。

柱边的空间 | Column Place

从人文学的观点看，柱子的主要功能是限定人们活动的空间。如单从结构的要求布置柱子是不合适的。独立的柱子要适合人的尺度，柱子周围人们可以倚靠、谈话。在一对柱子之间，即使没有顶盖，也可形成一个空间。南方民居也有石刻的雕龙柱，柱头的雀替有很好的应力感。

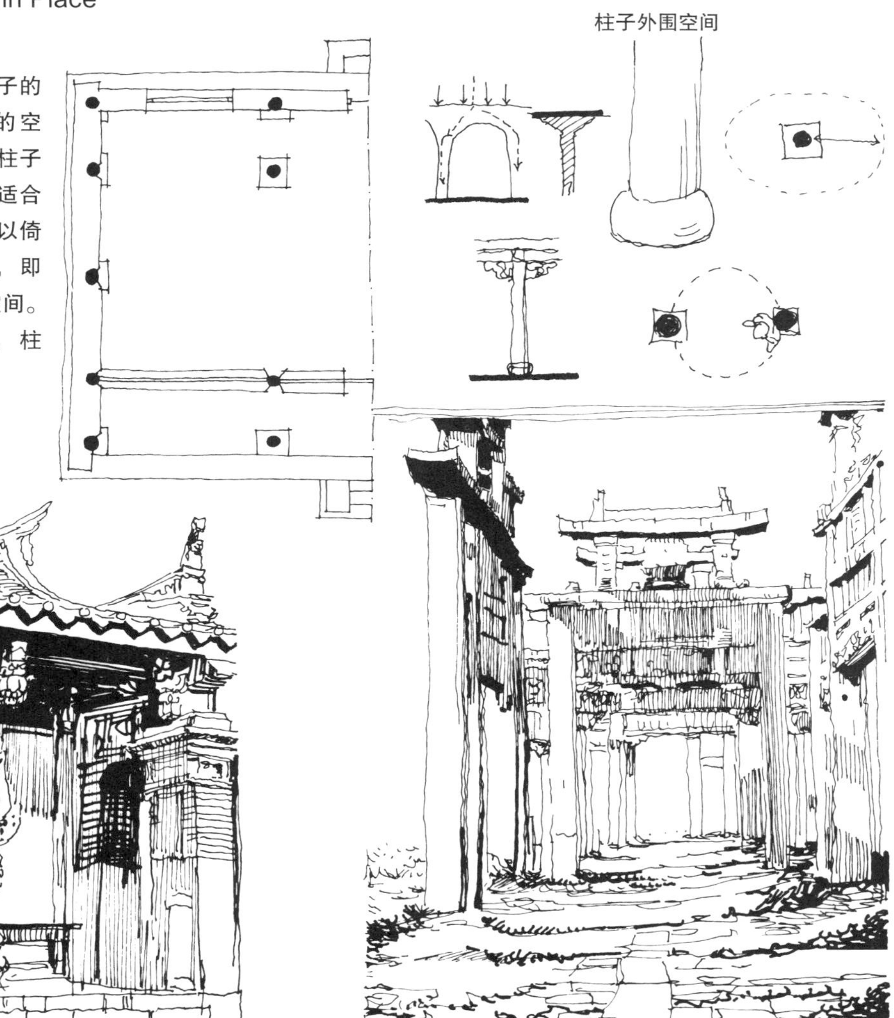

不单是墙壁和屋顶构成空间，独立的柱子也是形成人类活动空间的重要因素，两根或更多的柱子合在一起能创造如同墙壁所限定的空间感觉。古代柱子除了结构功能以外还包含它所表现的社会意念，柱子总是做得粗大，故意加厚以强调柱子周围所形成的空间。中国民居中，柱边的空间也是重要的，有的还做成雕龙柱。独立的柱子至少要有近似人身的厚度以供倚靠或坐息。木梁柱体系中的柱与梁的连接，一种是用斜撑，一种是柱头加大，柱子与梁交接处的连接构件外形要反映此处应力情况的坚固稳定感。不论是何种材料，在这个连接处都应加以处理，如穿插枋、三角撑、柱头、蘑菇形柱以及常见的拱形门洞等，都在柱子和梁之间形成一个连续曲线。这就是中国民居中的雀替、花牙子、斗拱等木装修所表达的构造意义。

柱子和柱基 | Column and Root Foundation

在历史性建筑中，柱子具有表现建筑主题的象征意义，而在摩登建筑中，柱子仅仅是为了结构的需要。多层建筑中柱子就像叶脉一样是由粗到细的。单独的柱子基础就像树根一样深入大地之中，而中国民居的柱基由于木柱需要防腐而采用平板式基础。

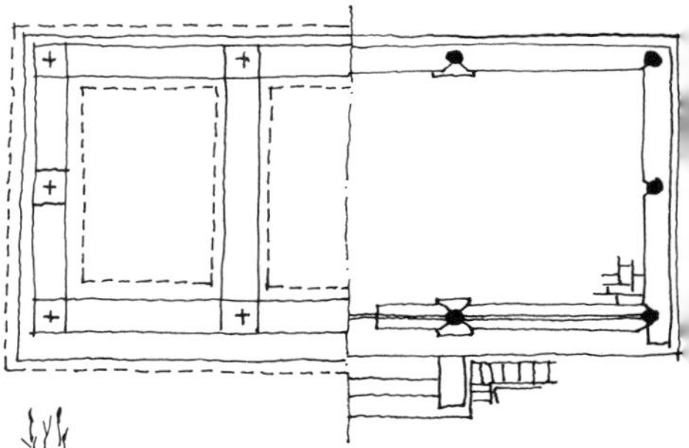

中国民居的平板式基础

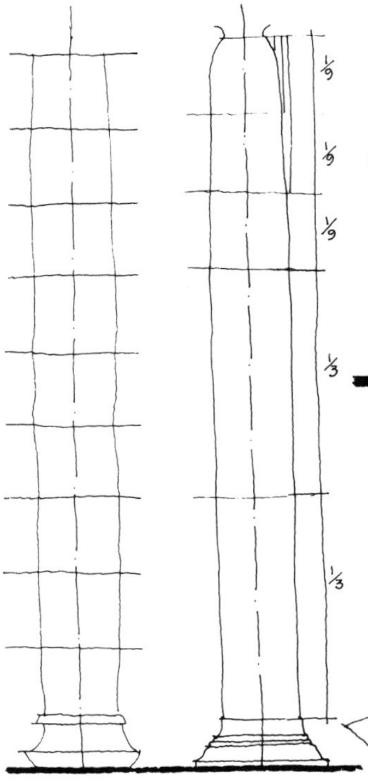

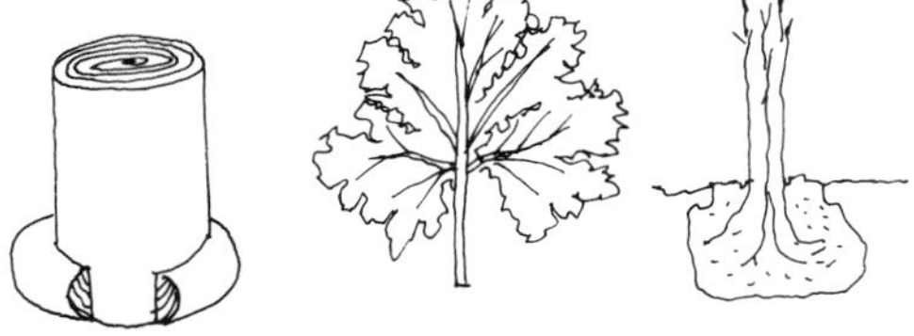

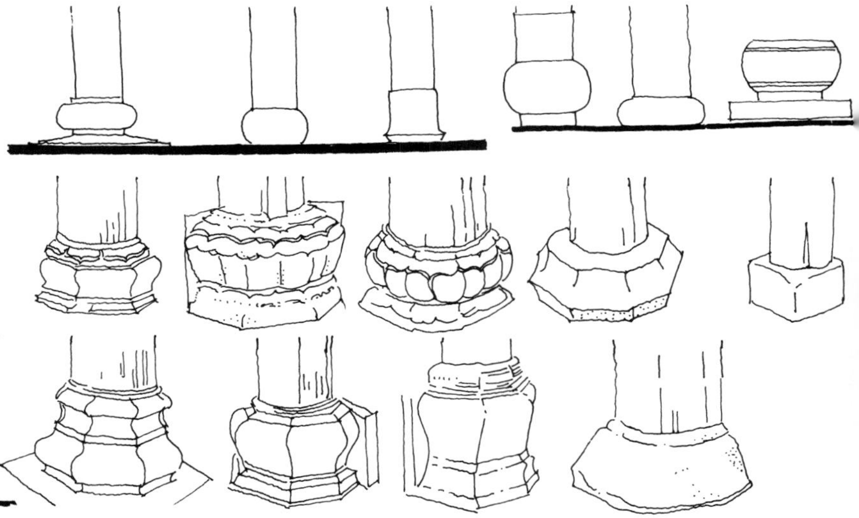

柱子就像树叶的脉络，终端细小，而靠近叶子柄的部分则比较粗壮，这种直觉的骨骼系统表现在许多传统建筑形式中，靠近地面的框架、柱子，支撑比较大，间距也比较小。中国式木构架的阁楼支柱系统就是如此。柱子多为木柱，也有装饰性的雕龙石柱。徽州住宅收分的柱身，柱径与高之比为1：9~1：10，古代已经考虑了视觉的美观。木柱与基础的连接部需要防潮，传统做法是把房屋建在一个平台之上，平台平铺在夯实的灰土地基上，如同浮筏式基础整体一片。在平台上再做块石柱础，石础上立木柱。石础的形状很多，选用整体石块雕刻而成。有时，为了楼上的柱子与楼下直通，在上层楼板上，围绕柱身用木块做成假柱础。

防水隔潮与垂片式外墙 | Dampproofing and Lapped Outside Walls

建筑外墙的主要功能是防潮防水，因此外墙的表面常用稻草或芦苇作成蓑衣式的护墙，避免墙体受潮，与国外垂片式墙面的道理是一样的。

在墙体基础以上，为了防潮防碱，常用芦草或瓦片作防潮层，也有用木片的，其作用如同油毡。

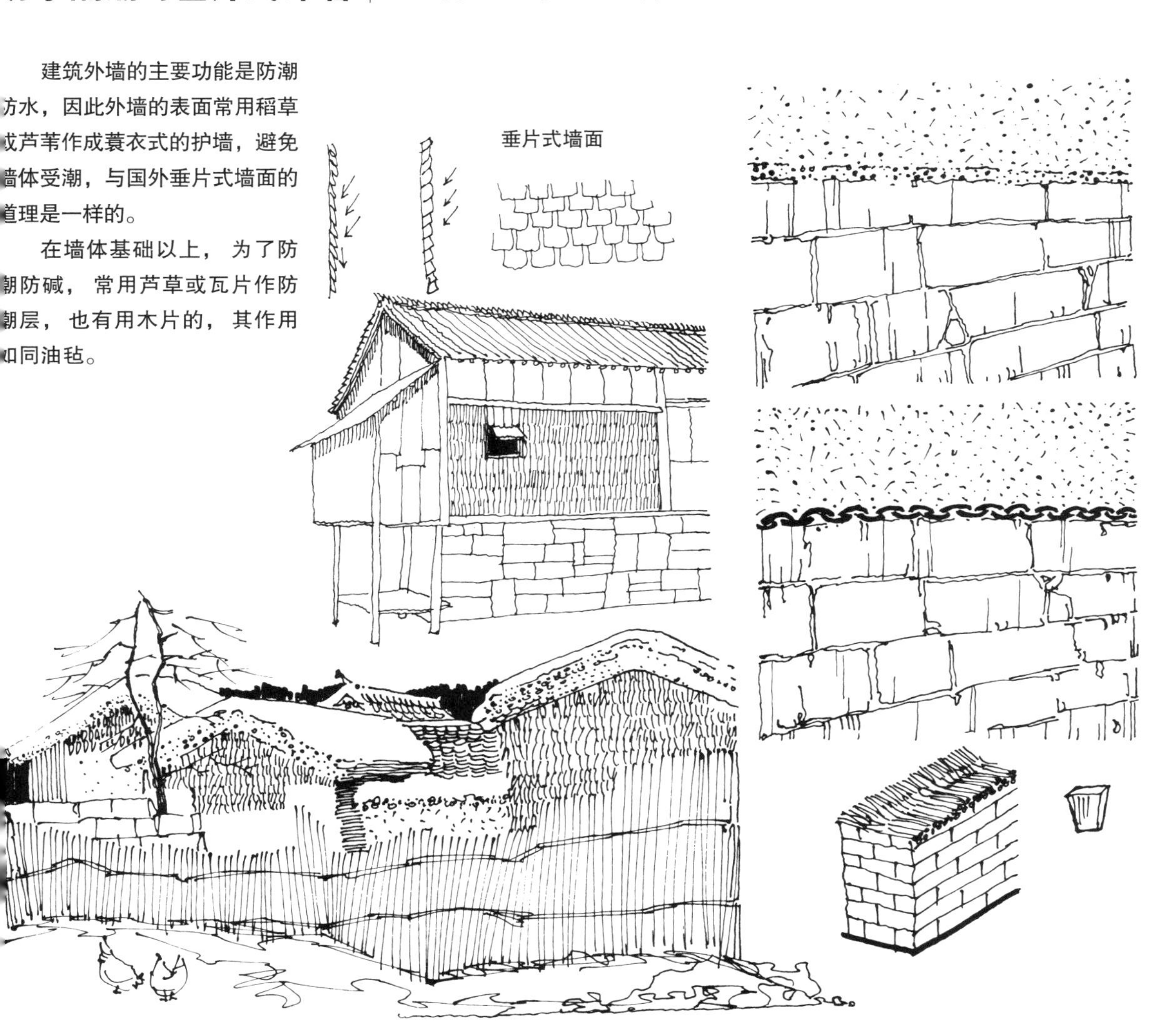

为了避免雨水冲刷墙面，有些地区在山墙上部压上几行滴水瓦或用茅草做成蓑衣的形式，用苇草插在土墙端部。生土墙墙身的防水隔潮也有许多经验。技术简单的民居护墙有垂片式挂瓦、茅草、芦苇，砖和石片也可做成搭接式的表面，每块搭接材料都是鱼鳞状的小尺寸垂片组合在一起，损坏了也容易修补和更换。还有在墙身下铺苇把子以通风隔潮，或在墙身下铺满涂桐油的木条或下铺石条一层、下铺瓦片一层等。

舍不得取消的门槛 | Door Thresold

中国建筑的明显特征是门的道数多，由外到内有大门、门厅、二门（垂花门）以及无数檐廊上的过门，所有的门均为带门槛式的内开门。高门槛反映了使用门槛主人的地位，重门叠院，充分反映了中国人际的人伦层次关系。

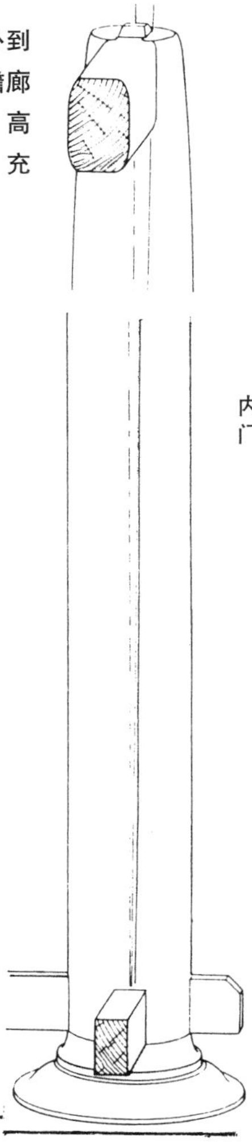

内开地轴木门下的门槛

厨房栏物门槛

木结构浅基础的木地梁门槛

门槛是民居中门下的重要构件，中国传统建筑的门几乎都有门槛，源自地轴式内开门，便于农民负重推门而入，门槛自然成为门的构造不可或缺的部件。中国传统式门扇以上下两个圆轴固定在门框内的轴槽之中，门扇的长度比门框上下都少一些，下部如果不装门槛就会露出一条缝。门的大小有别，门槛的大小差异很大，有的巨大的门槛和硕大的门杠一样，是活动的，可拆可装以便于行车。门越宽大门槛则越高，权贵之家常将街门口的门槛做得相当气派。“高门槛”已经不是在表述一个建筑构件，而是感叹使用那一构件的人士所拥有的权势。现今的外开门，门槛已无功能意义，但积淀在人们意识深处的那无形的门槛却很难消失。

14

细部

Details

材料的质感 | Texture of Materials

中国民居以就地取材为主，不同的地区有各自的特点。朴素材料质感的效果与材料的天然色彩和纹理，使各地民居具有地方风格。

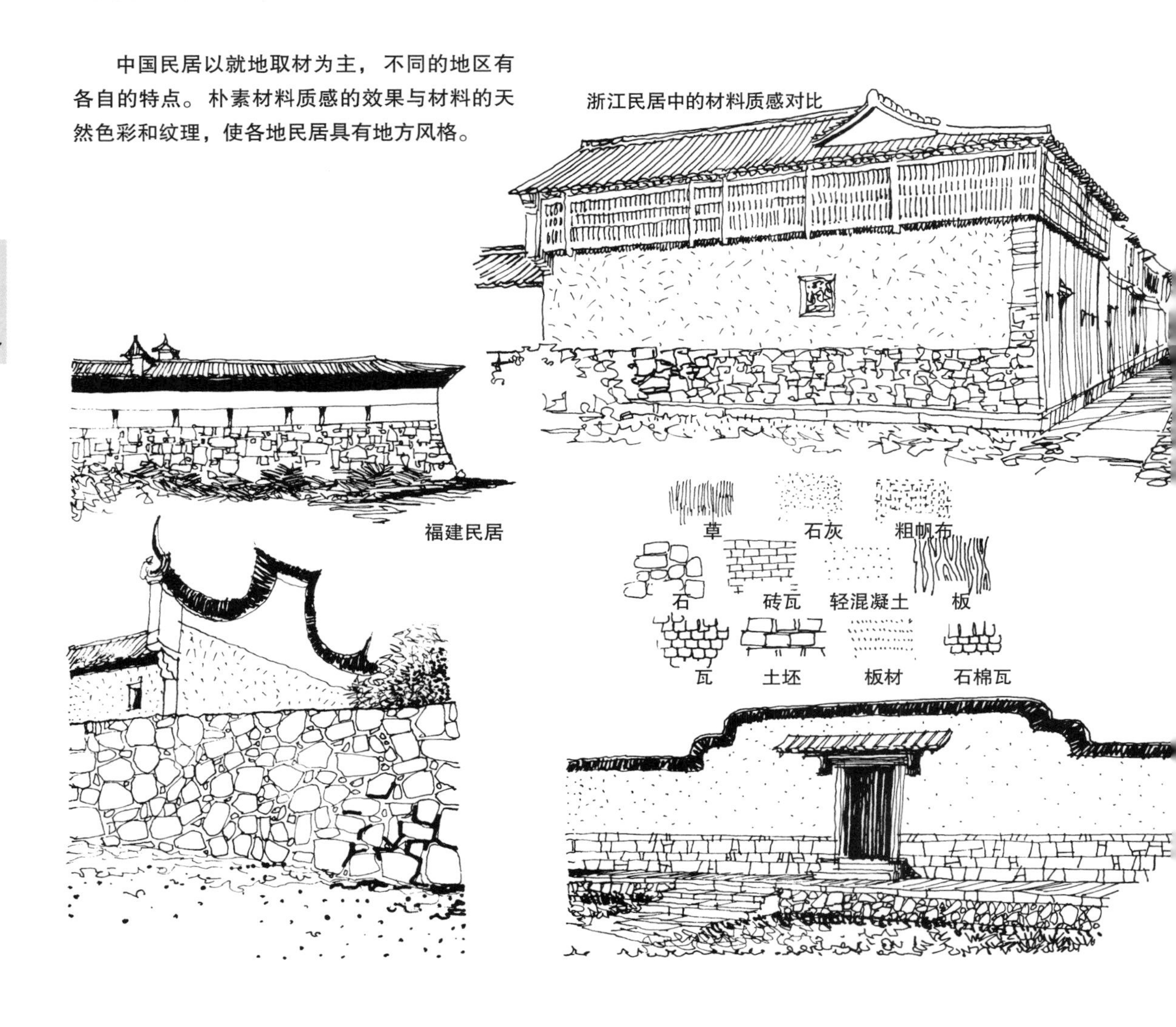

浙江民居中的材料质感对比

福建民居

对民居建筑材料的要求是：尺度小，容易切割与安装，外形能做多样化处理，并富于质感，有足够的体量，经久耐用，易于建造和维修，便宜、省力、节约等。块体材料给建筑带来的体量感，可达到一般建筑用材总量的80%。传统的块体材料有土、混凝土、木料、砖、石等。但石和砖费工；木材供应紧张；钢铁造价昂贵，且不易加工；规则形混凝土太重，又不能切割和钉挂，且表面灰暗，质感色感欠佳，又会因加工抹面而失去材料本色；土是廉价且就地可取的理想民居材料，但必须做得很厚。经过两次加工的材料有竹、藤、草、塑料、纸板、轻金属、布篷、绳、维尼龙、玻璃等，各具质感特点，常常用于建筑装修。

隔扇门 | Partition Door

隔扇门用于室内和室外，尺寸标准，构造巧妙。在室内可灵活划分空间，作为外檐轻墙可以灵活确定门窗位置。门窗隔扇的组合形式很多，有些内檐装饰性隔扇只在节日时安装。

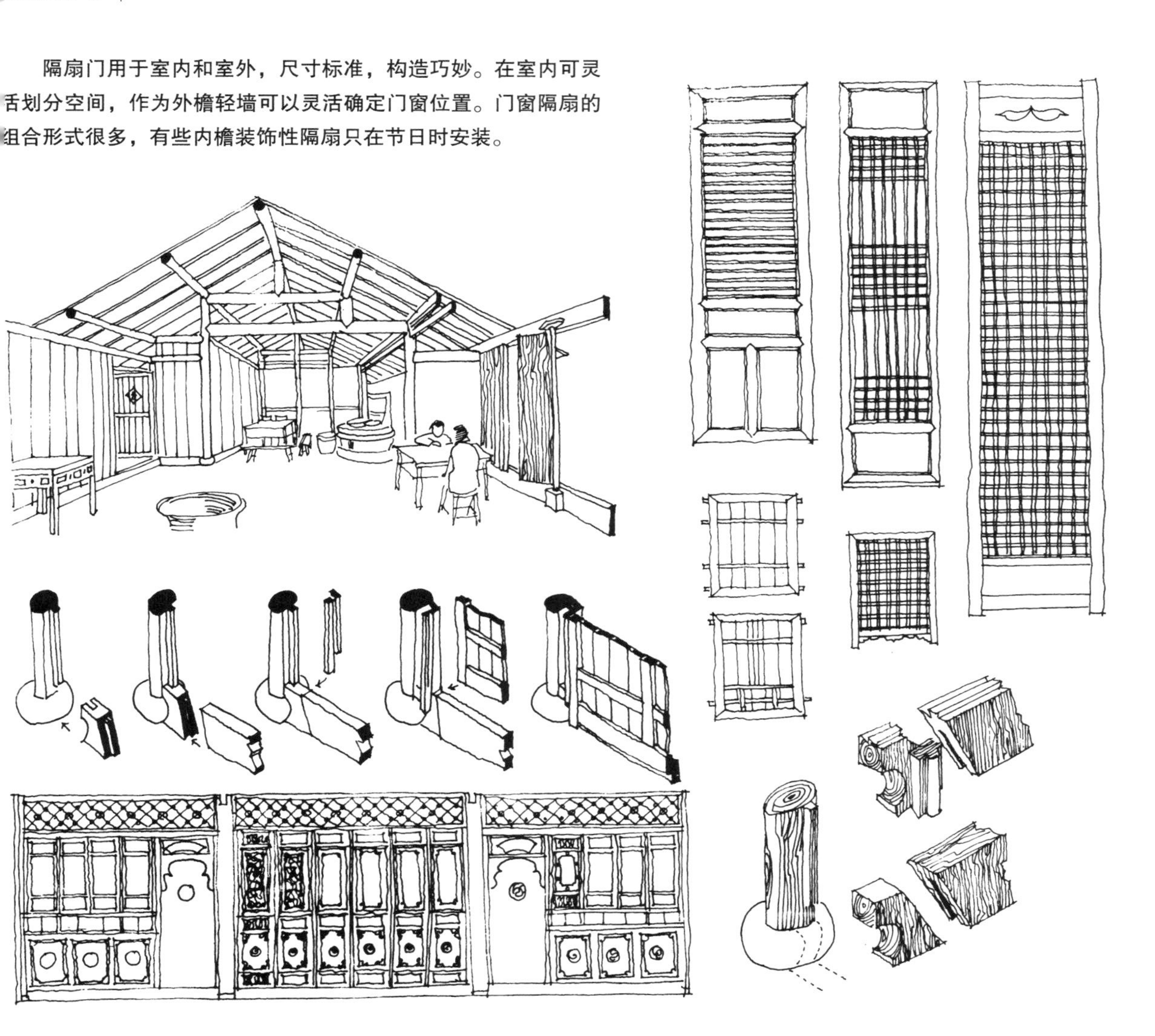

中国式隔扇门窗是框架幕墙可拼装的门窗，开启自由灵活。外门采用外加一层隔扇风门的办法，夏天风门可改作竹帘，冬季挂棉门帘。屏门是室外分隔院落的大扇实心板门，没有院墙时屏门也可立于木框之间，有楣子及上下槛。如果有院子，则院墙上做月亮门洞或六角形门洞，安装屏门或做垂花门。大门全是双扇木门，内做穿带插销。大型宅院用活门槛便于车辆出入。窗分为活扇和死扇及支摘窗，北方以支摘窗为多，上为支扇，下为死扇，冬季糊纸，夏季糊纱，在支扇上做绢纸以利通风，下半截为玻璃死扇，周围棂格糊纸，中央常贴各种大红剪纸，很有趣味。砖砌窗槛墙做木窗台板，窗台沿炕边正好是妇女的梳妆台。窗格的花样有方格式、步步紧式、灯笼式等。洱海之滨白族民居中的木雕隔扇镂空精美，雕出的层次可达三至四层，节日喜庆之时安装，平日收藏起来，是更换容易的装饰艺术品，用以炫耀主人的豪富。

小窗棂 | Small Panes

虽然人们期待的大片平板玻璃窗已经大量推广，优点是可以尽量多地吸纳阳光，接触外界，但也有危险之感，会让人们感到身在室外。只有加上小窗棂，才有窗户的功能，窗的棂框强调内外之分，同时使窗棂分割的窗外自然景色显得更加生动。

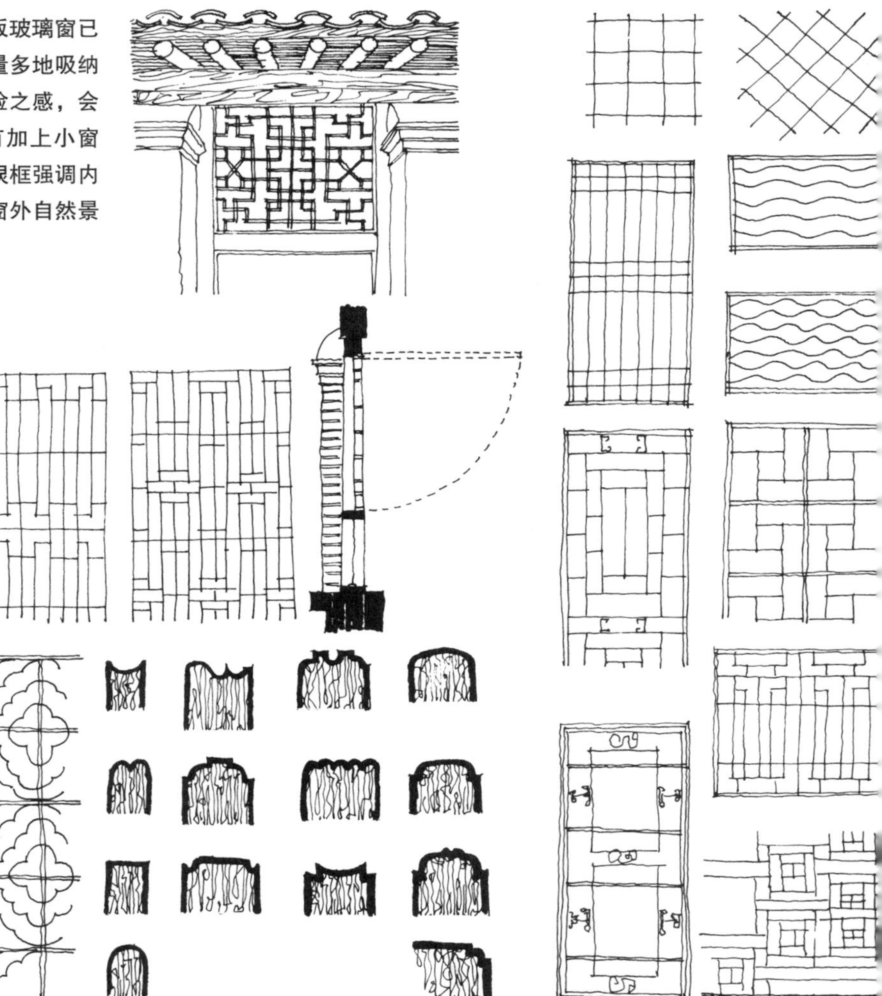

人们由室内通过窗户看到的外界景象应该由棂框隔开，由窗棂看出去的效果可以增加视觉印象，使视野多样化。这是由于窗格把外景划分为若干块，分成许多个景的构图，光与景的效果很丰富。同时窗格给人以窗的功能信息，并给人以分隔感，与外界分开，并创造一种闪烁光线的室内明暗效果。因此民居中的窗户多以小窗棂划分窗格，以窗棂的疏密构图来分割窗的高和宽，做成美丽的图案。

闪烁的光线 | Filtered Light

为什么人们感到透过晃动的树叶或花格窗的光线非常美？这是因为：①过于强烈的直接光产生强烈的明暗对比，给人以不快感；②以暗墙为背景的窗边角处有眩光，树叶或花格窗减少刺眼的眩光；③光透过小尺度的图案有特殊的视觉效果。

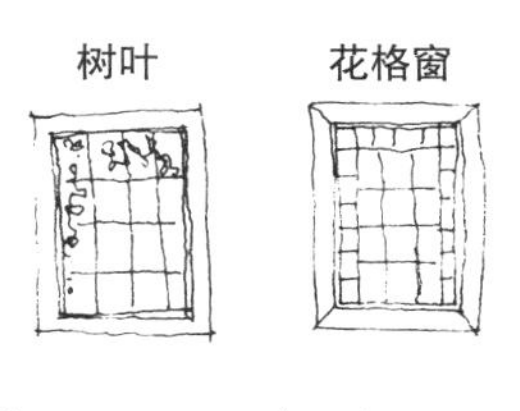

细部

用小窗棂花格子遮挡一些直线阳光，有如树叶的动态光影效果，创造室内闪烁的光线。小窗棂还可建立黑白图案，这种图案在窗的边角处加密，光线由边角逐渐加强到窗的中部，尤其是窗的顶部是窗户进光较强的部位，因此，顶部有较密的小窗棂，许多老式窗格图案设计都依据这个原理。在窗外上方的出檐也可以形成一条以天空为背景的暗色轮廓，有助于看清明暗图案的细部，并使进入室内的光线比较柔和。

栏杆 | Balustrades

栏杆多布置在民居中视线比较集中的地方，有多种式样，上有鱼虫花卉等图案和文字装饰。栏杆形式和比例大都仿效石栏杆。

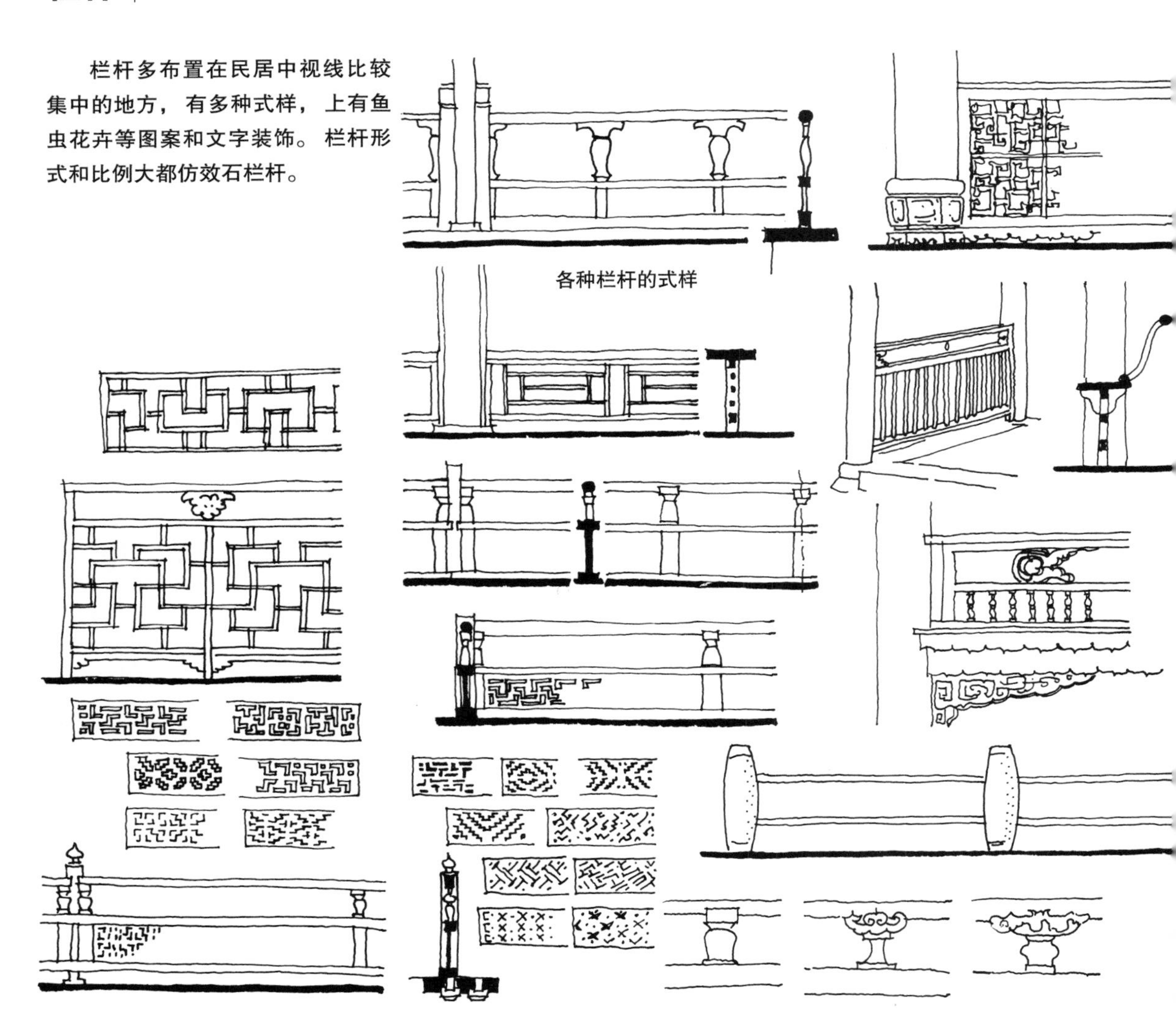

各种栏杆的式样

中国民居中的栏杆常布置在二层窗口下面临天井庭院的显眼位置，造型多模仿石栏杆，有弧形的木栏杆向外弯曲成座椅(称飞来椅或美人靠)。栏杆的纹样细部及构图手法大体和门窗隔扇类似，有文字、动物、植物、几何图形等。各种纹样的构图多采取对称形式，或以重复单调的姿态构成连续的图案。

15

能源和动物

Energy Source and Animals

积肥和沼气 | Compost and Marsh Gas

圆形水压式沼气池适用于我国各地家庭。容积为4、6、8、10立方米，水压间每立方米料液昼夜产量分别为0.15、0.20、0.25、0.30立方米，按人口数量选用。发酵原料、温度及发酵工艺可根据当地条件，因地制宜。

沼气池池墙及池盖的结构有现浇混凝土及砖砌两种，池底均为现浇混凝土，水压间的结构与沼气池的池墙相同，进出料管一般用混凝土预制管。

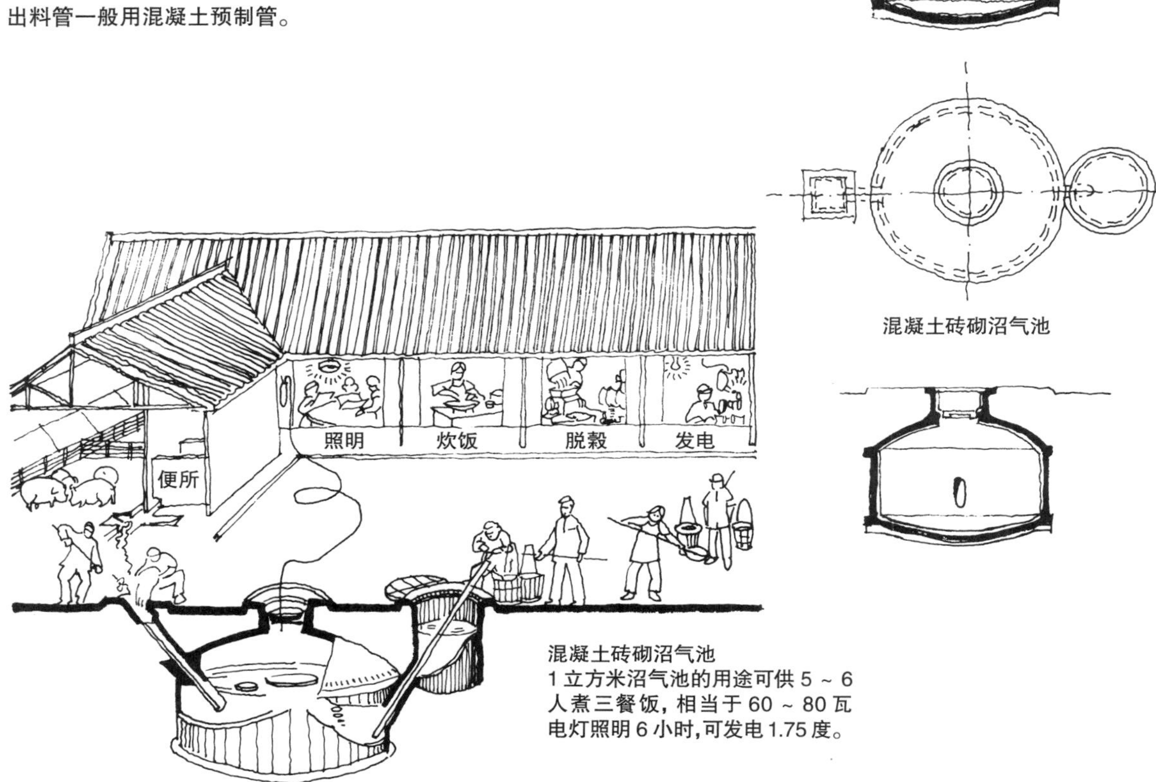

混凝土砖砌沼气池

混凝土砖砌沼气池
1 立方米沼气池的用途可供 5 ~ 6 人煮三餐饭，相当于 60 ~ 80 瓦电灯照明 6 小时，可发电 1.75 度。

沼气是我国农村中最有前景的廉价能源之一。人畜的粪便、植物的茎叶和垃圾中的有机质在一定温湿度和密闭的条件下，经过微生物发酵产生甲烷(即沼气)，可供家庭煮饭、点灯、发电等使用。家用沼气池的形式有地面式及地下式两种，目前我国农村推广的主要池型是水压式沼气池，其容积可根据每户人数决定。沼气池的位置要靠近厕所和牲畜圈，使粪便自动流入池内，方便管理，有利于保持池温，提高产气率，改善环境卫生。

牲畜、家禽 | Livestock, Poultry

在中国民居中，厕所、鸡窝、猪圈、羊圈、牛栏等都布置在庭院或后院。牲畜和家禽是乡间村舍的景致。猪圈的构造与形式各地有多种：

(1)上下栏式：上栏一端为猪舍，另一端设猪食槽，下栏为圈坑；

(2)回字形圈：圈的三面留出通道，每隔一两天把通道上的粪土除到坑内汇肥；

(3)平底式圈：圈底作排水坡度，用于大型猪舍。

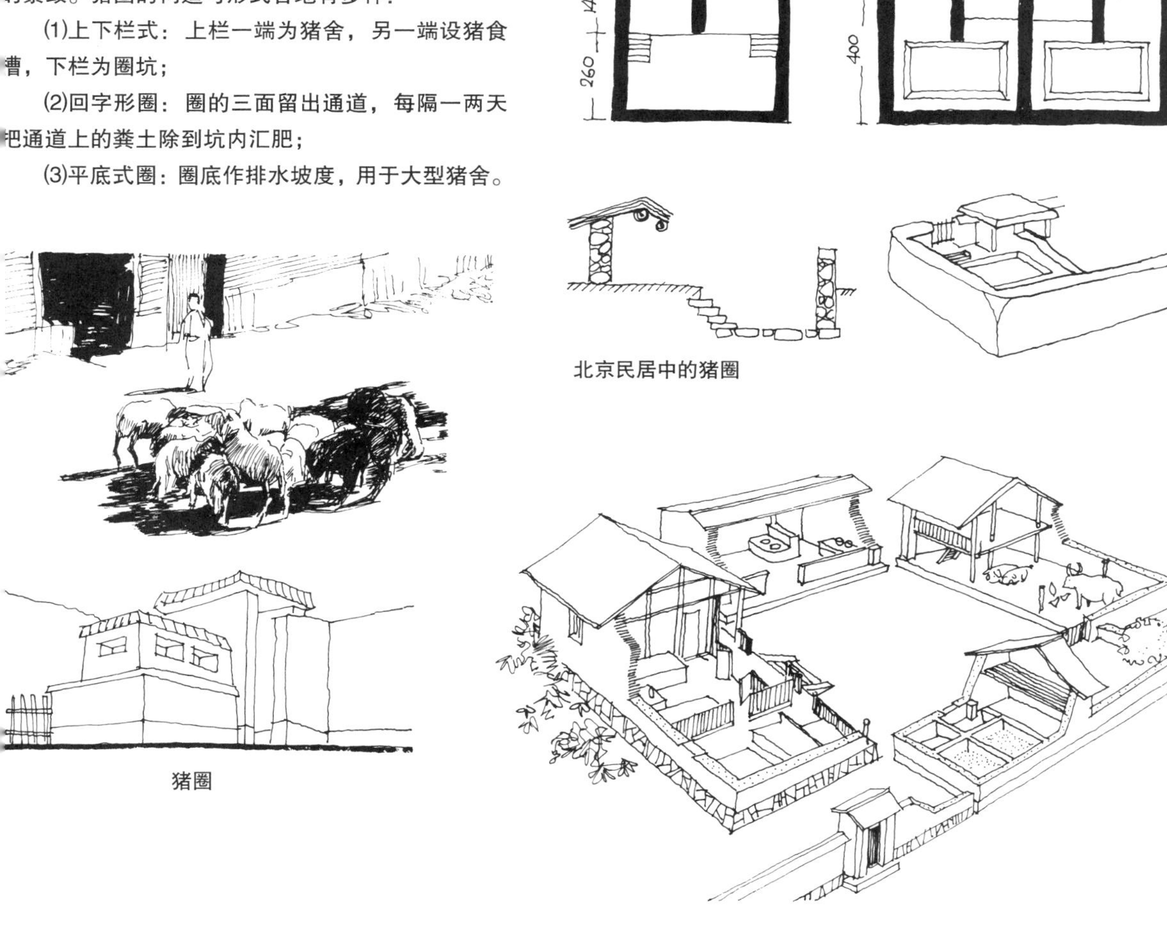

北京民居中的猪圈

猪圈

中国乡村民居的厕所、猪圈、鸡窝、兔笼、牛栏、羊圈等都布置在庭院之中，牲畜和家禽是乡间村舍的景致。动物在自然界中如同花草树木一样重要，特别应该注意动物对儿童智力发展有促进作用，儿童最容易和动物建立感情。完美的设想是在村镇中保护动物的生态平衡，保护动物对人类的有益作用。

天人合一 | Nature with Man

中国的“天人合一”说即人和生物圈。庄子说的“天地与我并生，而万物与我为一”强调天人相副，人副天数，力图追索天道与人道相通之处，以求天人之间和谐统一。

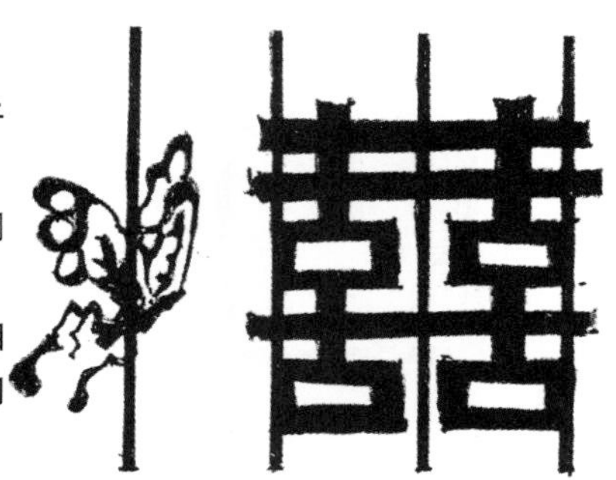

蝴蝶剪纸窗花

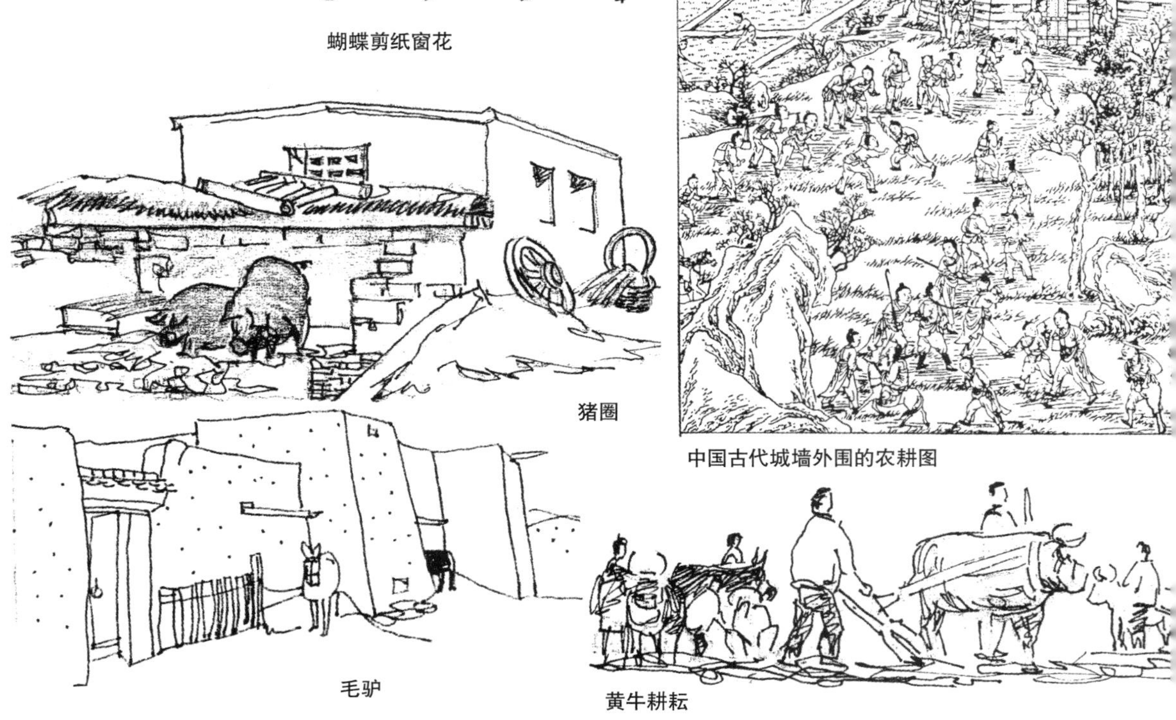

猪圈

中国古代城墙外围的农耕图

毛驴

黄牛耕耘

现代建筑把环境建设纳入人与生物圈协同发展的生态系统。使人工环境主导自然环境的建筑学基本设计理念发生了深刻的变化，从建筑主导大自然演进到建筑与自然环境的和谐与交融，再进一步到由自然环境主导建筑。自然环境要优先于人工环境，人工的城市与建筑必须从属于自然生态的可持续发展原则。中国的传统民居自古就是寓于大自然之中的，自然和城市共生，农业和城市共生，经济和文化共生，历史和未来共生。人为生物圈中之一物，人与自然、人与植物、动物、其他物种共生共融，天人合一。

16

庭园 | Courtyard and Garden

围墙 | Walls

从伟大的长城到私家的庭院，各种尺度的围墙表现了中国建筑的特征。作为建筑的组成要素，围墙不仅有防御的功能，也是组织建筑群体和美化环境的手段。

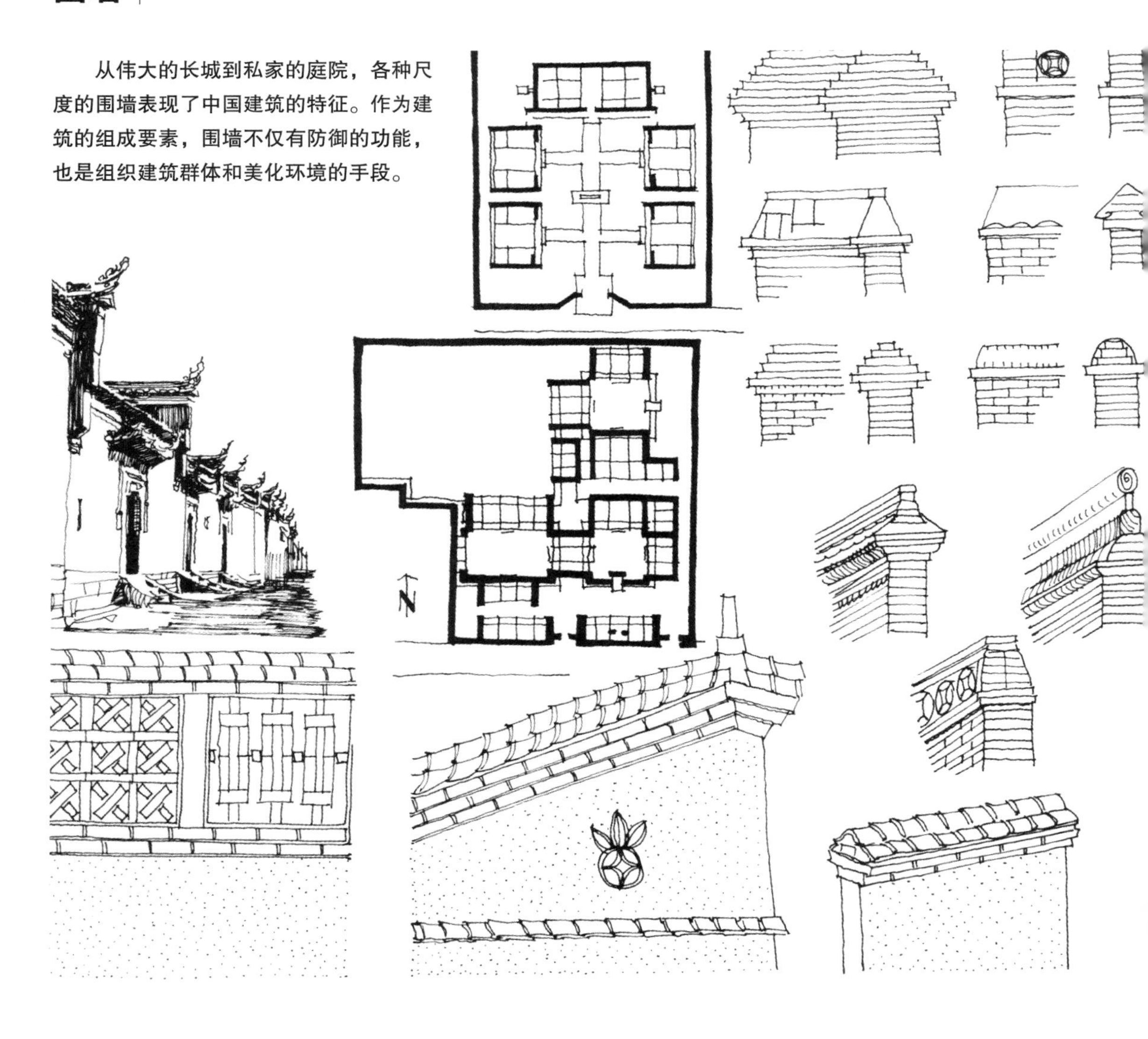

在中国民居中围墙的使用功能很多，用围墙来划分空间，分与合、围与透、组织建筑的空间变化、连接建筑、做影壁墙等。在城镇中以高墙分隔外界，越是小的花园越需要高墙围合，以形成一个局部的绿化空间，内墙上还常有透景花窗和形式多样的门道。墙可作为山石、树木、花卉的衬景，墙基墙角与铺地叠石在材料质感上相呼应。有些安静的村落中，宅院的墙是低矮的生土夯实墙，表现朴素的黄土质感，并衬托出墙头和入口门楼。

花园、果园、菜园 | Flower, Fruit, and Vegetable Gardens

住宅的花园首要的是把外界噪声隔开，苏州的私家花园就是这样。当由嘈杂的街市步入庭院之中，立刻换了天地，高墙和绿篱隔开了外部视线与交通噪声。花园太小，很难保持安静，可设内天井布置庭院。

村镇中，最好每个家庭都有自己的果园菜地，这是乡村生活的基础。要有阳光、围栏和存放工具的小屋。

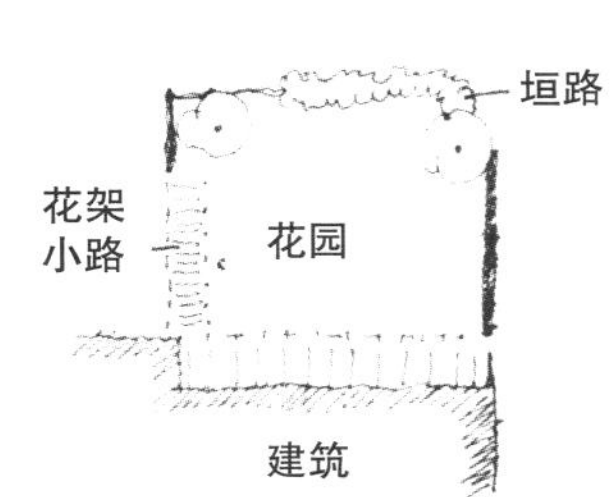

堂前空地种植花木、葵桃花豆，设置盆景、鱼缸、太湖石、花架、花池、园门、漏窗、回廊、水池、石案、椅凳等，从而构成了住宅花园的布局特征。在气候与土质适于果树生长的村镇中，果树是家庭园艺的重要内容。北京常种枣树；西北地区宅院中种桃、杏；广东种木瓜和杨桃；新疆则搭葡萄架。果树给土地带来了最有个性的魅力，家家户户都愿意栽植果树，每当开花季节，花香满院，美不胜收。宅院中的菜园可提供一定数量的蔬菜，但因地段有限，要在一小块地上种出多品种的菜，必须采用高效能的科学种植方法。

树荫和花架 | Tree Shadow and Trellised Walk

人、建筑和植物是组成环境的三要素。树木与建筑同等重要，建筑不应超越自然。树木像一把大伞，形成一个室外空间，成组的树木也可以形成扩大的公共空间，植物与建筑应有机地组织在一起。

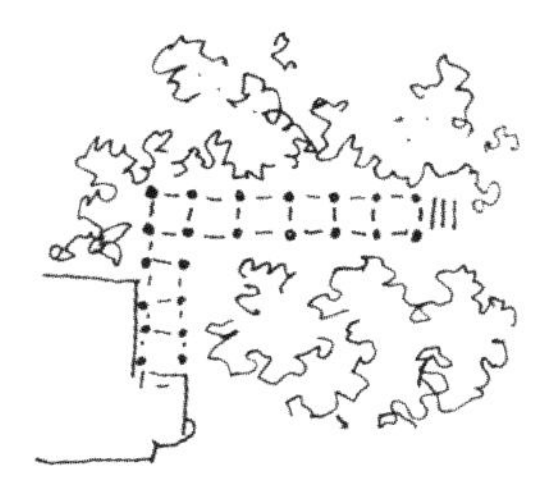

花架与树木

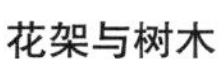

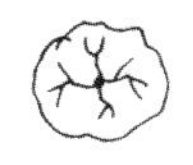

树木、人和房屋构成人类环境的三个基本要素。树如同一把大伞，底下的枝叶可以限定一个室外空间，两棵树可以形成一个门洞，整片的树丛可以形成高坡下面场地的背景，树林也可以环抱一个开阔的场地，两排树可以形成林荫道，人在其中可真正感受到树在环境中的意义。中国园林很讲究树的布局与形态。园中的花架也有它自身的美，花架走廊是室外小路的一种形式，在小路上加盖爬藤绿化的花架，可以引人步入小路。步行在花架下面，感受到了小路的边界与空间，花架就好像一个花卉形成的房间。

园椅和座位点 | Garden Seat

庭园中座椅布置在安静的角落，以创造一个在自然环境中谈话、休息的地点。座位点的布置应该是有阳光、夏季有阴凉、背风和能够观赏景致的地点。园椅的形式力求自然简单，中国古代就有用天然石料做园中桌椅的。

苏州天然石块桌椅

庭园中用茂密的绿化层层包围起来，充满阳光，人在其中的座位点休息，就好像回到了大自然的怀抱中。花园中的矮墙也可以代替园椅，特别是在乡村住宅中围墙不必做得很高，围墙只是一个边界，而矮墙可作成适合于人坐的高度，分隔内外，又当作座椅。座位点要面向人行道或风景视野。冬季充满阳光并有挡风的墙，夏季中午要有荫凉覆盖。

地面、带石缝间隙的铺面 | Paving with Cracks Between the Stones

中国民居中庭园的地面有各种各样的做法，明代计成在《园冶》一书中讲述了铺地的设计原则和传统铺地纹样。宅屋和庭园中的地面各有其不同的铺砌方式，室内用磨砖，庭园中的小路用乱石、瓦片与鹅卵石，或用乱青石板砌成冰裂纹。用砖铺砌的方法很多，有平铺、竖砌、人字、席纹、平纹等。

地面铺砌

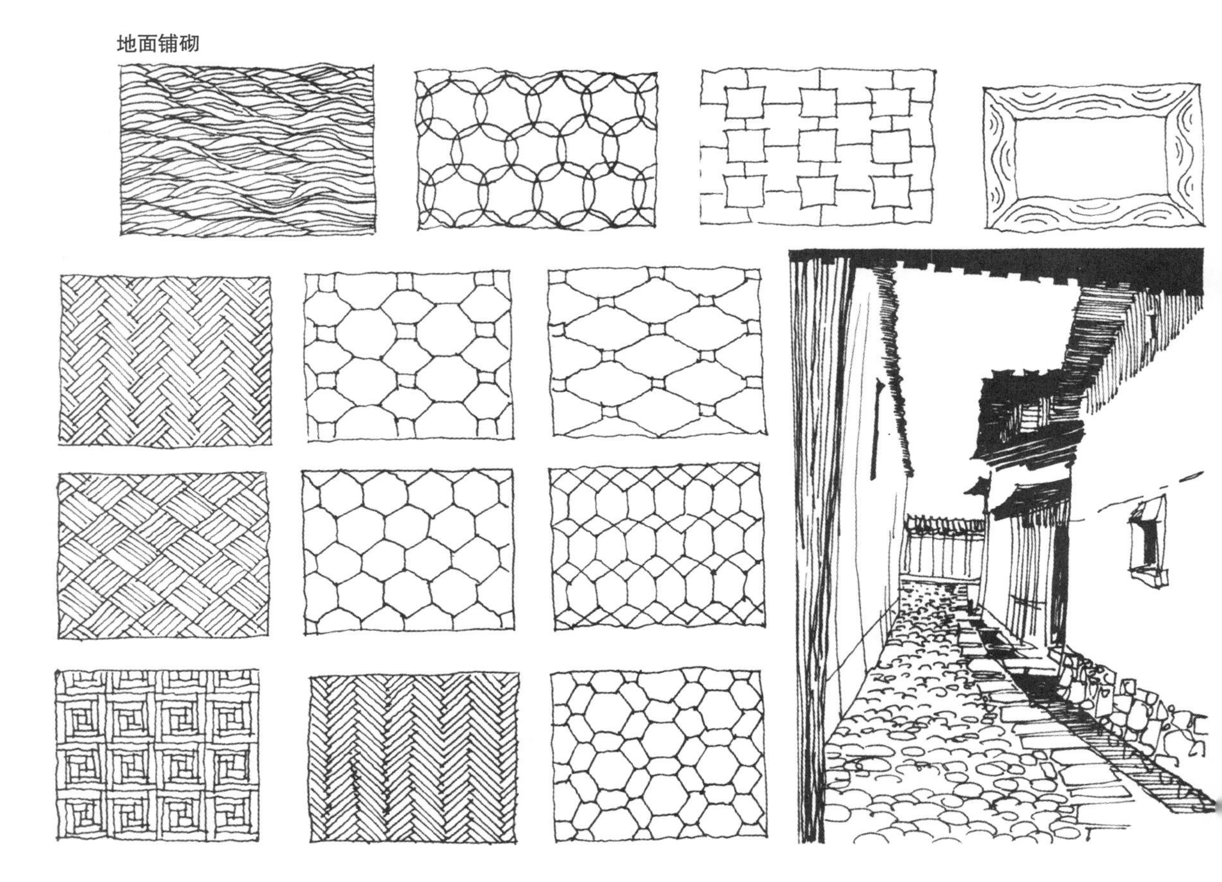

园中砖石铺面，直接铺在泥土上，石间缝隙不妨碍小草生长，有浓厚的乡野趣味。当人们在这种铺面上散步时，会感到泥土就在脚下，由于石块在泥土中的可动感而获得在天然土地上散步一样的感觉。这种小路往往给人留下长久不能忘怀的印象。小草和野花在石缝中生长，石缝中有植物生活所需要的昆虫蜂蚁，雨水直接进入土壤，不需要集中排水，没有腐烂的威胁，小路周围的土地也不会缺少水分。园路砖石铺面比混凝土硬板块或光滑的沥青地面更有优势。住宅的室内地面既要感觉舒适温暖，又要有足够的硬度，并易于清扫。在日本民居中地面常划分为公用区和私用区，公用区用硬质材料地面，私用区用松软材料，脱鞋入室，中国民居中的炕上炕下也有软硬材料表面不同的活动地区，并有脱鞋上炕的习惯。在设计民居的室内地面时要考虑硬软材料的分界，或做一两步的高差。

室外景观内置 | Interior with Outside Garden

室内外化与室外内化在中国的木构架体系中运用普遍。室外内化是开放侧界面，如堂、廊、天井、空透隔断等，都可把室外景观内置。

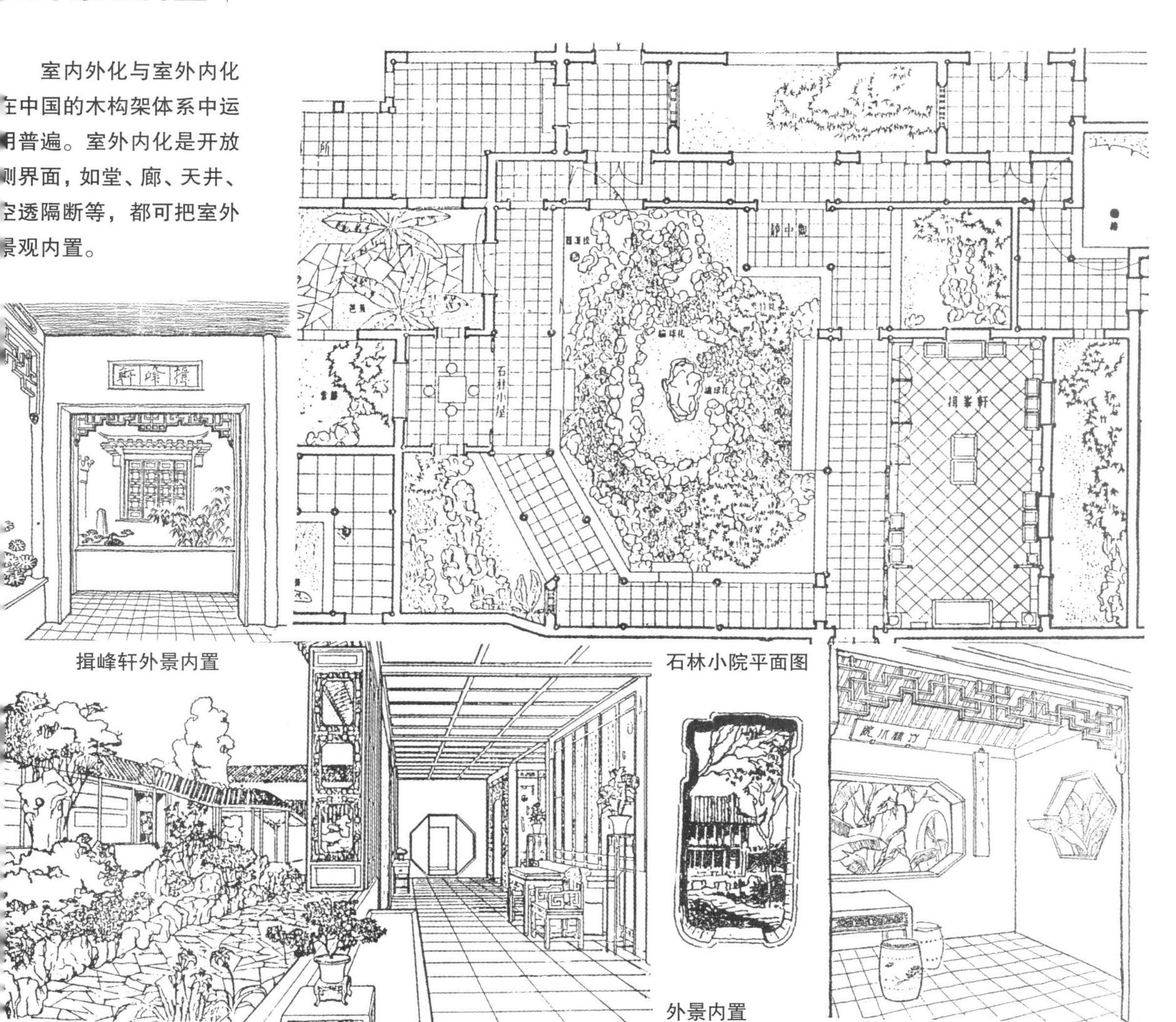

揖峰轩外景内置

石林小院平面图

外景内置

直到欧洲19世纪温室的出现，植物花卉才被引入住宅，并逐渐发展成为专门培植或展示植物的暖房，室内花园自此诞生。室内植物有助于身心健康和美化环境，住宅中的“花园屋”成为居室的延伸部分。把室外景观内置，室内室外融为一体，是中国传统园林“借景”的独特手法，借助室外花园中的景物沟通大自然与居室内部的艺术连接，室外花园好像是居室内的延伸部分。景中之屋欲藏又露，景有断而意相连，无形之中扩大了室内空间对外部美景的感受力。

赏石 | Artificial Rocks

堆石法以“形势须妥，纹理须顺”为原则，“妥”指有根有势，结构形势兼顾，“顺”指尊重石头的纹理。

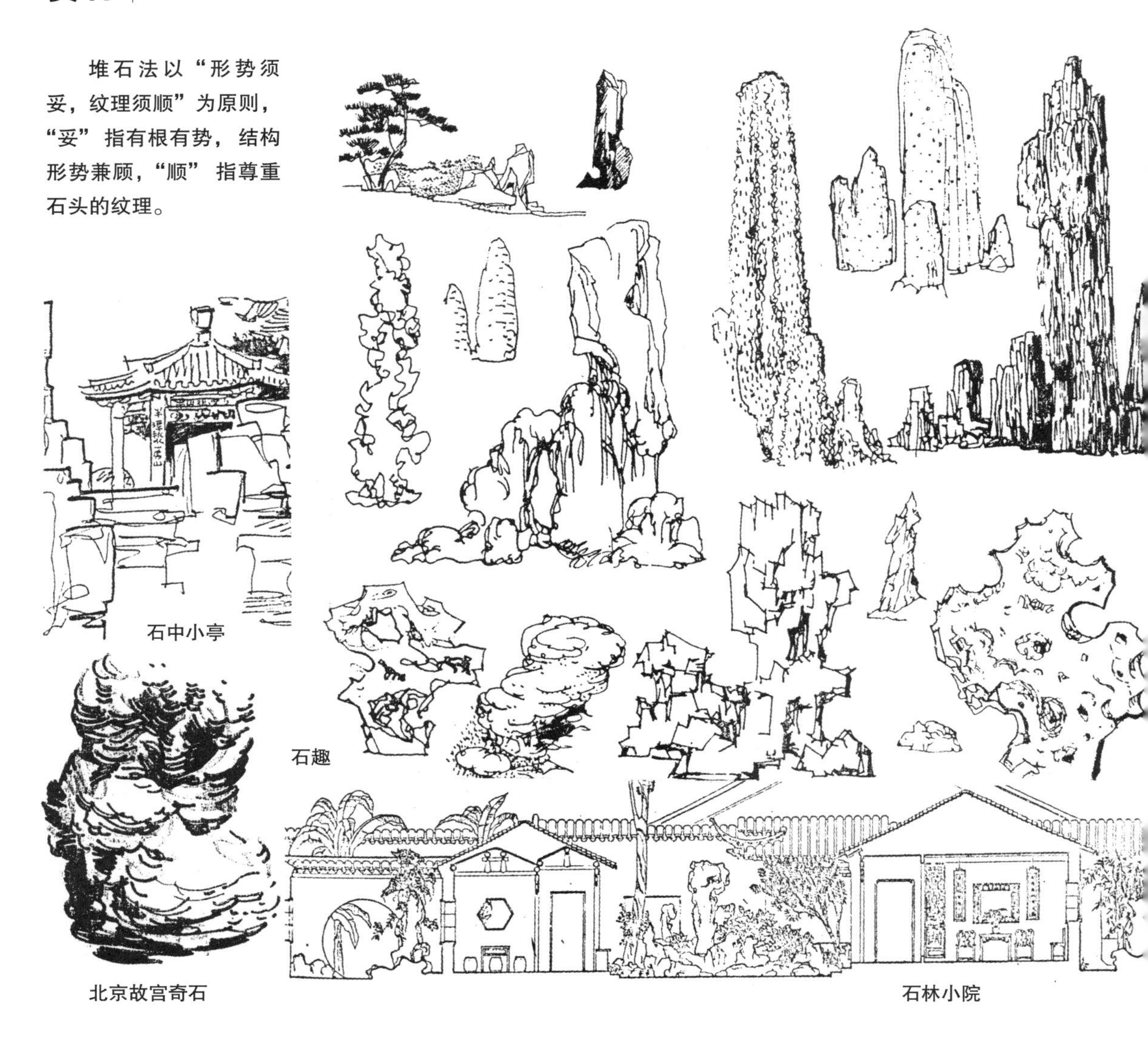

石中小亭

石趣

北京故宫奇石

石林小院

苏州的网狮园是一座欣赏石趣的大宅园。大自然塑造了山石之美，古代文人与奇异的石头交友称为“友石”，中国古典园林讲究赏石，皇宫中也收罗各处的怪石奇景。

叠石是中国园林特有的石文化，常用的石品有湖石类、黄石类、卵石类、剑石类、吸水石类、上水石类，还有其他的木化石、松皮石、宣石等。相石又称读石或品石，须反复观察，构思成熟才能因材施用。中国叠石以瘦、透、漏为特征，有石包土或土包石做法。苏州的笋石拔地而起的称剑石，可与圆润的太湖石对比。中国的盆景石如同观赏天然的抽象艺术品。

宁可食无肉，不可居无竹 | Even Eatting without Meat Rather than Living no Bamboo

“不可居无竹”是居室花园中的意境表现，如郑板桥的画题：“……一方天井，修竹数竿，石笋数尺，其他无多……而风中雨中有声，日中月中有影，诗中酒中有情，闭中闷中有伴。非唯我爱竹石，即竹石亦爱我也。”

屏风上的木雕竹簇

竹林小院

郎世宁平安春信图,《清代宫廷绘画》

石竹与翠竹

江苏扬州个园建于清嘉庆道光年间，是当时大盐商的私宅。主人爱竹，园内遍植竹子，竹叶形似“个”字，取名个园。竹是中国古代文人喜爱的植物，是清高有节的象征，苏东坡曾有“宁可食无肉，不可居无竹”之语。园内有四季风景假山，春景是在竹丛中用石笋插于其间，取雨后春笋之意，故中国叠石中有笋石之称，“石笋翠竹”是著名的室内外细腻的景观。中国人的生活中离不开大自然的绿色，“名花时对胜佳餐”，房前屋后非竹即树。

17

装饰

Ornament

装饰 | Ornament

人们都渴望装扮他们的环境，在建筑的边角处、材料交接处以及需要强调处理的地方加以装饰，起着烘托主题、显示边界和重复构图的作用。两件分离的物体通过装饰达到合一。

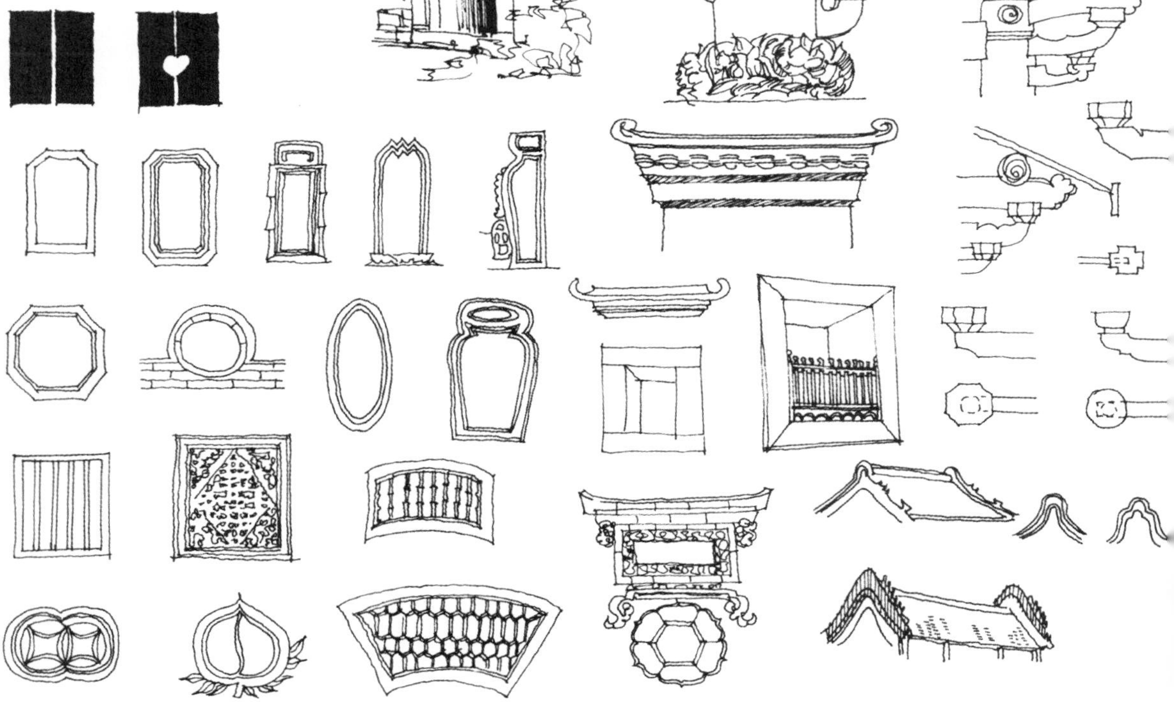

装饰要用在表达意图的地方、构造需要的地方、有隐喻意义的地方，或用装饰把过于分散的构图联系在一起。主要入口的边框、门窗、厨房的墙上、小路的铺面以及屋脊、山墙、柱头、柱础，材料的交接处、建筑的边角处、墙顶、建筑上需要强调的地方等，把建筑装饰统一和谐地表现于建筑之中而不感到是外加上去的多余东西。

山墙头 | Top of Gable Wall

在中国民居中，山墙头是装饰纹样的重点，不论南方北方均有明显的地方特征，各种五花山墙、封火墙或山花，形式多种，造型优美。

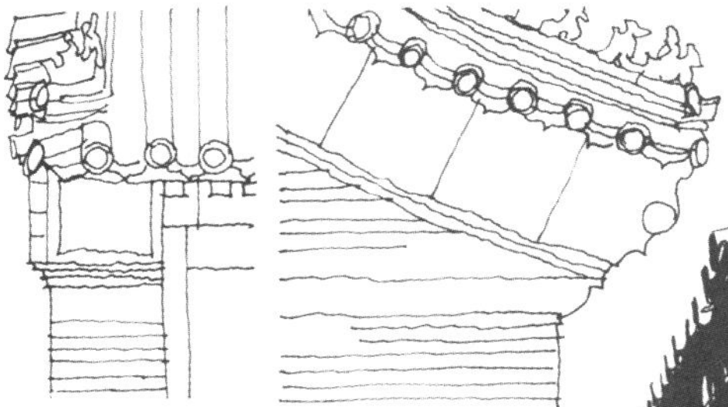

北京民居

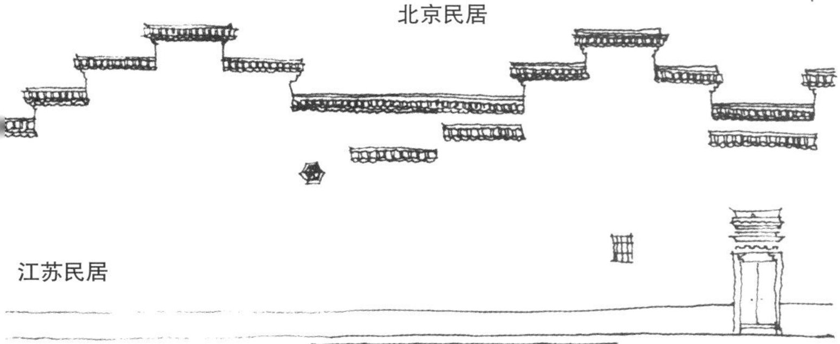

江苏民居

湘中民居

在南方许多地区，民居的山墙是由高出屋面的山花封闭露出屋顶，形成山花的起伏错落。山墙头的做法和装饰各地有不同的风格和样式：如硬山墙、阶梯形山墙以及弓字形山墙；有用直线及曲线处理墙顶的，有覆瓦的，两坡落水墙顶的，也有两侧悬山的；山花上绘制各式花纹，墙头脊是装饰的重点，脊的结尾有各种起翘手法。在云南白族民居中，硬山墙的山花较大，画白色卷草，墙面彩画相间，形成腰带装饰。湖南的封火山墙是表现当地民居特征的装饰性山墙头。

脊饰 | Decoration of Ridge

传统的中国建筑多利用屋脊作为建筑的重点装饰，尤其民居中屋脊的尽端装饰更具有地方特点。屋脊的细部常常是民居装饰纹样的集中表现。此外，屋脊直接以天空为背景，脊饰是屋顶以天空为背景的轮廓线，具有清晰的装饰效果。

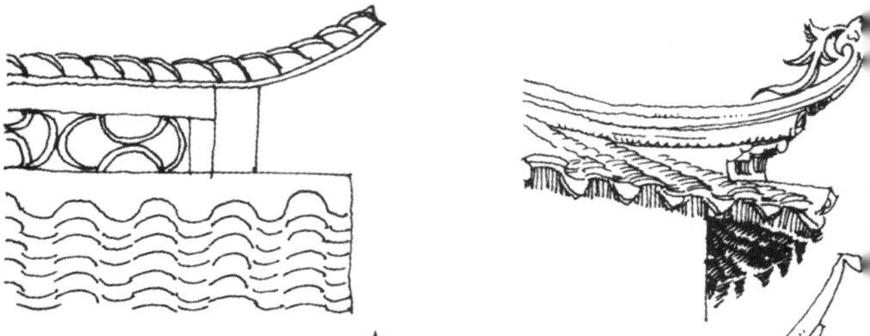

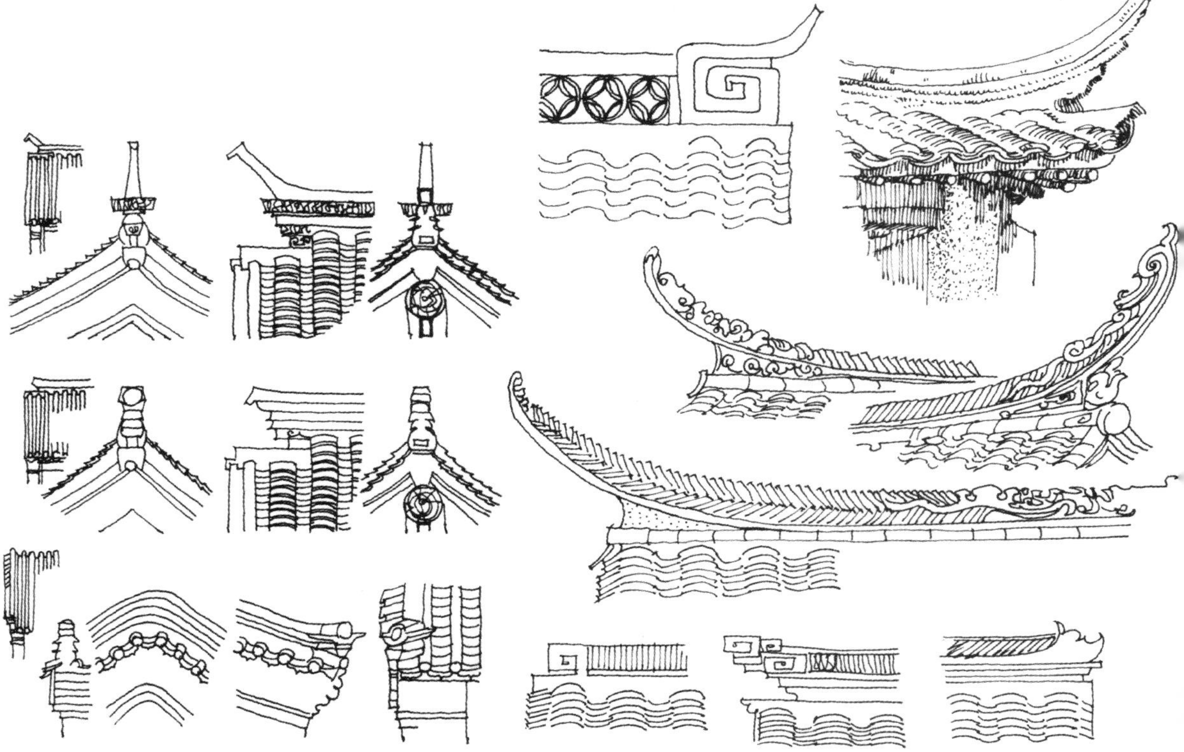

曲线屋顶是中国民居的特征，屋脊又强调了屋顶的特征，屋脊表现装饰细部，以蓝天为背景，有清晰的观赏轮廓。屋脊通常以青瓦竖侧砌，也有用砖砌的，瓦砌成钱纹等纹样，脊尾用石灰做成鸱尾、鼻子、盘子等装饰物，有时简化到仅用脊身翘起，下面设装饰物作为结束。脊的中部装饰花样很多，有空花纹、人物、宝顶等。脊饰的纹样表现了地方手工工艺技巧，尤其是翼角起翘的飞檐脊饰是地方特征的标志。

悬鱼、门钹 | Hanging fish and Door Knocker

悬鱼和门窗上的金属配件是民居建筑中的精美艺术品。在云南民居中悬山搏风板上的悬鱼装饰，式样丰富多彩，变化着的光线在阴影中衬托出悬鱼的轮廓，显得出墙体的退后，具有巧妙的装饰效果。

门窗上的金属饰件，精致小巧，是功能性很强的工艺美术品。

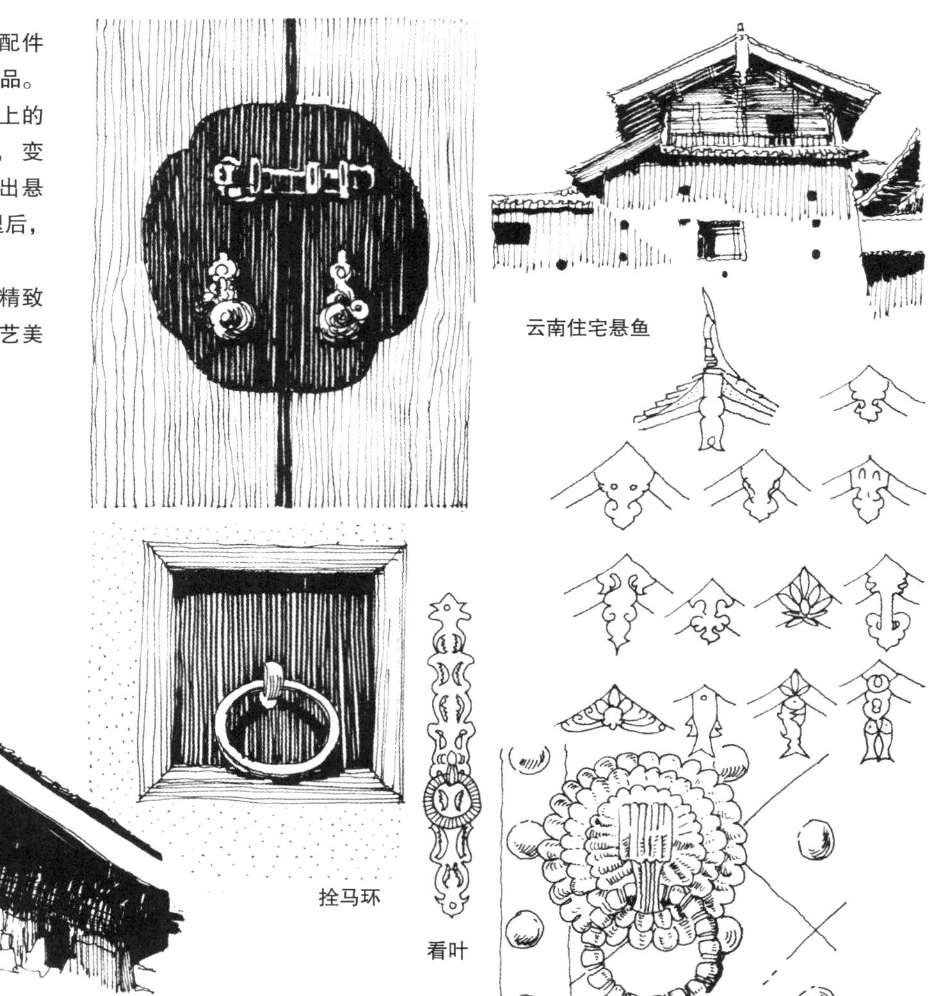

云南住宅悬鱼

拴马环

看叶

中国民居悬山山墙搏风板交点处的悬鱼是建筑装饰中成功的艺术品。悬鱼以木板制作，悬挂在山墙搏风板上，有很多纹样和形状，有的是一条小鱼，有的是双鱼古钱云草花纹等，造型优美，悬挂在山尖的正中，离开山墙有一定的距离，鱼的背后有一根铁条与山墙固定。悬鱼除本身作为装饰以外，其影子落在山墙上面显出悬山出檐挑出的深度，同时，鱼影和鱼后铁条的影子落在山墙上的阴影图形也在变化之中，好像一幅有动态的浮雕。在法式建筑中，悬鱼在不同的朝代有形式上的演变，在民居中表现出强烈的地方风格。

传统民居中的五金配件，从来不单纯是为了使用功能而做的，门钹、门环、窗钩、贴脸、看叶、门钉等各种包铜饰面的五金配件都是精致的艺术装饰品。门钹是进入宅门时最先触到的建筑装饰。门钹的纹样是一对兽面，口中衔着金属门环，形象生动有趣，用门环撞击金属兽面，发出清脆的叩门声。

砖雕、石刻 | Brick and Stone Carvings

砖雕、石刻是民居建筑中重要的装饰手法之一，优秀的传统民居建筑是我国精美雕刻艺术品的宝藏。

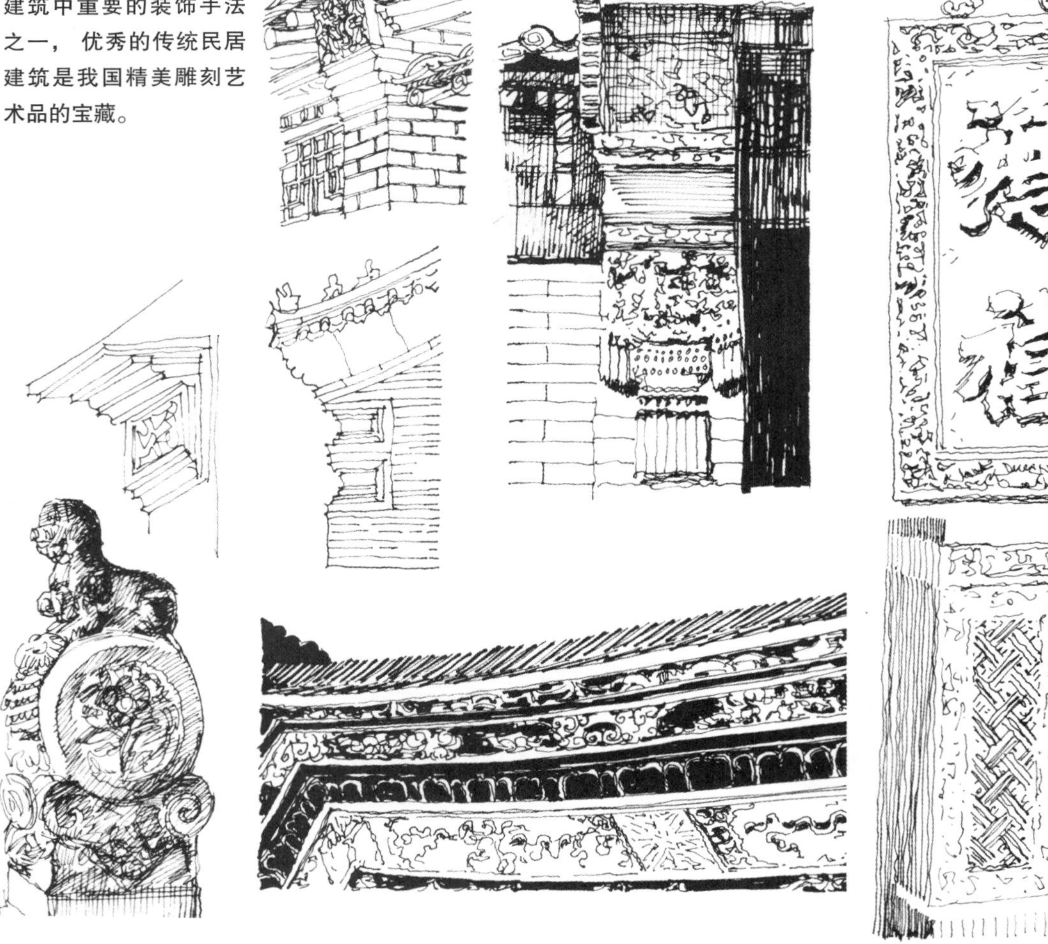

在民居入口影壁的正中，一般悬挂“鸿喜”或“福”字砖雕匾额，雕工细致。在檐口墀头等处均做精美的砖雕花纹，雕镂精细。山墙上的通风眼也常用砖镂空花饰，如金钱眼、万字纹等。屋顶上的烟囱是突出的装饰重点，如雕成花瓶、花篮、单檐或重檐的阁楼，也有做成西洋楼式的。在有石刻传统的地区，石刻艺术在民居中应用极广，例如门枕石前面的抱鼓石，是大门前的一对石刻装饰小品，用石材刻成石鼓形状，上部透雕卧兽，下部是石刻的须弥座，在石鼓心上浮雕许多花纹。石刻艺术在福建沿海民居中运用广泛，有石刻的雕龙柱、石刻窗花、石刻角柱石、檐口、石刻壁画等。

新疆维吾尔族民居花饰 | Xinjiang Uygur Nationalities Decorated Dwellings

建筑装饰的要点在关节点、自由端、边际线、棂格网、表面层上。正如庄子的话："忘足，履之适也，忘腰，带之适也。"建筑装饰要"忘饰"才比较舒宜。新疆维吾尔族民居的花饰，虽然极富装饰性，但不觉得太多。

新疆和阗维吾尔族民居剖视图

和阗民居装饰纹样

新疆喀什民居窗户

新疆维吾尔族的平顶住宅，大体分为两种类型。南疆喀什、和阗等地用砖、土坯做外墙，密肋木架相结合的结构，依地形组合为封闭式的内院格局，院子的周围有平房和楼房互相穿插，前廊列拱，空间开放，体形错落，灵活多变。建筑外观朴素，内部丰富华丽，一般不开侧窗，靠天窗及内院采光。在拱廊、墙面、壁龛、火炉与密肋、天花等处雕饰精致，色彩华美动人，还常见有中东地区盛行的伊斯兰建筑的拱形花格窗饰。另一种为吐鲁番市的土拱住宅，用土坯花墙、拱门等划分空间，院内以葡萄架绿化为主，室内外装饰比较简单。

18

家具陈设

Furniture and Display

床龛 | Marriage Bed

床的布置在家庭中是重要的，讲究的卧室把床布置在固定的地点，造成一个封闭的环境，低低的天棚或布棚好像一个房间中的小屋。床的外观可做成多种形式，上有雕刻、绘画和装饰品，也是家庭世代相传的纪念物。布置床时要求床头封闭，有明亮的窗和丰富的装饰。

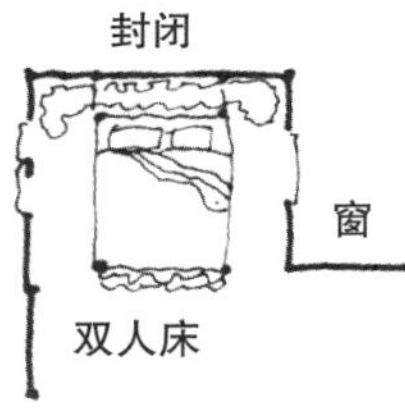

红楼梦插图

中国传统的床龛好像布置在卧室中的小房间一样，这种床龛在农村中尤其受到欢迎。最理想的床龛应该是夫妇一手精心制作的结婚纪念物，这也是家庭中的珍品和留传给后代的纪念品。床边的装饰物逐年增加、更换，床龛上有精美的木雕、彩画、帷帐与刺绣。封闭的床龛像个小房间一样有低低的布篷，帷帐就像窗帘，床上四根立柱，带有延年的硬木花雕，是生活中很有趣味的艺术装饰品。

室内陈设 | Indoor Display

由于人们把他们不愿忘记的事物保存在周围，装饰学和室内设计才得到广泛的发展。室内设计与装饰有两种出发点：一是把房间视为个人独用的天地，布置自己心爱的物品；另一出发点是如何取乐于来访者，展示房间布置的美。在民居设计中最美的布置原则应该是来自生活中的物件、所关注的事物及能引起回忆的故事，不要陷入那种所谓的摩登主义、植物花卉等表面装饰的潮流。

室内的墙壁表面太硬、颜色太冷都不利于装饰，质感不好，还能造成回声。因此内墙表面要有松软的质感，易于钉挂物品。

我们每次到农民的家里都有这种体会，满墙的照片、奖状和房间中的陈设物，可以说明主人的性格、兴趣与爱好，使我们对主人有更多的了解。相比之下，那些摩登装饰与工艺品则毫无表现力。最美的陈设直接来自生活中的物品，包括人们珍贵保存的纪念品，这些陈设可以告诉人们许多故事。当代后期摩登主义建筑师罗伯特·斯特恩（Robert Stern）提出，建筑应是一种有故事叙述性的表现方式，室内布置就是这样的。例如陈设童年心爱的玩具、旅游采集来小心保存在瓶子中的火山灰、地震损害的纪念品、长辈的照片或遗物、有关本人的剪报等，都会给来访者留下深刻的印象。

中国式家具 | Furniture in Chinese Style

中国式家具结构坚实，用材合理，艺术风格古朴，卯榫精细，胶料联结，面材用夹心板，注重木材纹理，比例匀称，以不同的线条显示韵味。

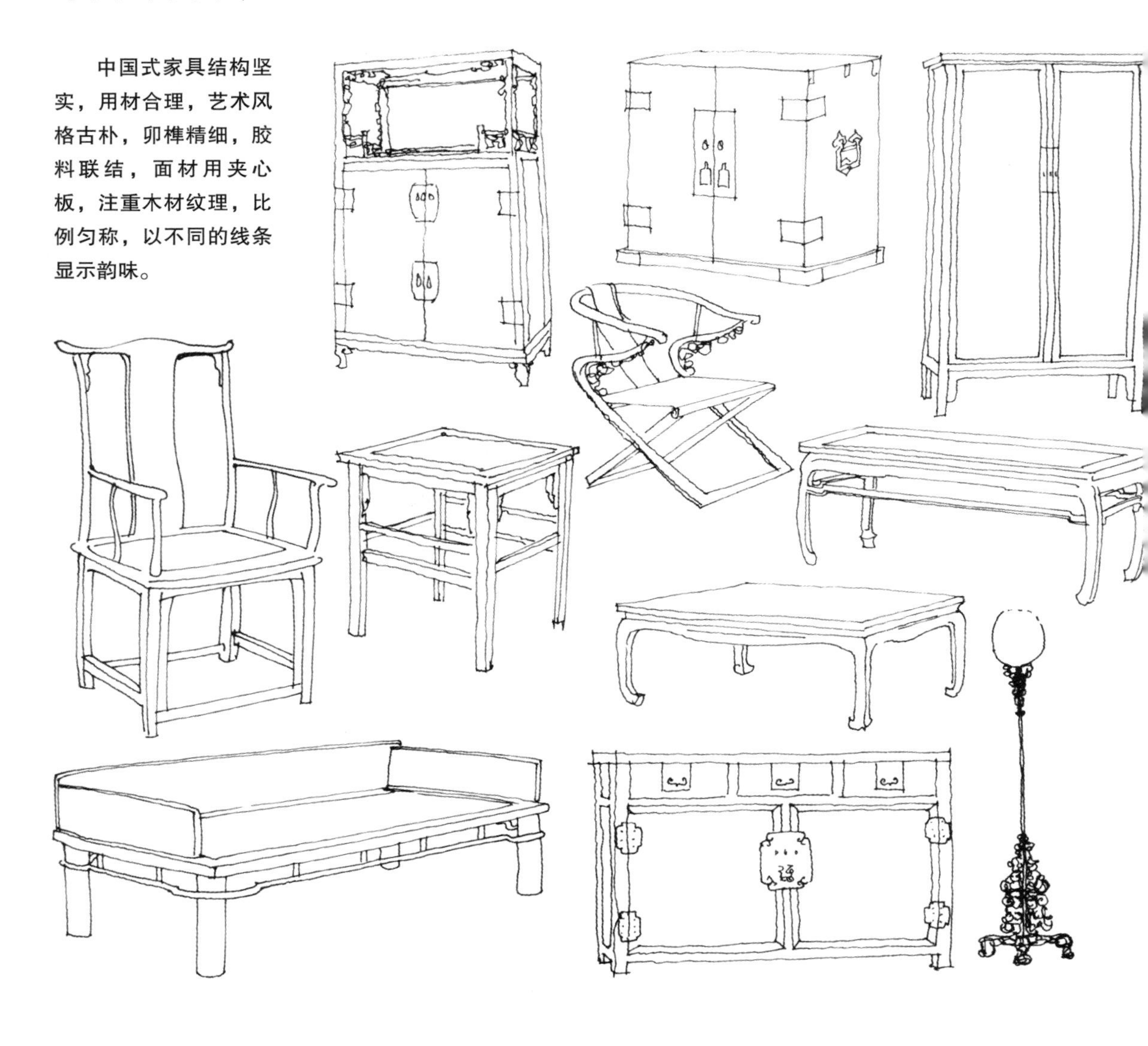

中国传统住宅中的家具布置大多采用成组成套的对称方式，以临窗迎门的桌案和前后檐炕为布局中心，配以成套成组的几、椅、柜、橱、书架等，成双对称排列。为了不呆板，灵活多变的陈设起重要作用，书画、挂历、文物、盆景等陈设品与褐色的家具及粉白墙面配合，形成一种综合性的装饰效果。历史悠久的民间家具结构牢固、耐用，用材合理，艺术风格浓厚。传统家具的特点是卯榫不用钉子，胶料连接，用材经济，一般不用独板面材，而用四条边材的夹心薄板，并注意木材的纹理，比例严格，造型简单雅致，家具的轮廓与线条充满古色古香的表现力。

生活物件 | Living Things

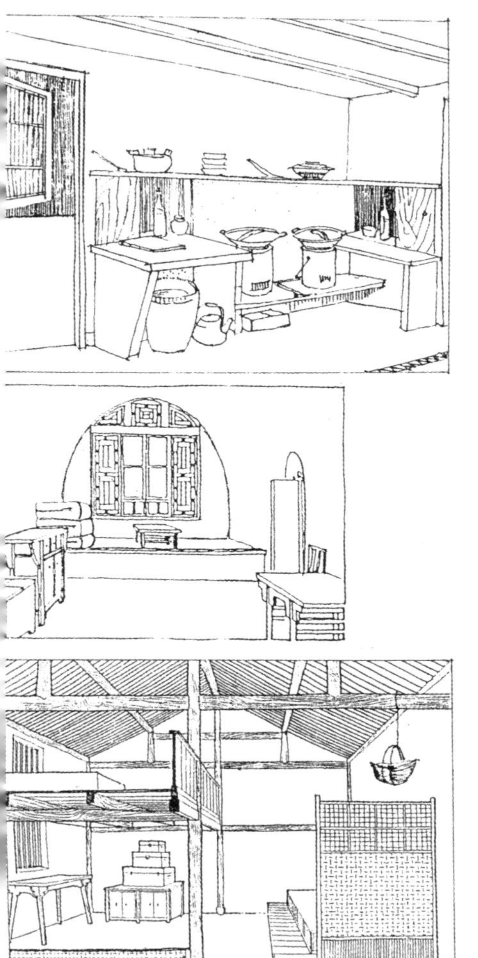

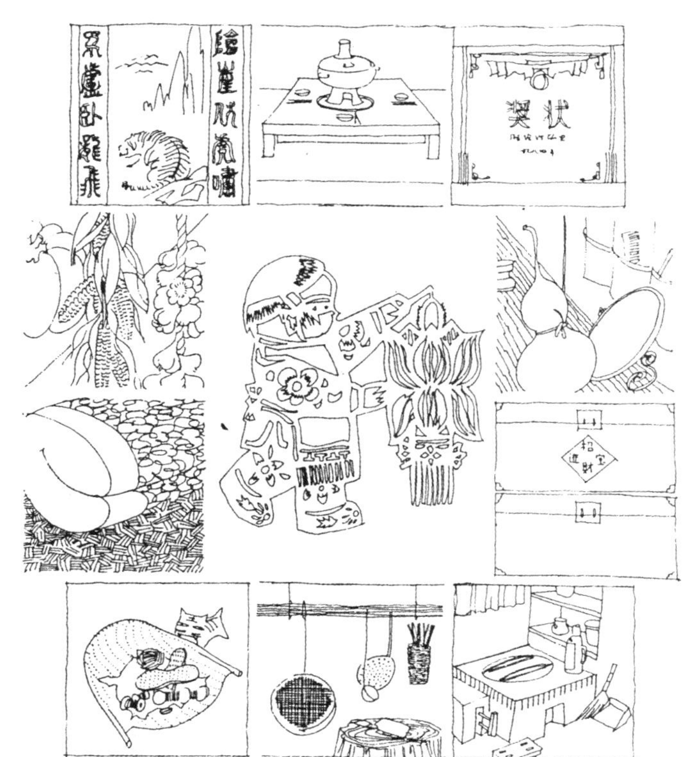

生活物件是贴近生活的陈设

人们喜欢把他们不愿意忘记的事物保存在周围环境中，友人赠物、奖状、结婚纪念物、全家福老照片、旅游纪念品、针线活计、梳妆镜子、火锅、餐具、地震留下的残瓶……都能引起回忆。

如何对待室内布置，有两种观点：一是按房间主人的喜好布置，另一种按以客人的需求布置。前者要展示主人生活中最有意义的物件，后者以取悦来访者为装饰房间的目的。事实上来访者访问的是主人，从家中摆设的物件可以了解主人的情趣，相比时髦的装饰物与商业化的工艺品，经典的装饰物与纯手工艺品则更有生命力。日常的生活用品、祖传的家具、有纪念意义的装饰品、服装等与人的接触更加紧密，许多细微的生活用品的美才是影响室内景致的主要因素，直接来自生活的物件最能代表主人的性格特征。

室外的陈设 | Outdoor Display

户外空间中的生活陈设是装点庭院的重要物件。生产工具和农业产品、日常生活用具，特别是能代表主人性格与特征的物件，都是宅院中生活美的有意义的陈设艺术品。

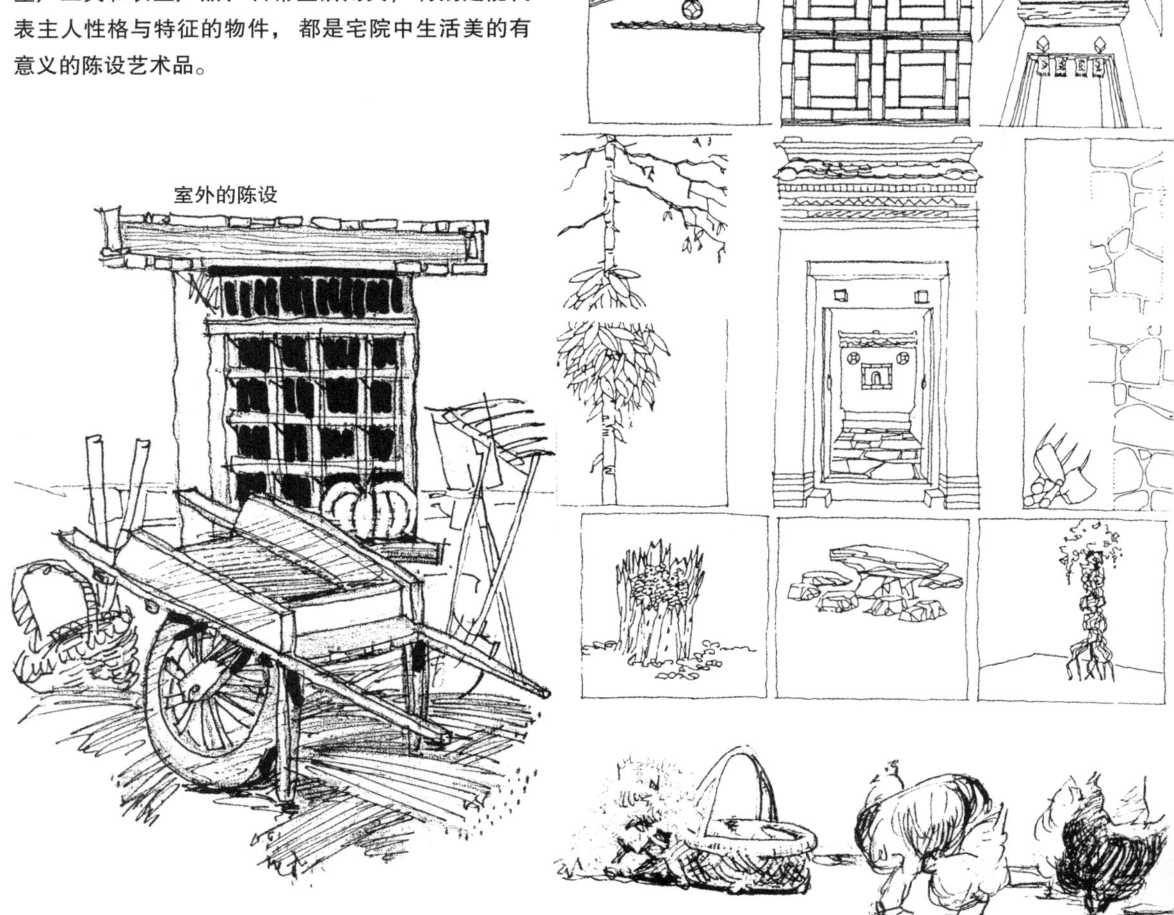

室外的陈设

室外的陈设也是民居中的装饰细部，室外陈设的艺术品点缀着户外的微观环境。门楼、影壁、铺石小路、窗花剪纸、细小的装饰、常用的工具，一石一木都可以成为装扮环境的要素，形成美的意境，抒发温馨的情趣。老式的农村民居室外陈设着务农劳作用的工具和产品，金黄色的南瓜、长串鲜红色辣椒、围挂在树干上的玉米、地面上晾晒的粮食，构成了一幅天然生动的风景画。

石狮子护卫 | Protection by Stone Lion

中国有一批礼制性的建筑小品，如阙、华表、牌坊等，其中石狮子护卫虽是封建皇权展示威严的小品，但至今仍备受欢迎。

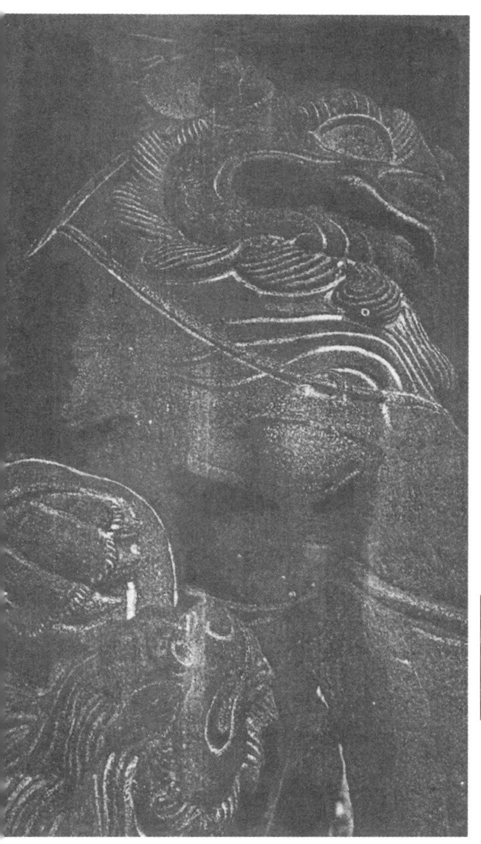

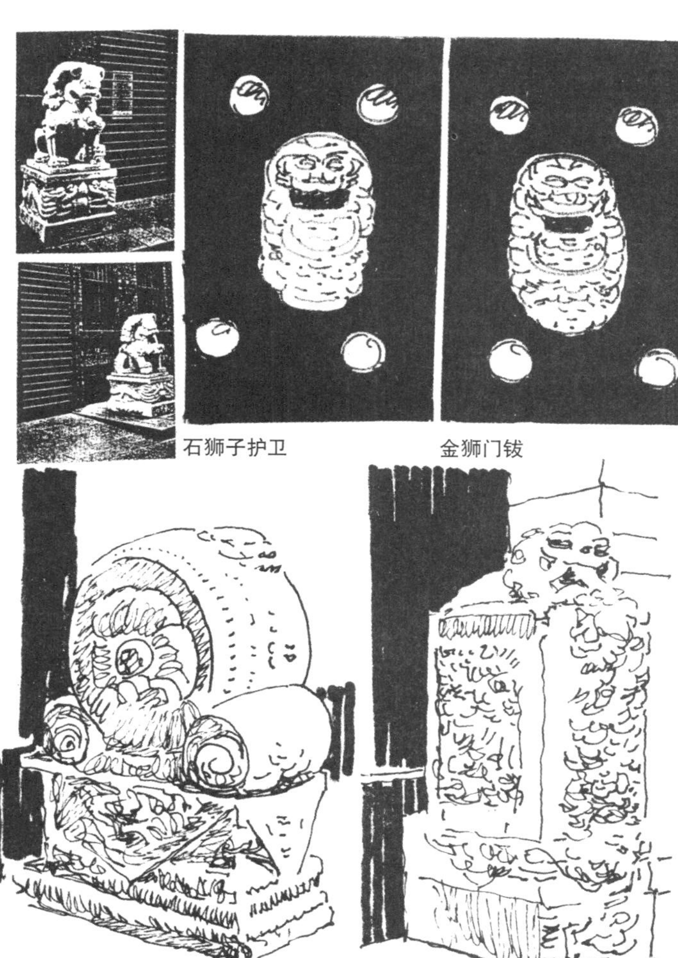

石狮子护卫　金狮门钹

抱鼓石　门枕石

中国本来无狮子，据说由波斯引入狮子的形象，故多有改变。今天，摆在门前两侧的石狮子仍大受欢迎。历代皇帝们曾倚仗其显示威严，中国传统建筑有门之处常有狮饰，如门枕石上、抱鼓石上、金属门钹饰件上都离不开狮子。唐乾陵神道两旁蹲着巨大的石狮，紫禁城中的铜狮铸得锃亮；民居门前采用的石狮造型各异，虽比较显温和，但也有护卫作用。

家务 | Home work

家务是生活中的乐趣，小孩子的玩具和暖具、手制的摇篮、厨房场面，都是家务离不开的场景，给人以亲切温馨之感。家务活动中充满着和谐的生活气息。

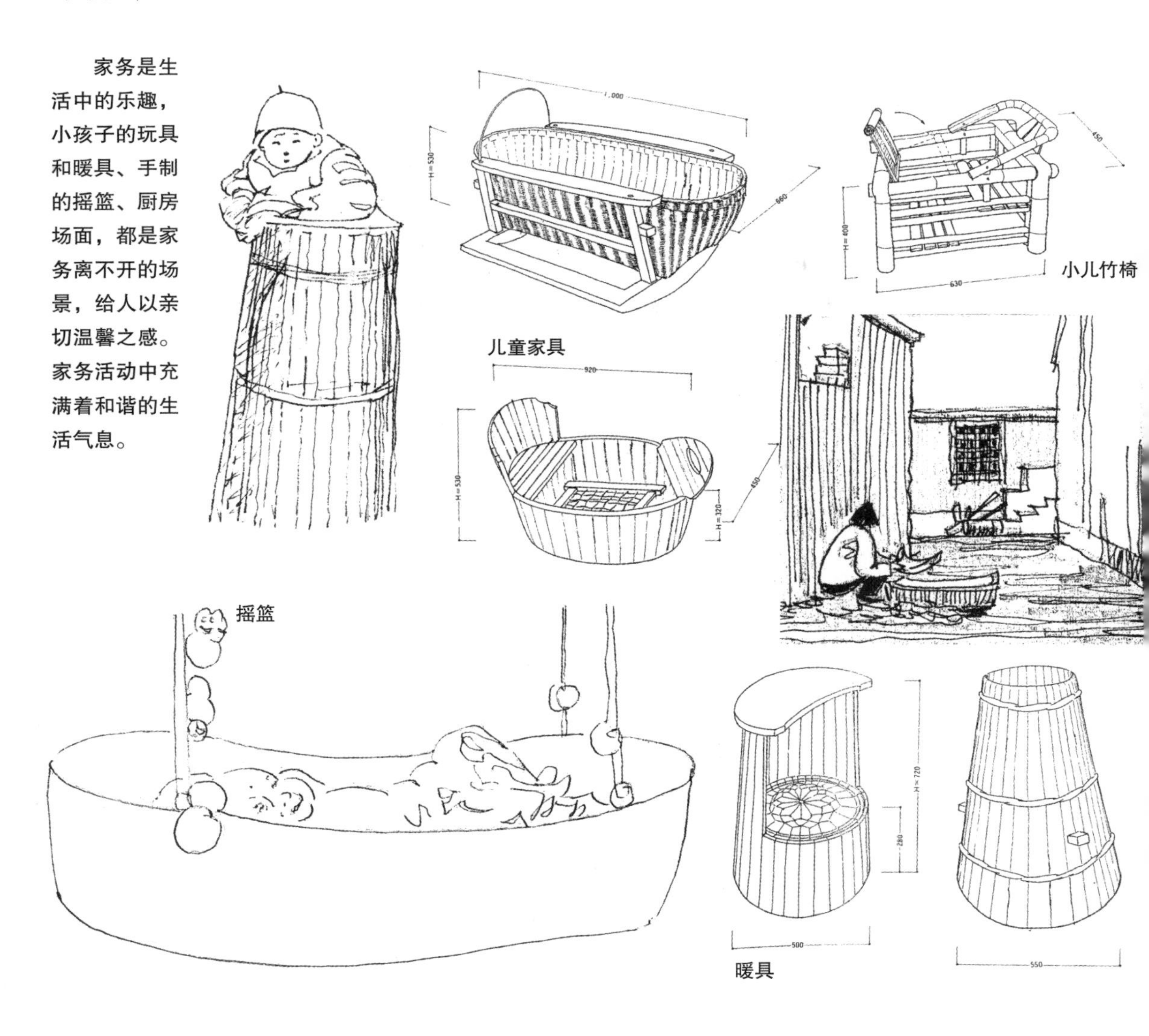

人除了工作与睡眠以外，家务活动占据了人生的大部分时间。人们常把家务看成烦琐、劳累、令人厌烦又不能不做的日常事务。其实家务活动是人类的天性，家务包括饮食、学习、睡眠、杂物管理、生活卫生、园艺、娱乐等，人从家务活动中可以获得生活的乐趣。“民以食为天”，“吃”是家务中最主要的内容，而民居中的厨房空间则是家务环境的核心，家务环境舒适才能对家充满美好的感情。

图引自《敦本堂》，台北建筑师公会

台湾南投县竹山镇敦本堂林氏宅第之棂格隔扇详图

中国建筑室内正面玲珑剔透的木质门窗隔扇，上有镂空的核心，下有雕花的裙板，比例适宜，内外穿透，对阳光有细腻的光感效果，图案具有通俗吉祥之意。木装修的棂格网自身不传力。隔心自由组合成各种花饰，构成室内装饰的重点，其图案变化看似无穷，不出直纹、曲纹、菱花、雕花四类。民居中多用“码三箭”“步步锦”“灯笼框”，质朴而优雅。能以简单基本构图做出无数变化，正是运用材料、图案的成熟境界。

隔扇、罩、架、屏、幔、帘等效果各异，适合塑造不同的室内空间，棂格装饰花纹将人带入如诗之境。

琴、吟、丹、墨、茗 | Qin Recite Painting Calligraphy Tender Tea

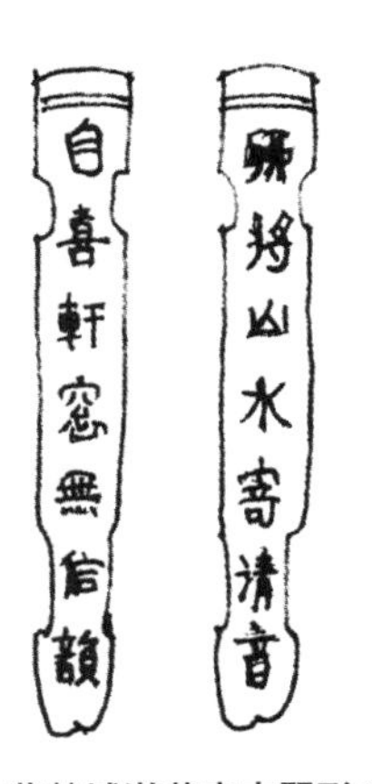

紫禁城漱芳斋古琴形对联

玄烨便服写字像，《清代宫廷绘画》

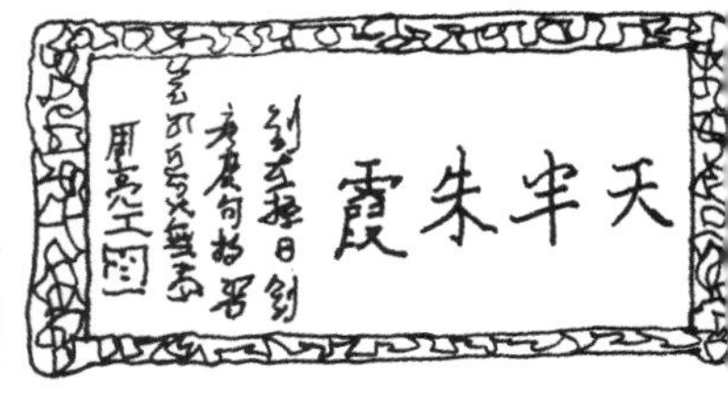

李渔《闲情偶寄·屋室部》中所列的几种园林用匾形式

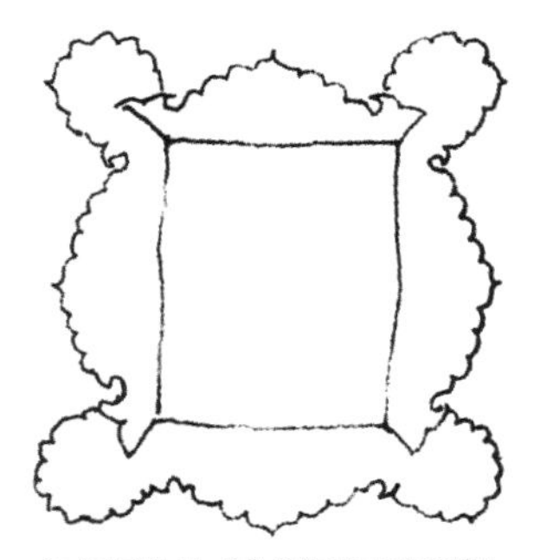

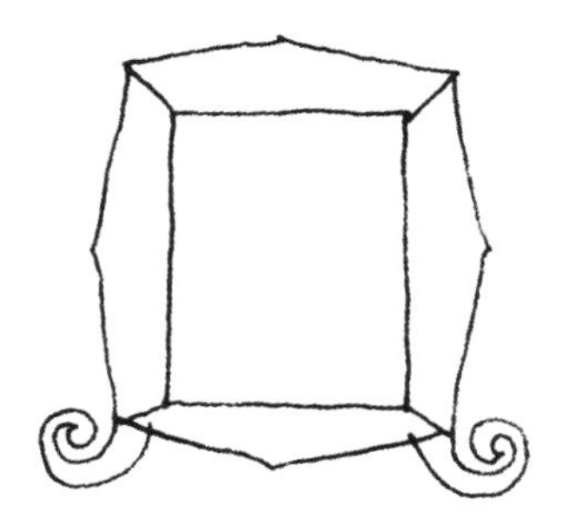

宋《营造法式》所列两种匾额“华带牌”“风宇牌”

人和自然的关系通过咏诗作画、饮食养生、园居的行为，达到审美的理想境界。“琴”是把以音乐为代表的时间艺术引入园居生活之中。古琴是中国首要的乐器，供陈设、供操奏，成为园居生活的组成部分。“吟”是借助文学手段发挥居住者的精神因素，包括景趣、楹联、匾额、刻石等。诗文语言不只是状物、写景、抒情，还有言志、记事的功能，极大地丰富了园居空间的精神内涵。许多园居中充满诗情画意，绘画与书法相配，营造出一种士大夫特有的环境氛围。“墨”是书法，有丰富多彩的形式，其配置摆设也构成室内细腻的陈设，壁上嵌书石条是有特殊意味的建筑装饰，苏州留园中就有三百多方。“茗”是茶文化与园居生活的紧密关系，表现在士大夫文化交往的礼仪活动之中。皇家园林中还有茶宴。

19

旧屋遗韵

Architectural Heritage of Old Houses

北京四合院住宅 | Beijing Court Yard Houses

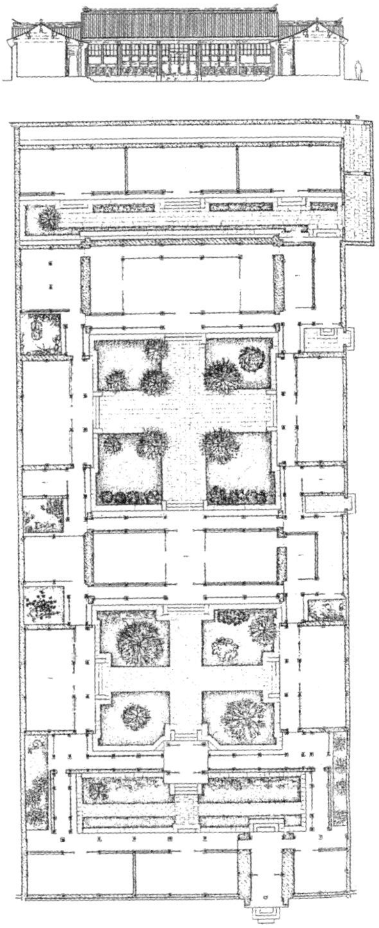

大套四合院住宅

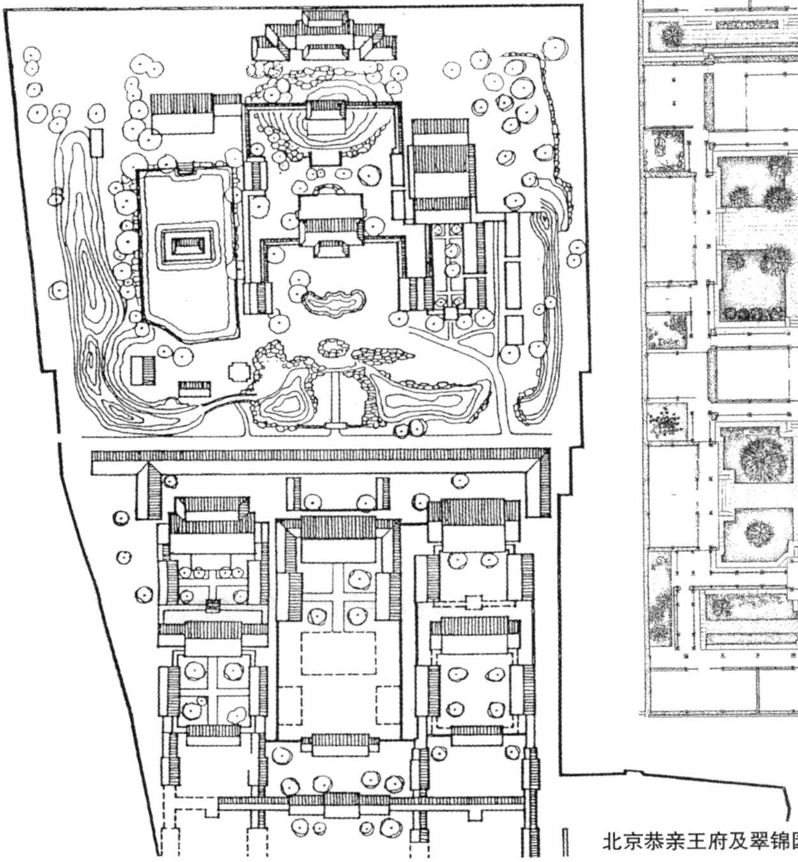

北京恭亲王府及翠锦园

剖面

北京南罗鼓巷帽儿胡同 2 号荆其敏宅

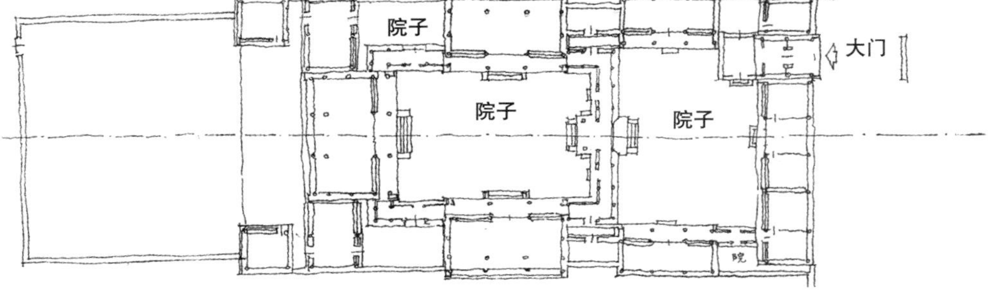

院子

院子

院子

大门

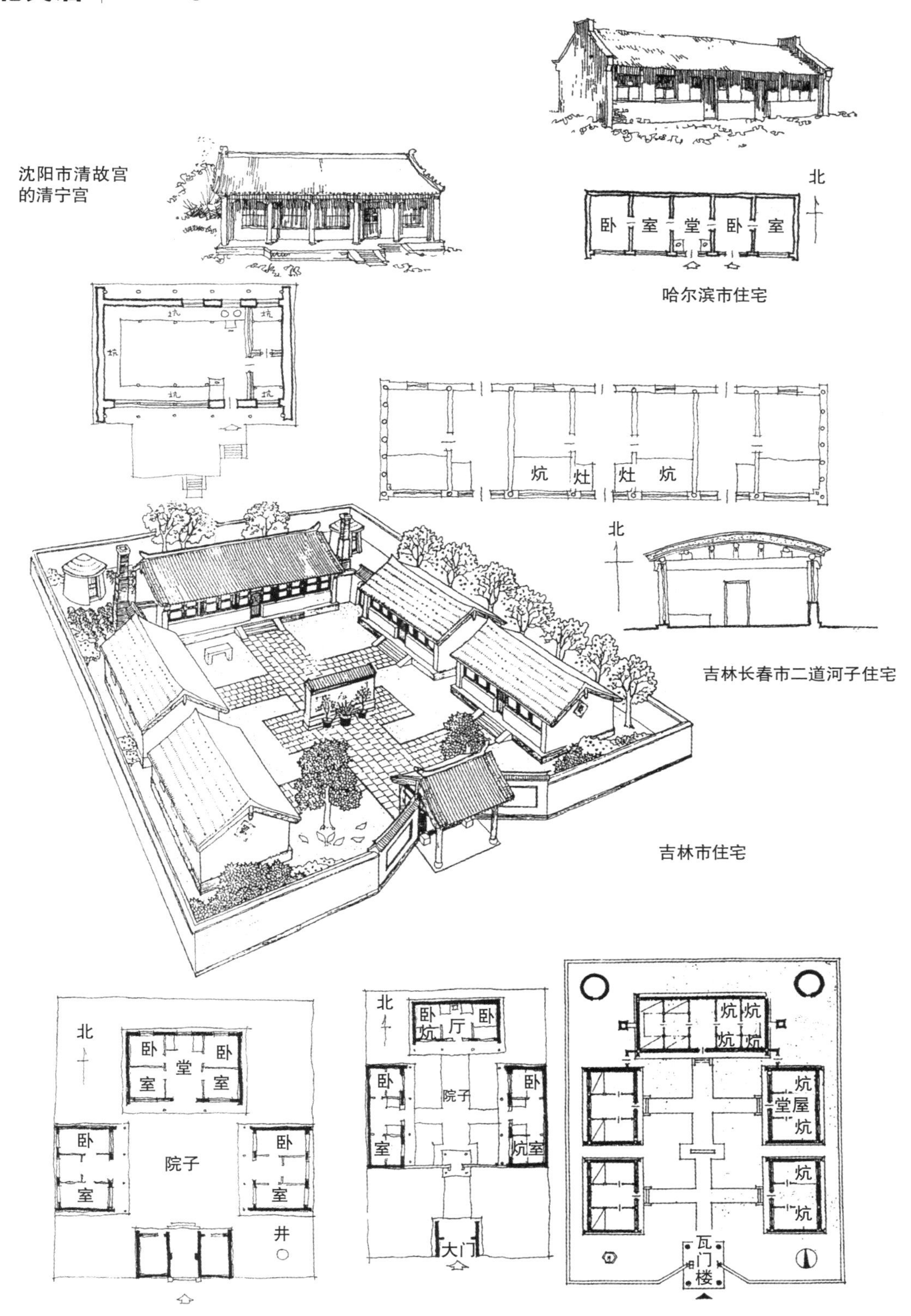

沈阳市清故宫的清宁宫

哈尔滨市住宅

吉林长春市二道河子住宅

吉林市住宅

山东民居与河南民居 | Dwellings of Shandong and Henan Provinces

河南郑州土屋

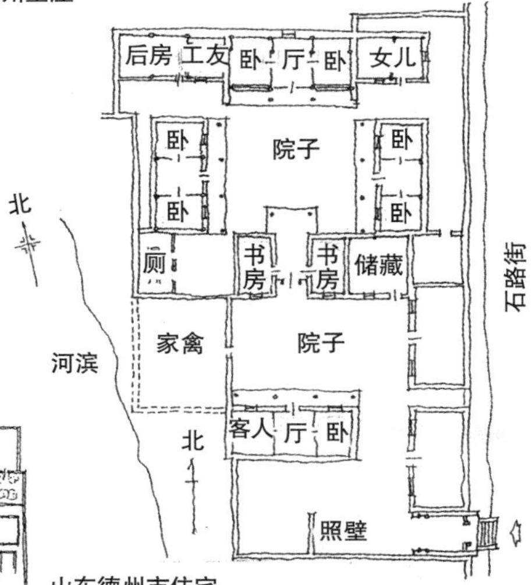

山东德州市住宅

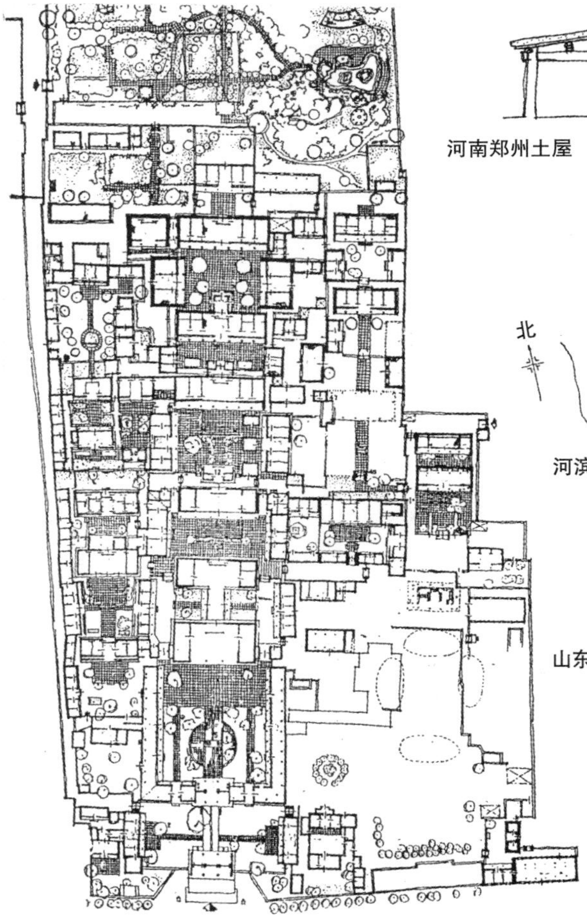

山东曲阜衍圣公府

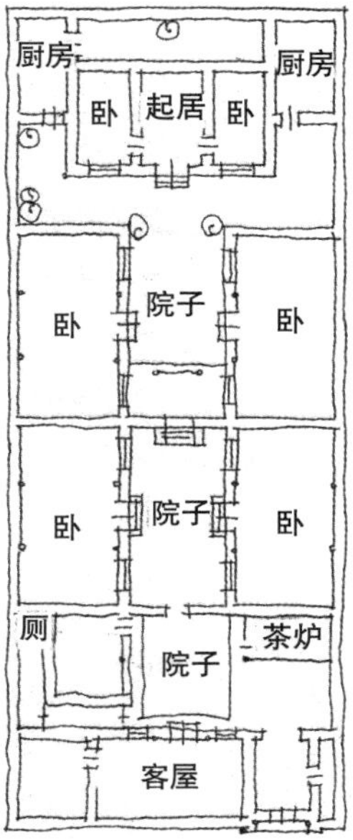

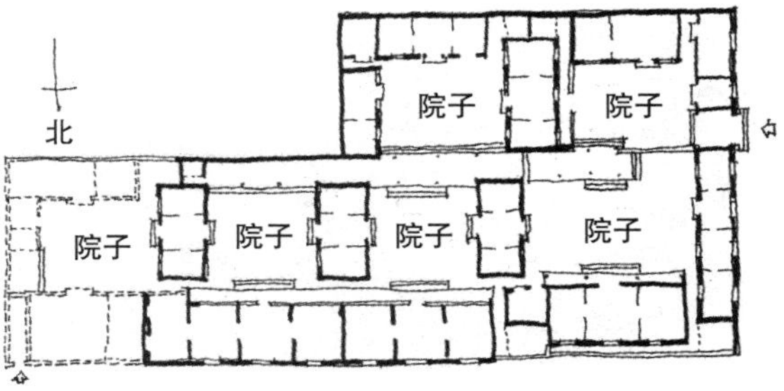

山东济南市住宅

河南开封市住宅

河南巩县窑洞 | Cave Houses, Gong County, Henan Province

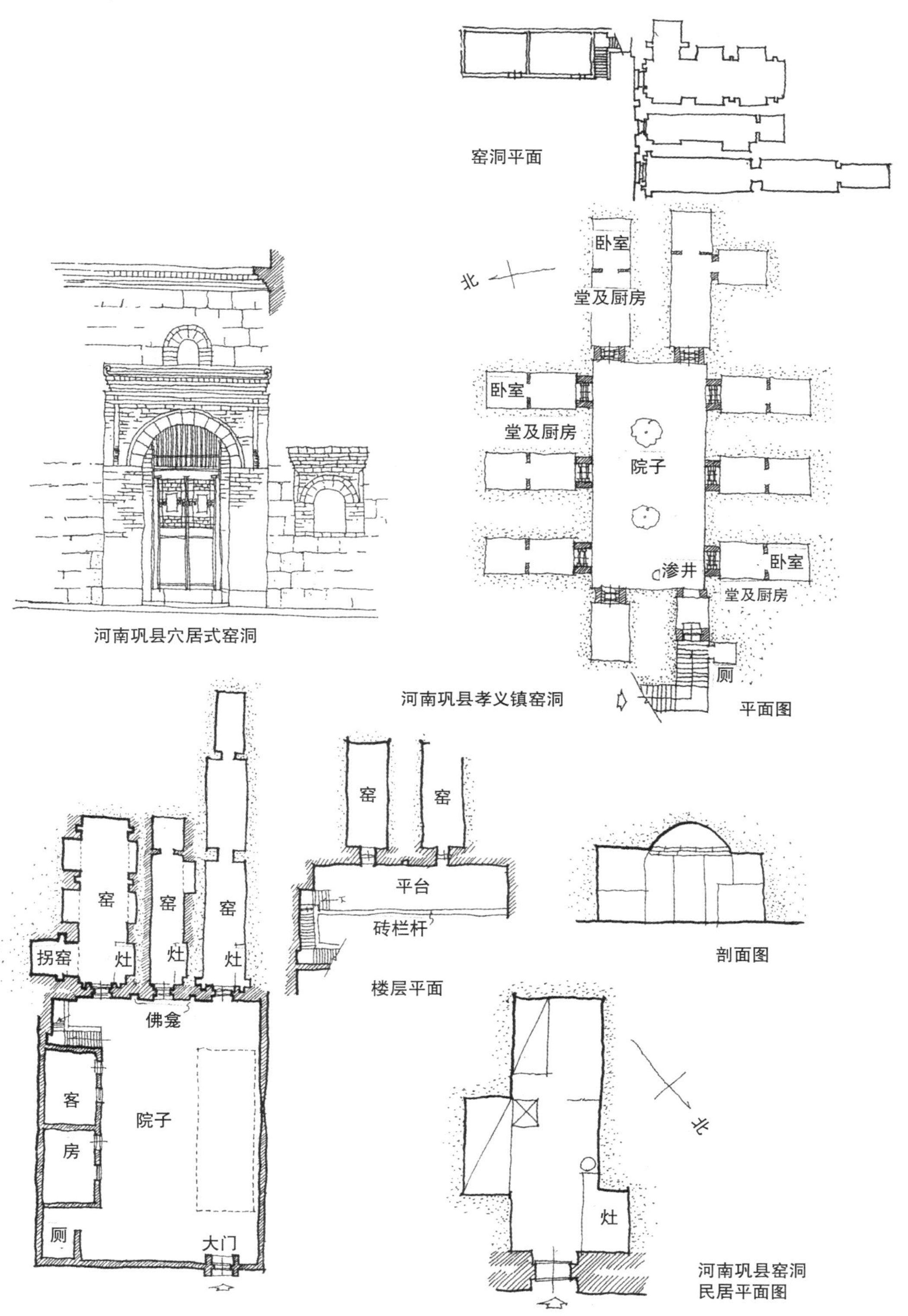

河南巩县穴居式窑洞

河南巩县孝义镇窑洞

河南巩县窑洞民居平面图

陕西民居与河北民居 | Dwellings of Shanxi and Hebei Provinces

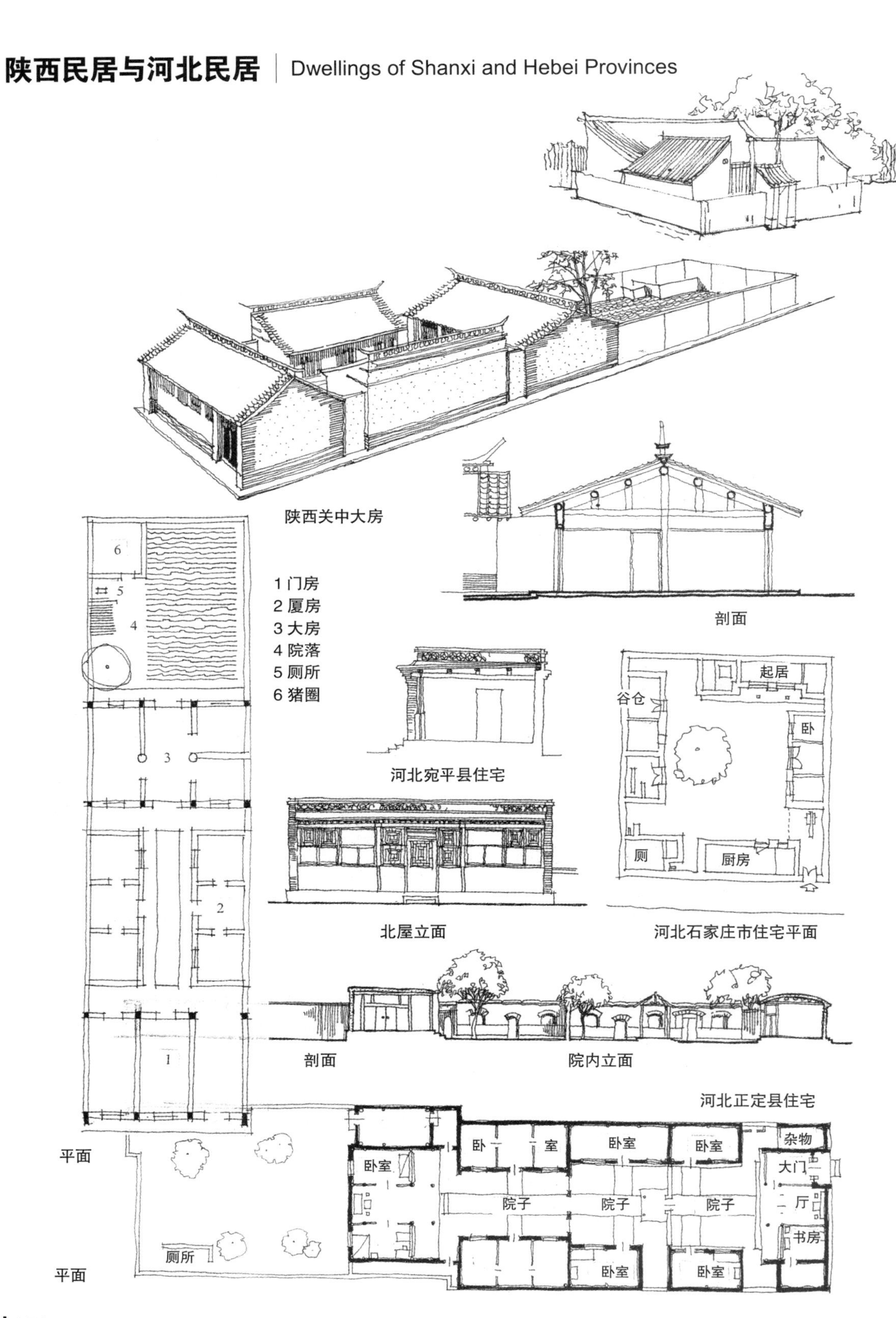

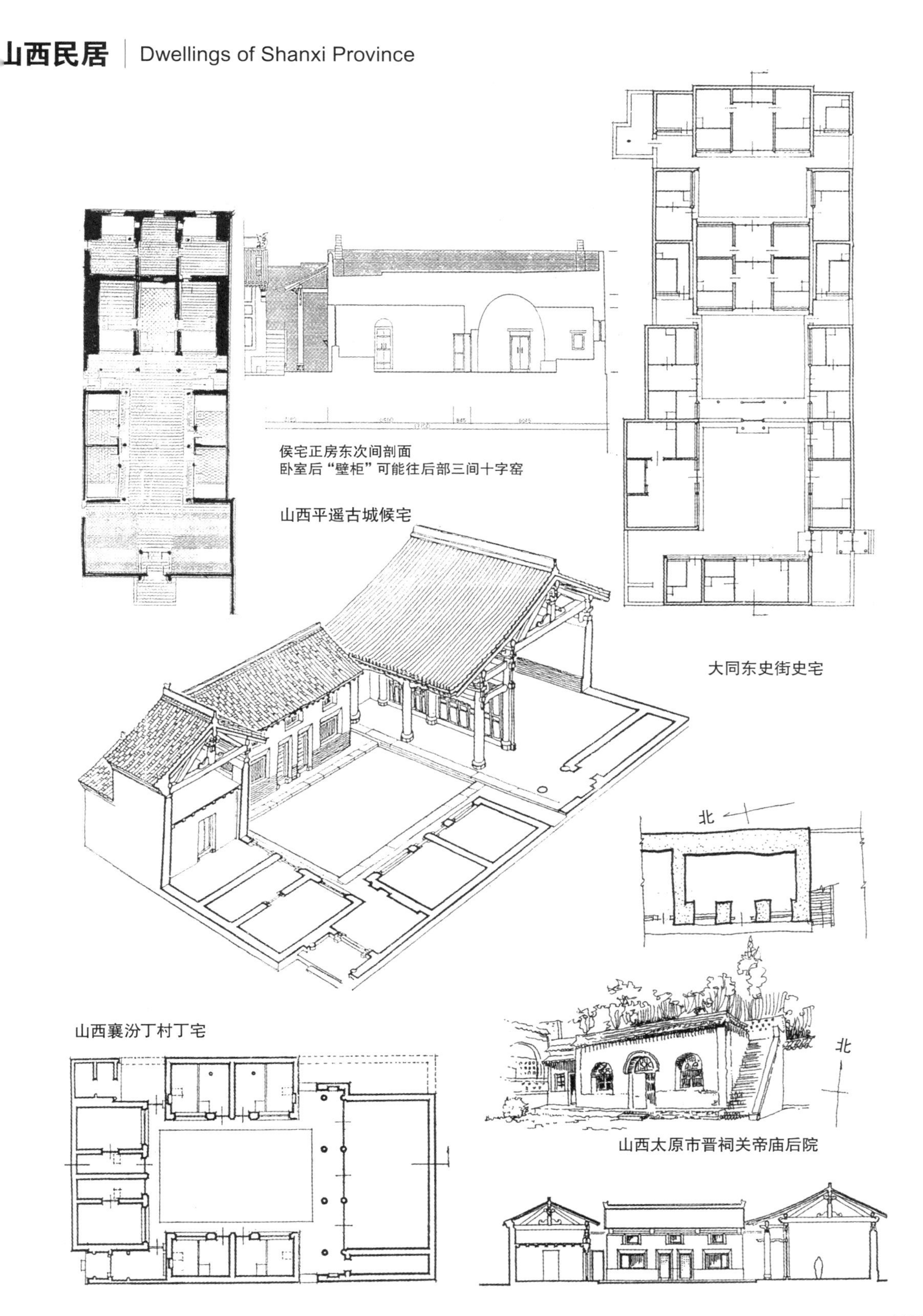

侯宅正房东次间剖面
卧室后"壁柜"可能往后部三间十字窑

山西平遥古城候宅

大同东史街史宅

山西襄汾丁村丁宅

山西太原市晋祠关帝庙后院

陇东西锋镇半敞式窑洞 | Half-Open Cave House, Xifeng Town, East Gansu Province

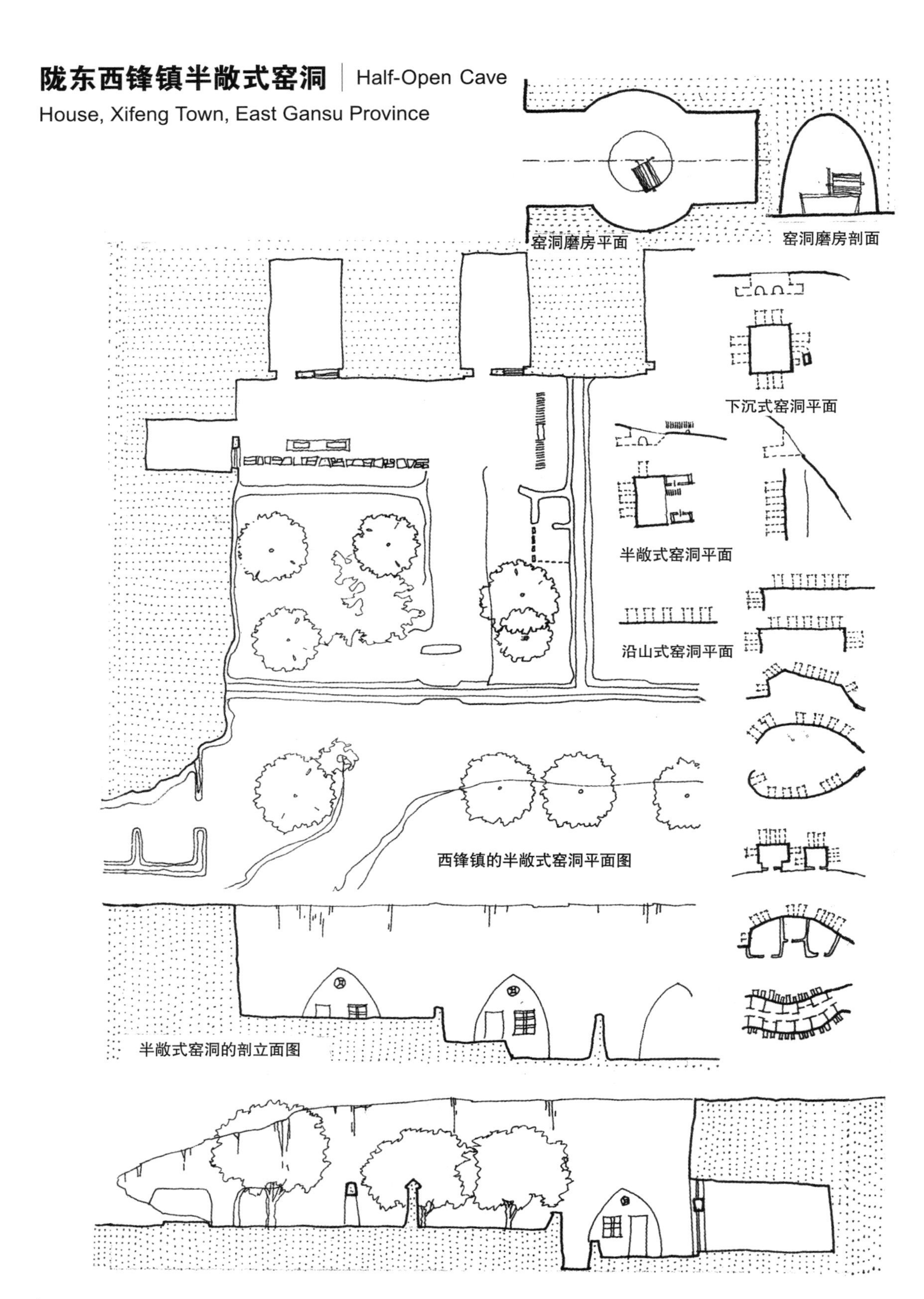

下沉式窑洞 | Underground Cave Houses

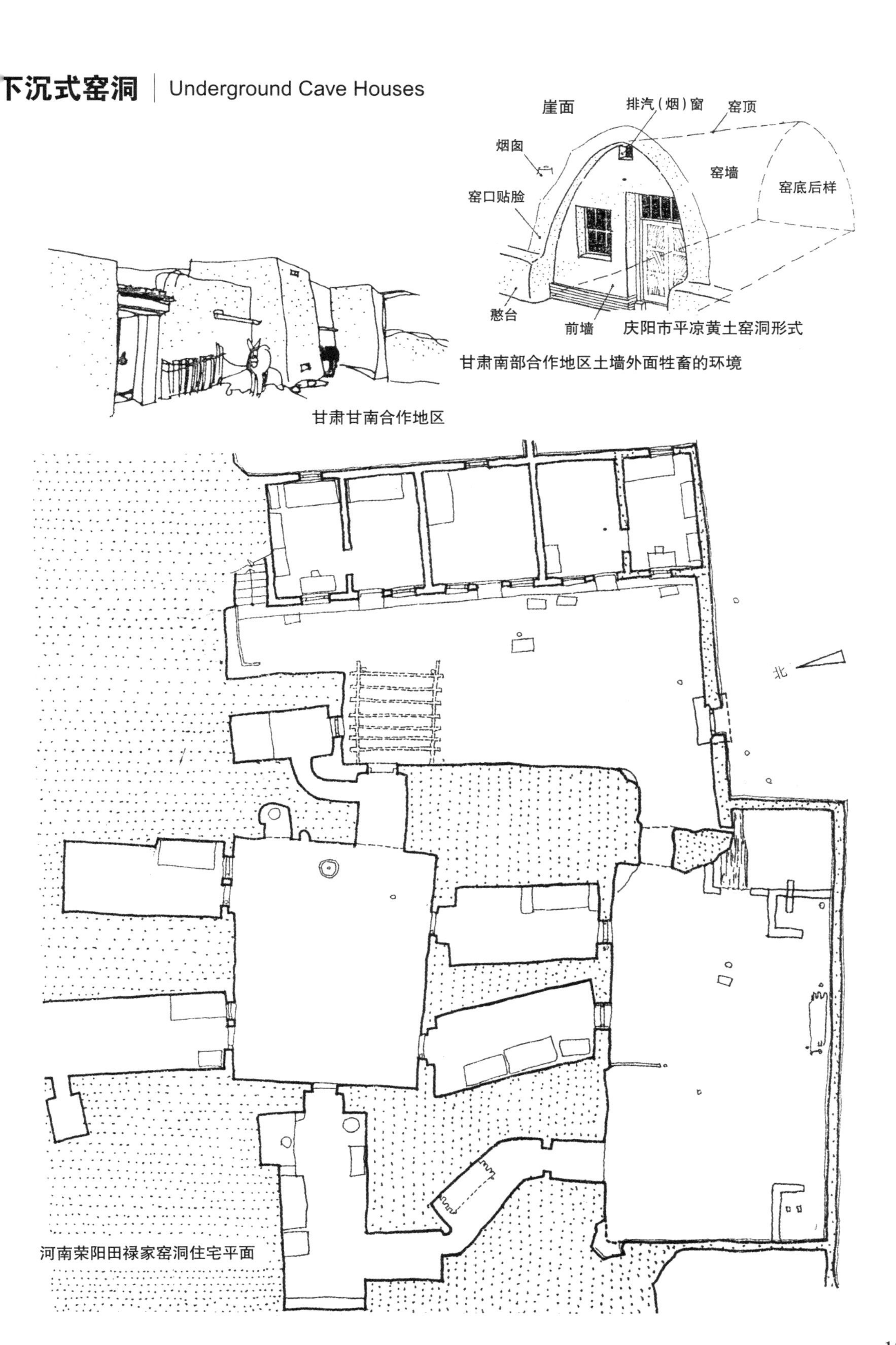

庆阳市平凉黄土窑洞形式

甘肃南部合作地区土墙外面牲畜的环境

甘肃甘南合作地区

河南荣阳田禄家窑洞住宅平面

陇东地下窑院的入口 | Entrance of Underground Cave Houses, East Gansu Province

陇东地区的地下窑洞根据天然地形修建，其是人工与自然的结合

山西平陆县的双层窑洞

甘肃南部藏族民居的入口大门

陇东地区下沉式窑院入口门洞

外饰门楼的地下入口处理

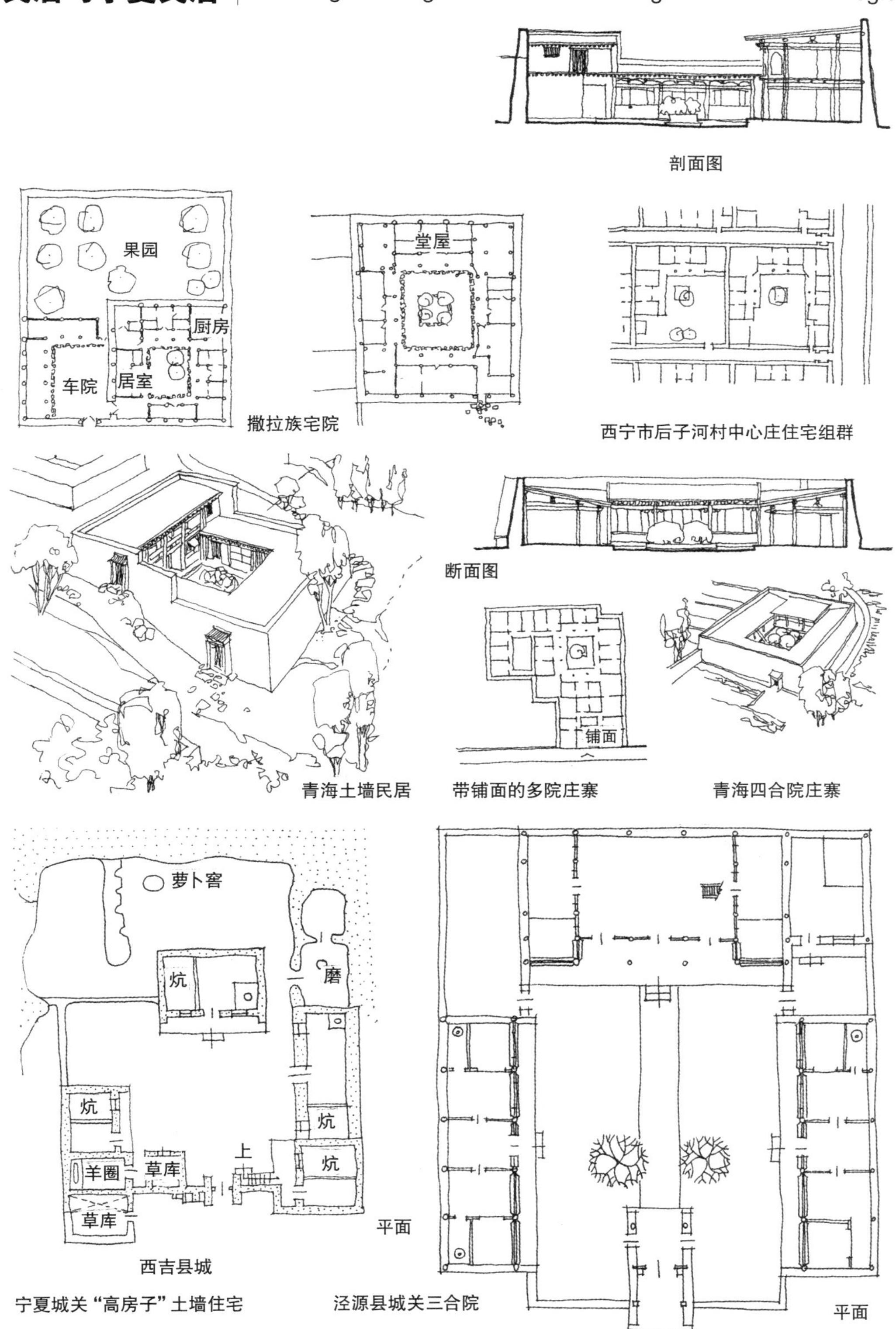

剖面图
果园
厨房
居室
车院
撒拉族宅院
堂屋
西宁市后子河村中心庄住宅组群
断面图
铺面
青海土墙民居
带铺面的多院庄寨
青海四合院庄寨
萝卜窖
炕
磨
炕
炕
上
炕
羊圈
草库
草库
平面
西吉县城
宁夏城关“高房子”土墙住宅
泾源县城关三合院
平面

新疆民居 | Dwellings of Xinjiang

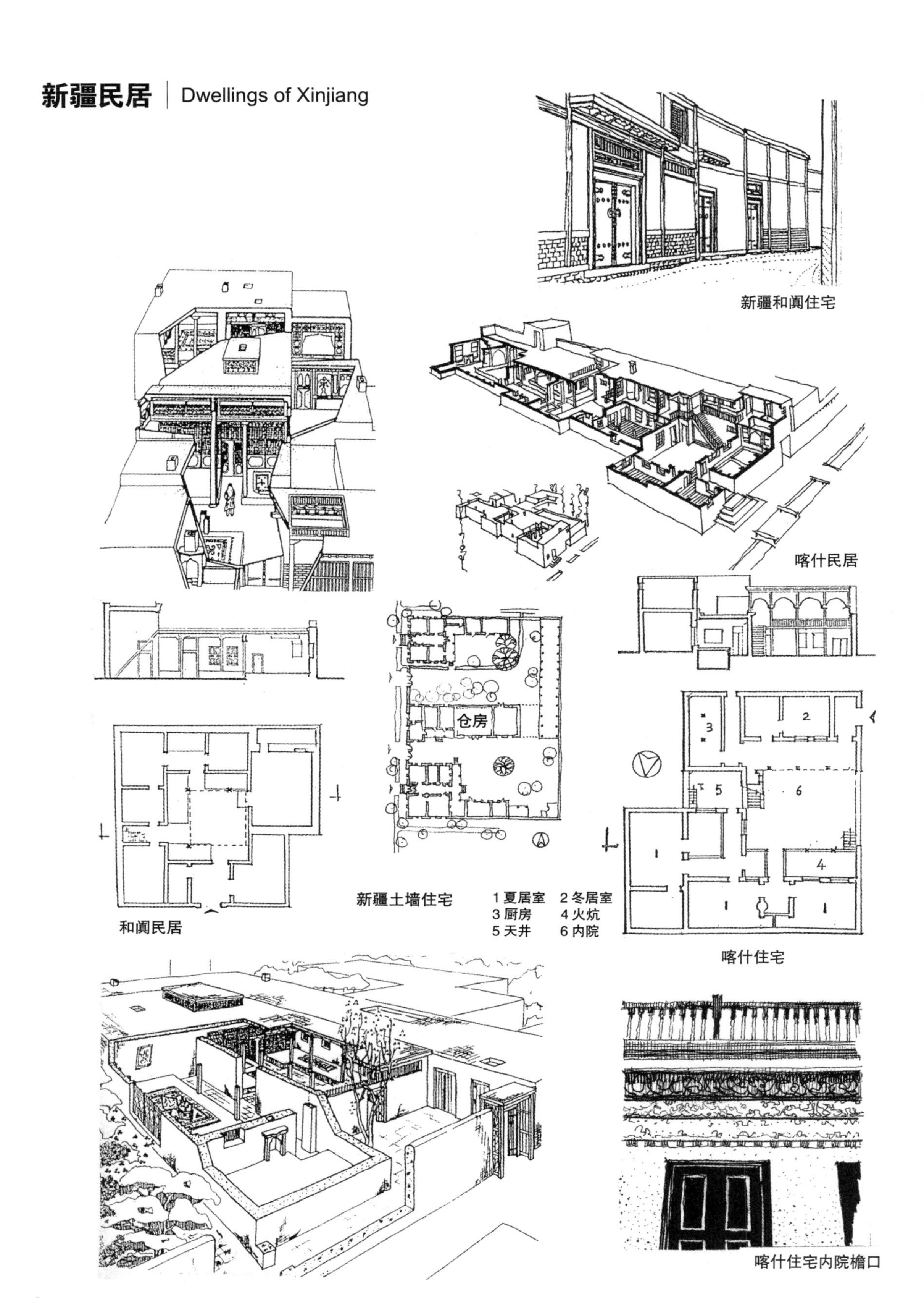

新疆和阗住宅

喀什民居

新疆土墙住宅

1 夏居室　2 冬居室
3 厨房　4 火炕
5 天井　6 内院

和阗民居

喀什住宅

喀什住宅内院檐口

蒙古包帐篷和内蒙古土坯房 | Mongolia Yurt and Adobe Houses of Inner Mongolia

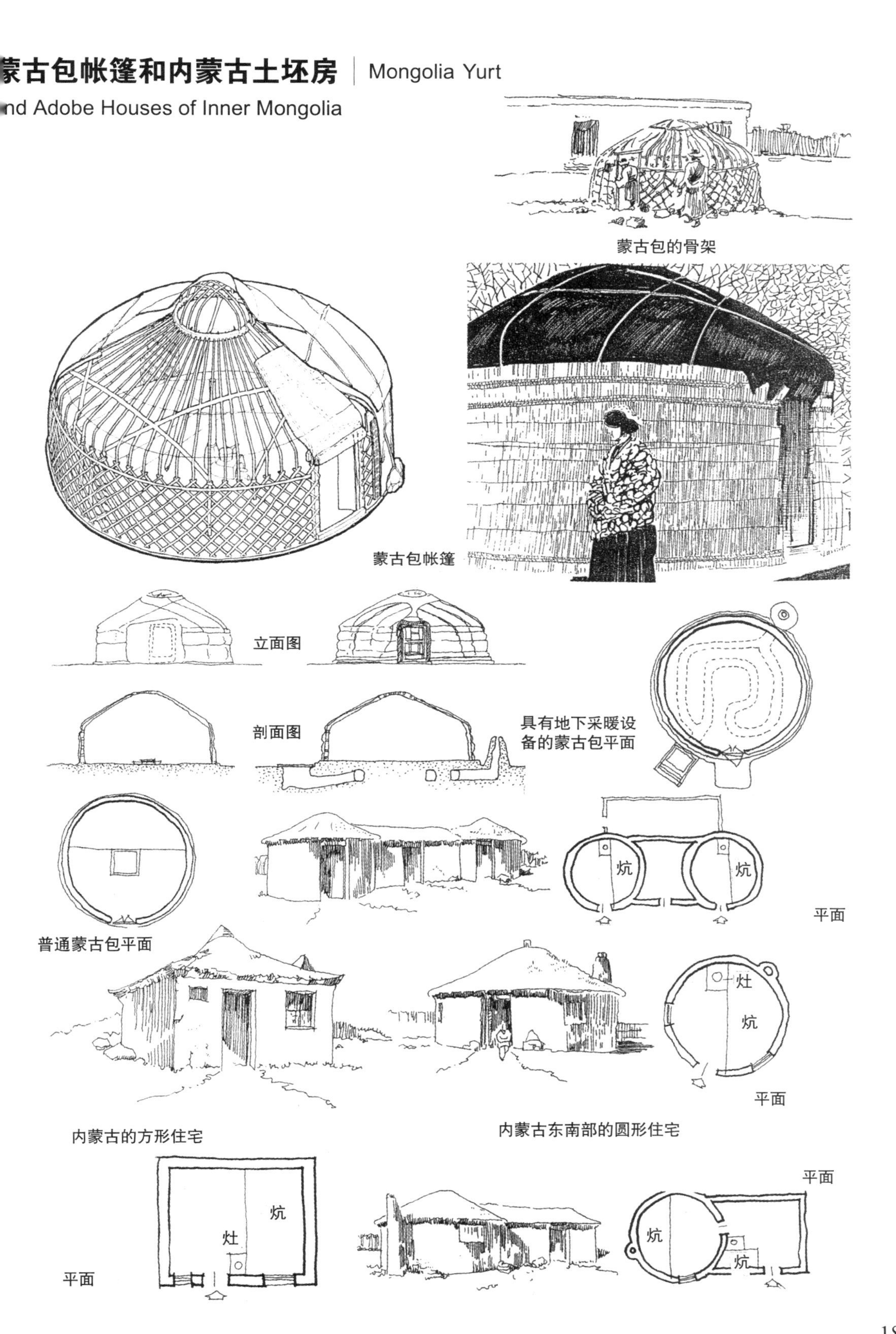

蒙古包的骨架

蒙古包帐篷

立面图

剖面图

具有地下采暖设备的蒙古包平面

普通蒙古包平面

平面

平面

内蒙古的方形住宅

内蒙古东南部的圆形住宅

平面

平面

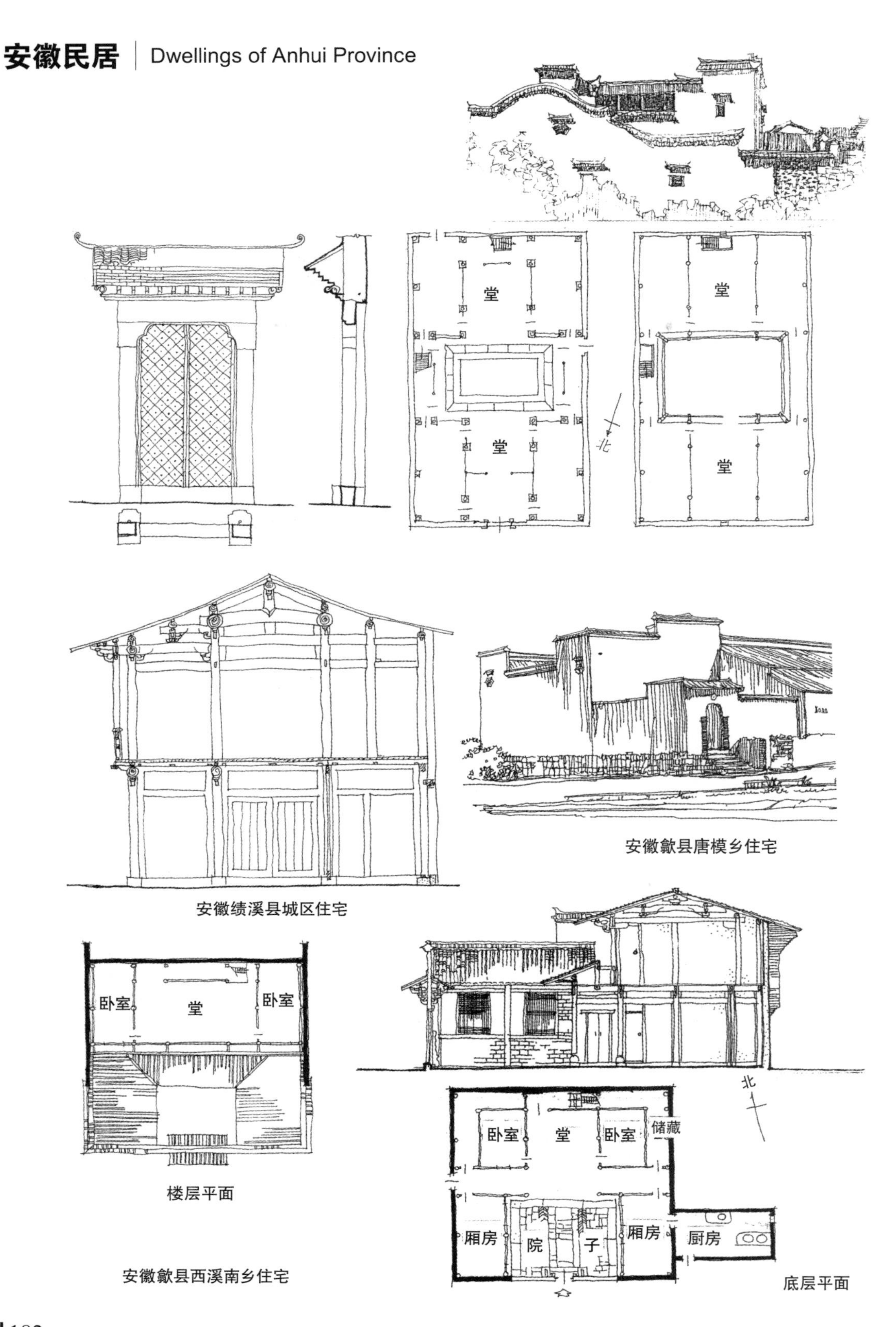

安徽歙县唐模乡住宅

安徽绩溪县城区住宅

楼层平面

安徽歙县西溪南乡住宅

底层平面

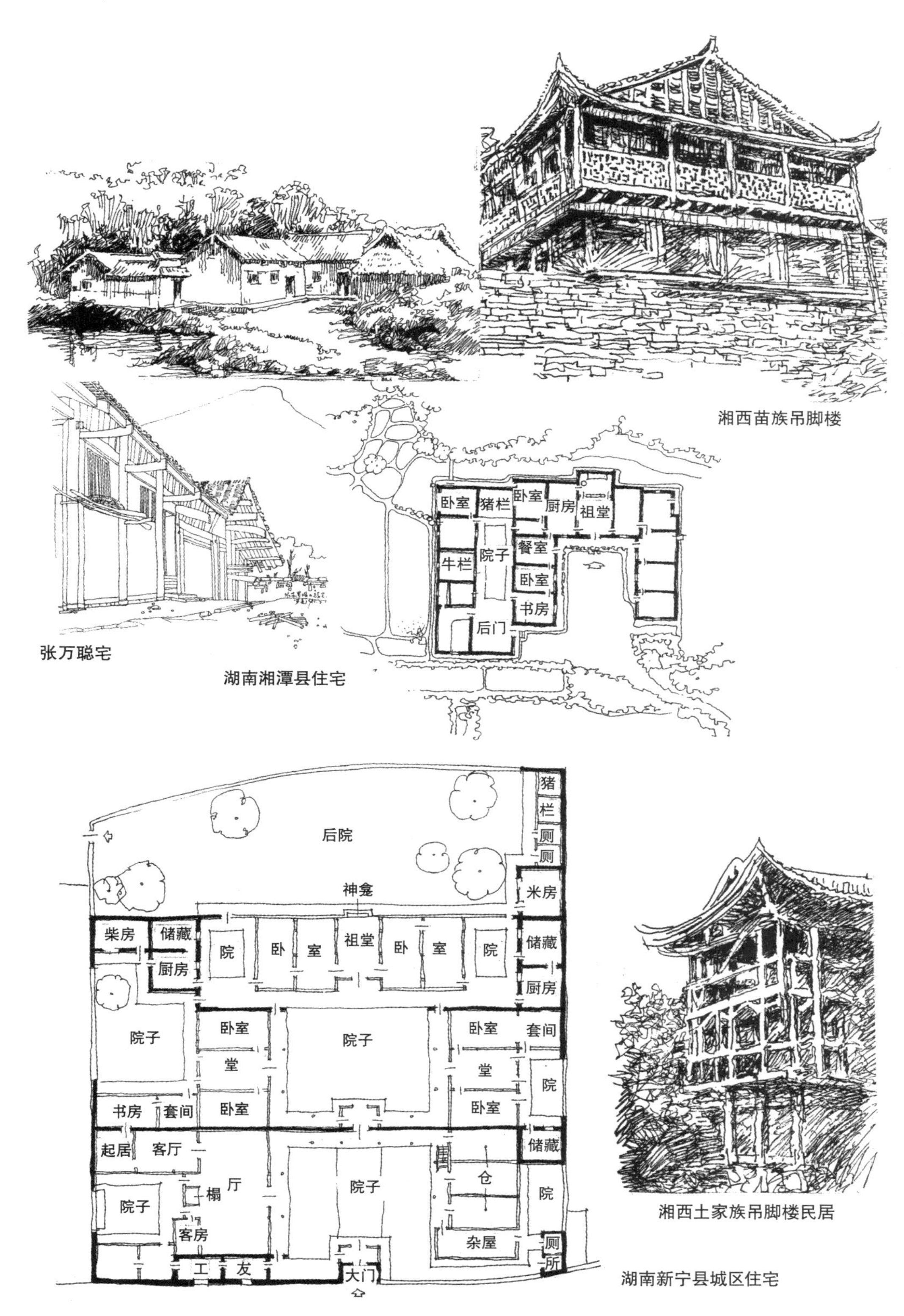

湘西苗族吊脚楼

张万聪宅

湖南湘潭县住宅

湘西土家族吊脚楼民居

湖南新宁县城区住宅

江苏民居 | Dwellings of Jiangsu Province

北
灶
卧室
起居

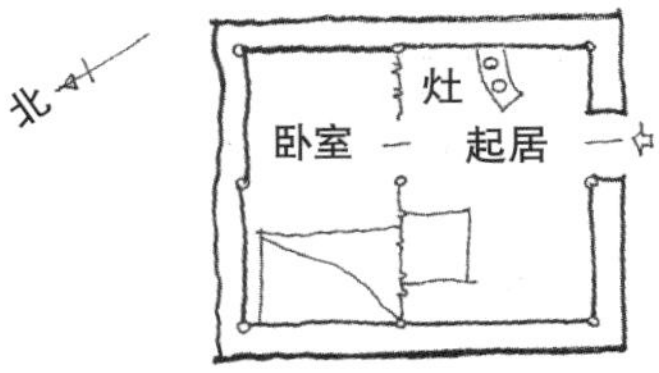

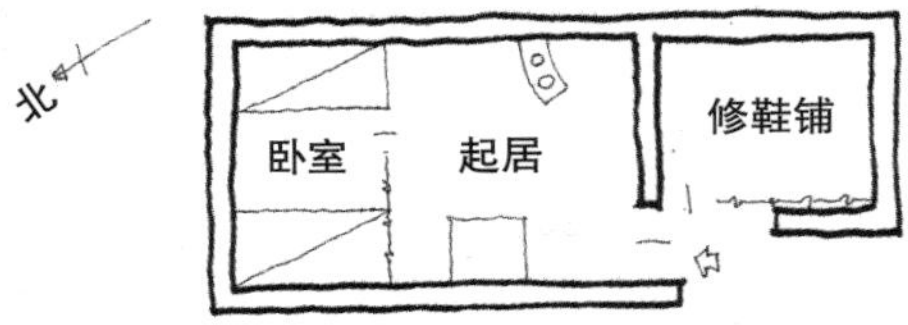

江苏镇江东北郊住宅

江苏镇江市北郊住宅

北
卧室
起居
修鞋铺

江苏扬州市住宅外观

上海青浦朱家角沿河住宅

江苏镇江市洗芽园住宅

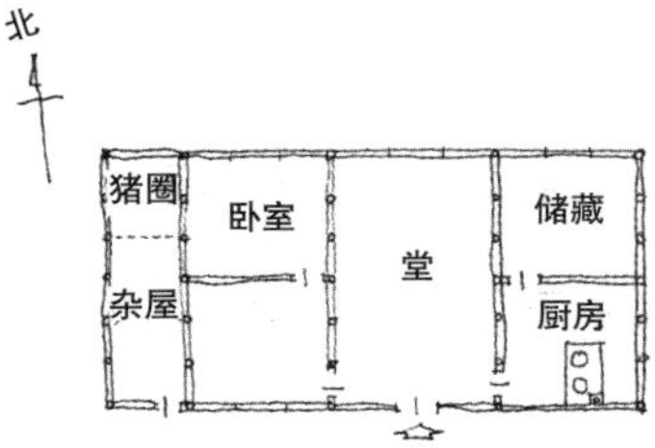

北
猪圈
杂屋
卧室
堂
储藏
厨房

江苏松江县泗泾区民乐乡住宅

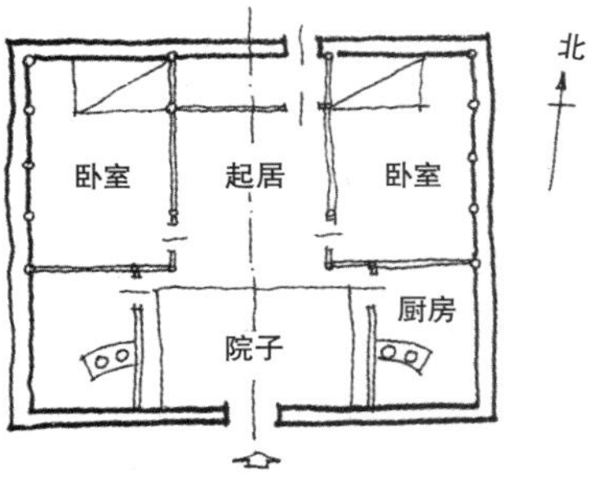

北
卧室
起居
卧室
厨房
院子

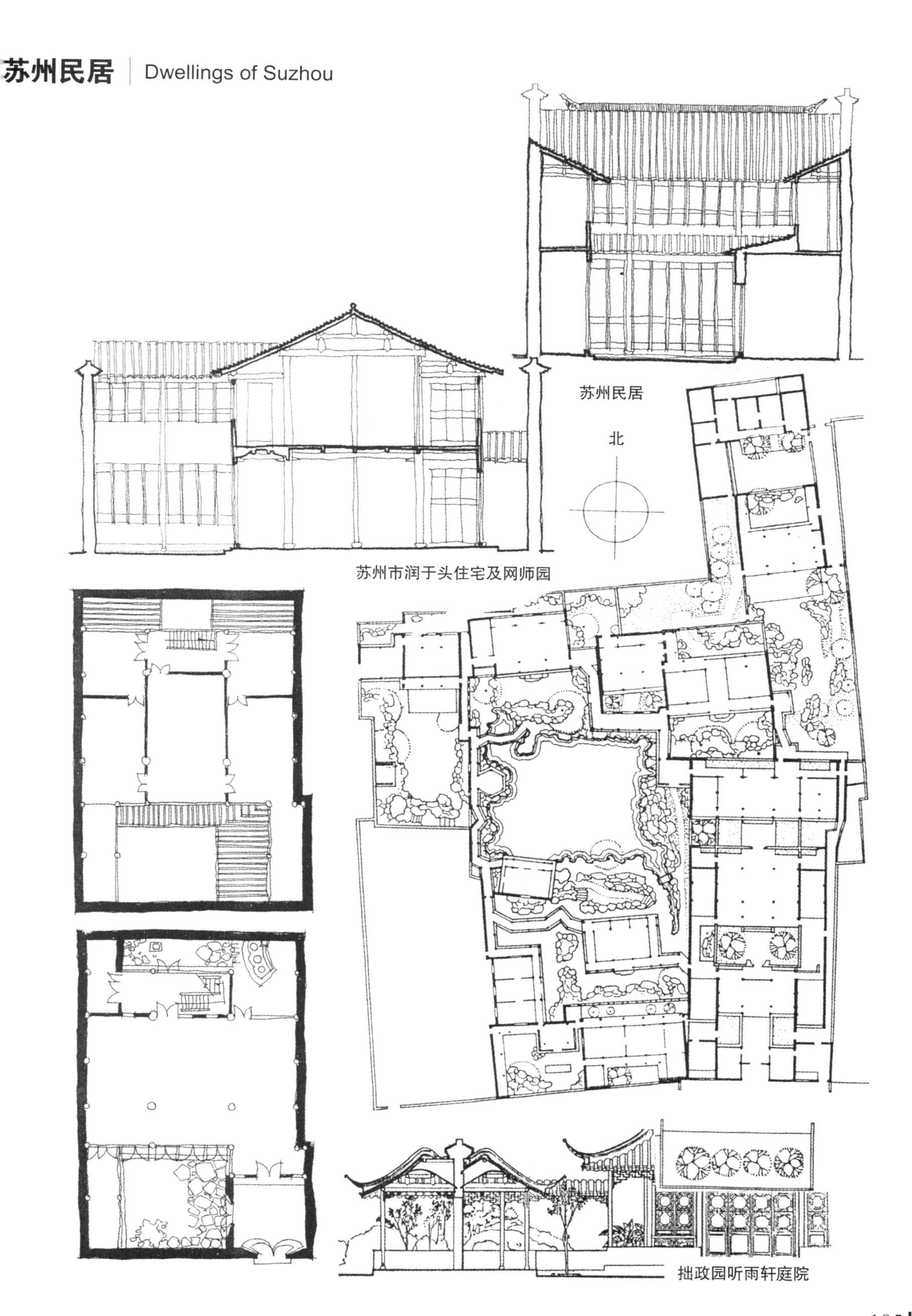

苏州民居

苏州市润于头住宅及网师园

拙政园听雨轩庭院

苏州花园住宅 | Garden Houses of Suzhou

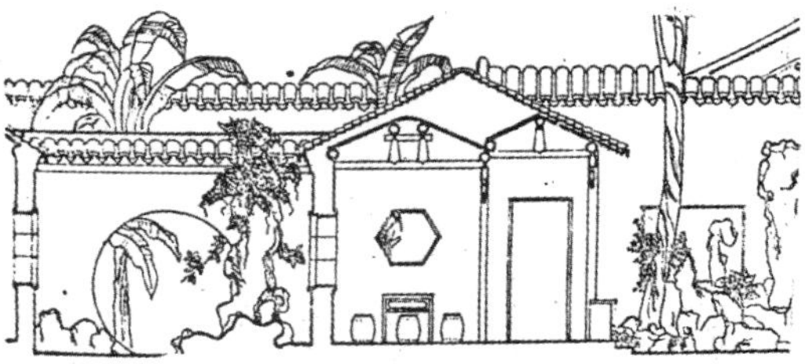

石林小院

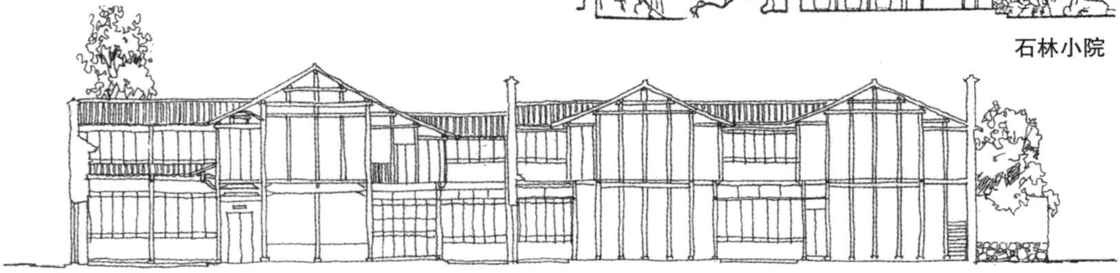

横断面图

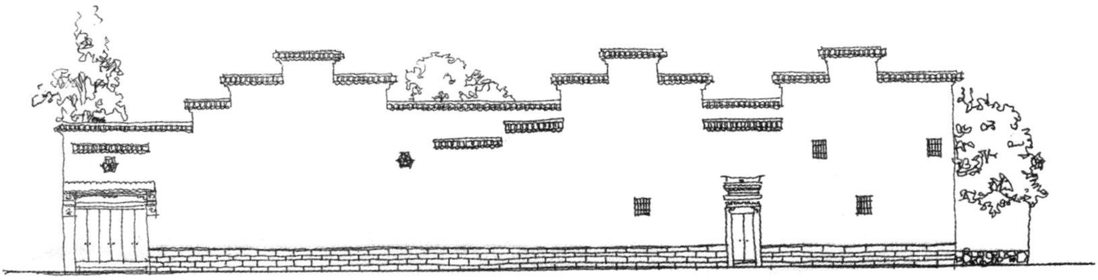

侧立面图

苏州住宅

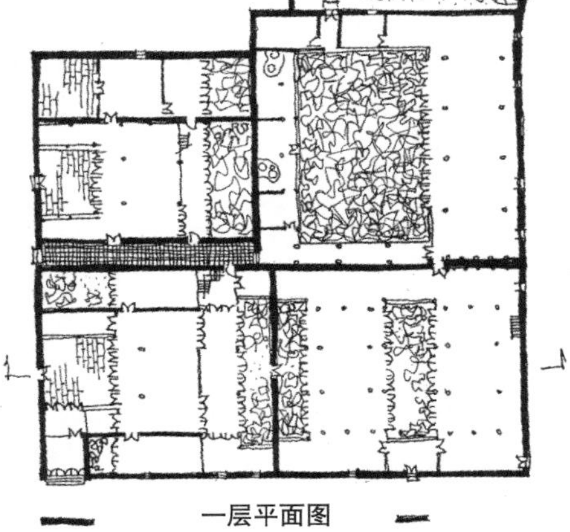

一层平面图

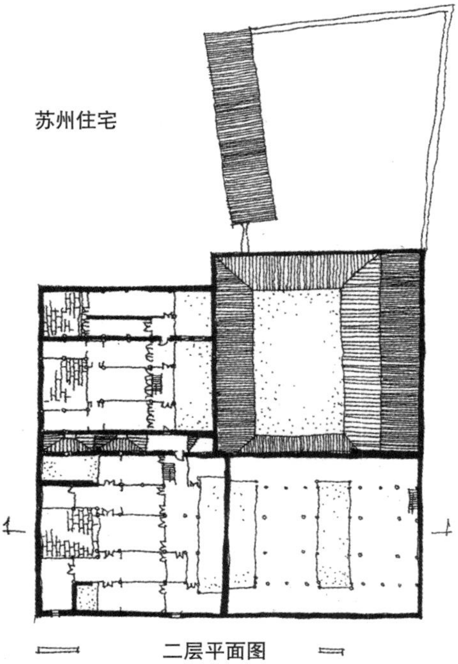

二层平面图

浙江民居 | Dwellings of Zhejiang Province

浙江吴兴县南浔镇沿河骑楼

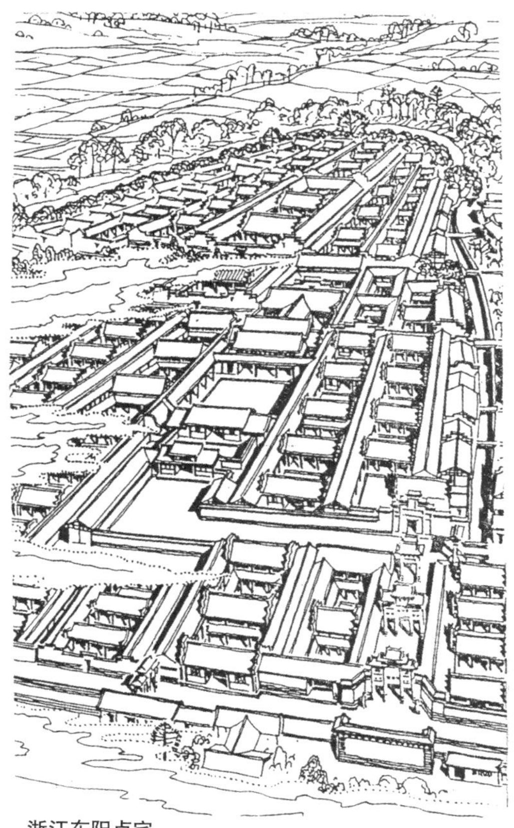

浙江东阳卢宅

杭州下天竺黄泥岭江姓木工住宅

青浦沿河民居

浙江吴兴甘棠桥范姓木工住宅

水镇骑楼

浙江绍兴沿河民居

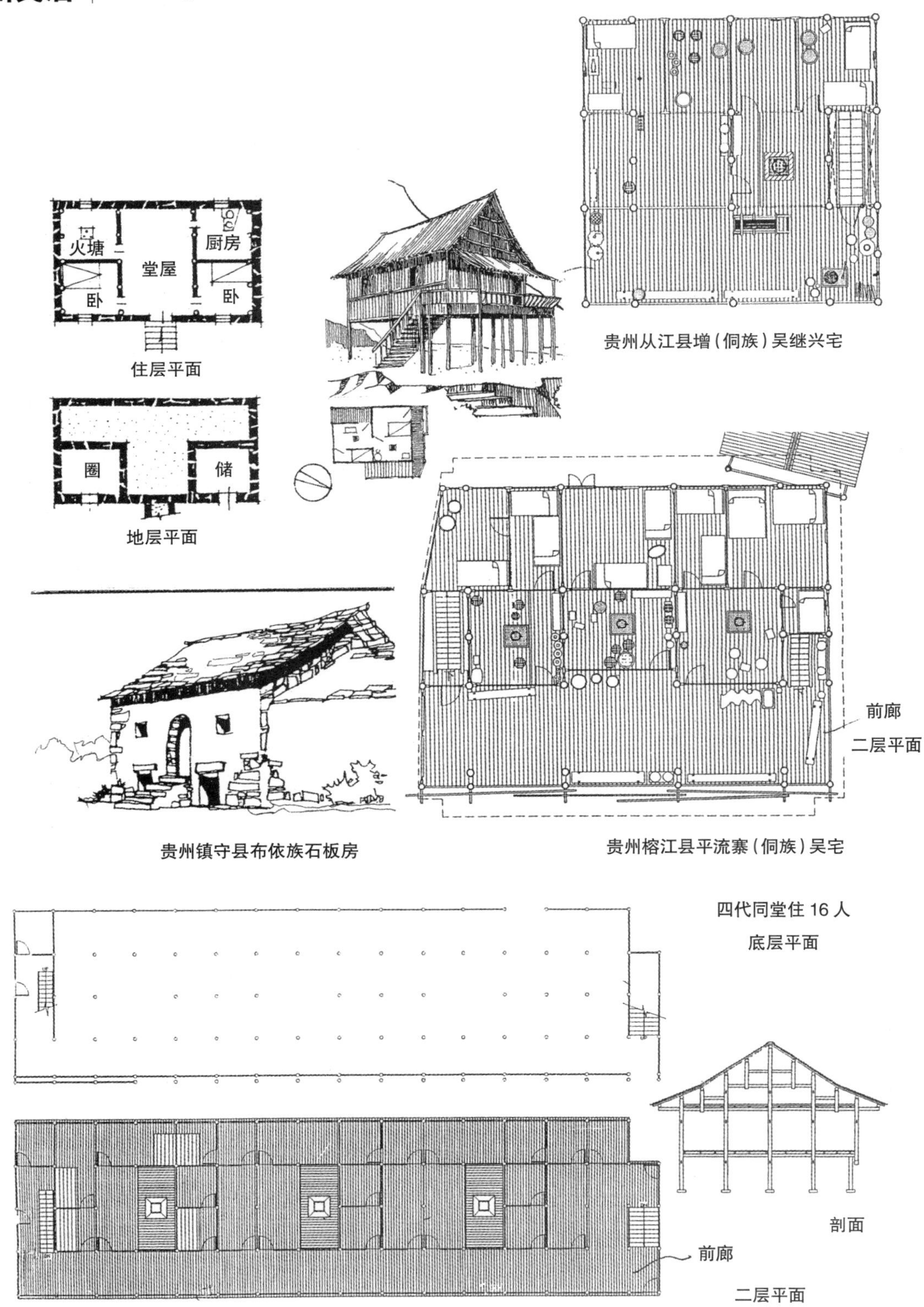

住层平面

地层平面

贵州从江县增（侗族）吴继兴宅

二层平面

贵州镇守县布依族石板房

贵州榕江县平流寨（侗族）吴宅

四代同堂住 16 人

底层平面

剖面

二层平面

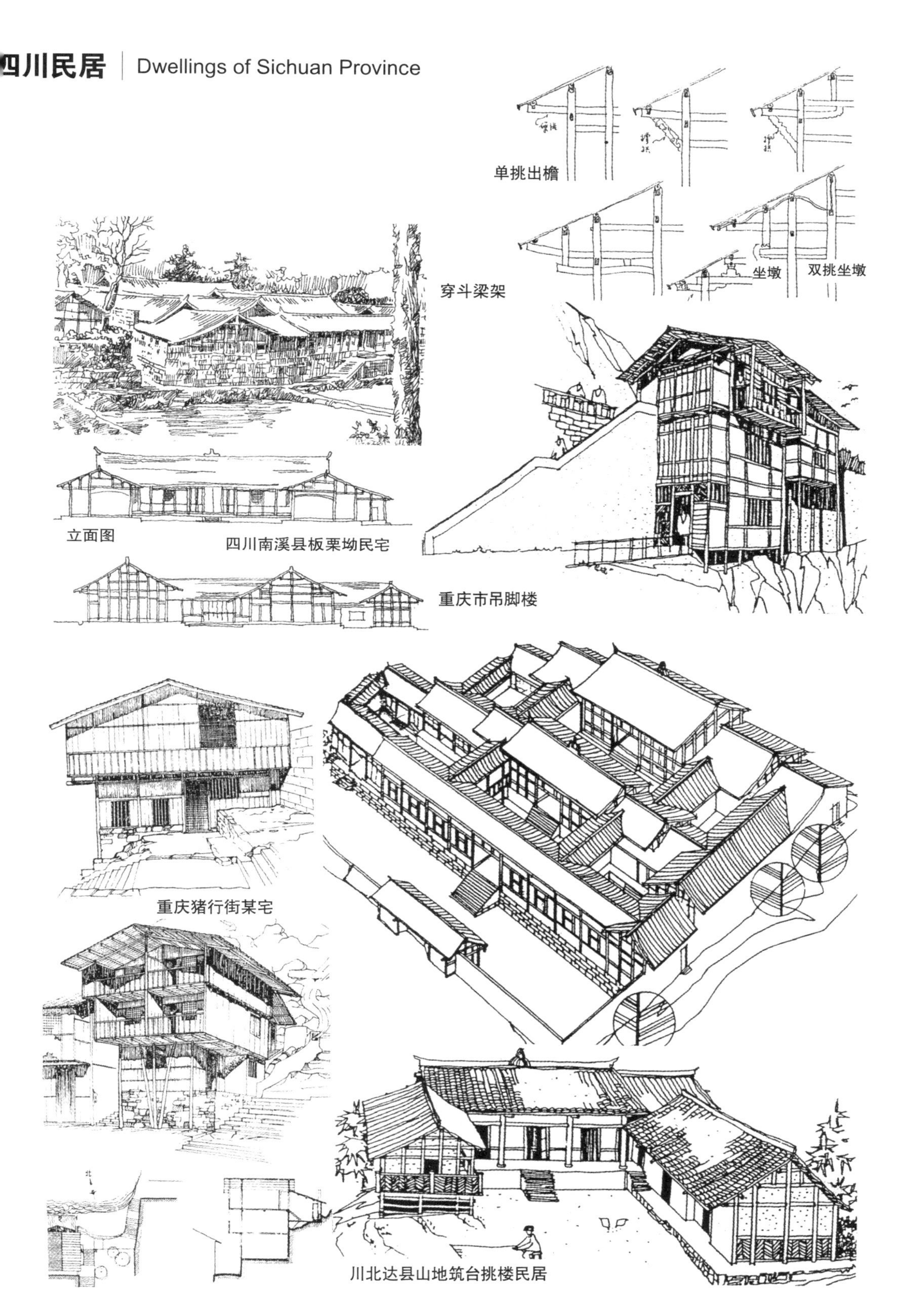
单挑出檐
坐墩
双挑坐墩
穿斗梁架
立面图
四川南溪县板栗坳民宅
重庆市吊脚楼
重庆猪行街某宅
川北达县山地筑台挑楼民居

四川甘孜藏族、西藏碉楼民居

Sichuan Ganzi and Tibet Watchtower Houses

四川阿坝藏族民居

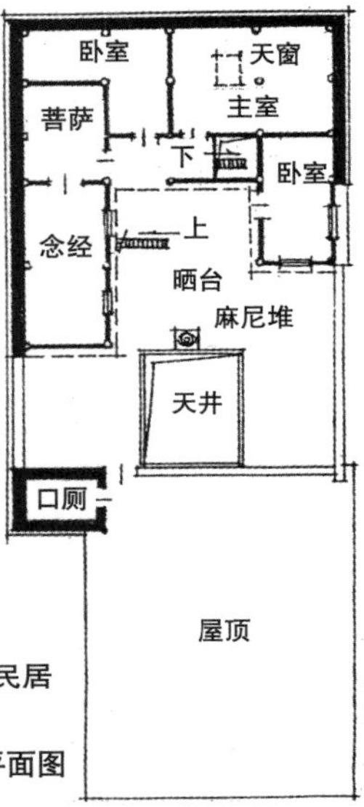

卧室
天窗
主室
菩萨
下
卧室
念经
上
晒台
麻尼堆
天井
厕
屋顶

四川甘孜县藏族民居

二层平面图

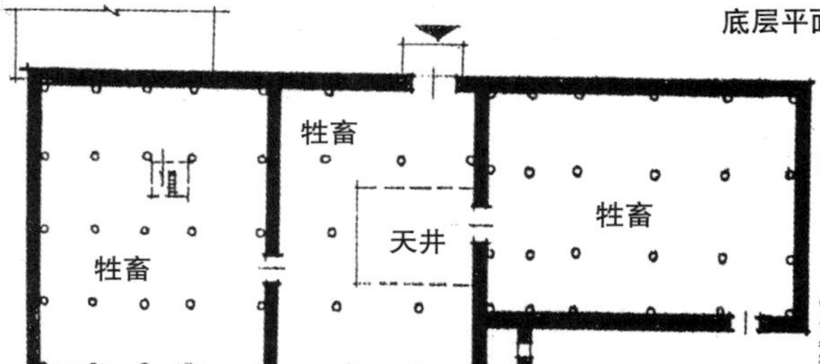

气孔

底层平面图

牲畜
天井
牲畜
牲畜

卧
厨房
圈
卧

厨房
天井
碉楼

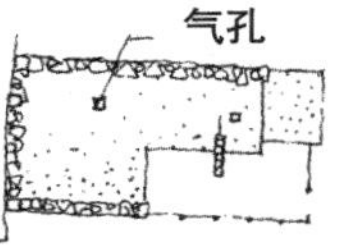

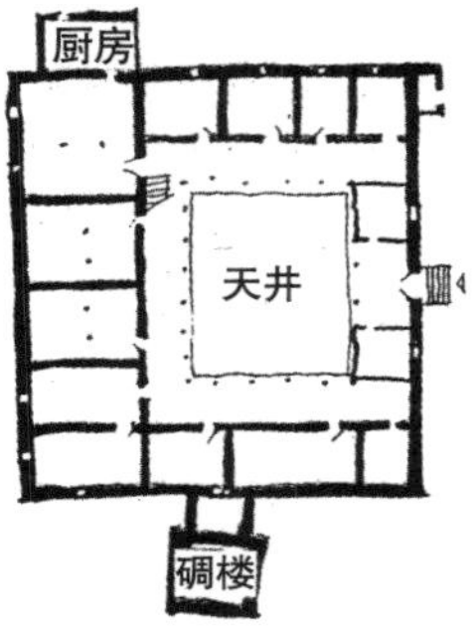

西藏碉楼

平面图

云南丽江民居和井干式木屋

Lijiang Dwellings, Yunnan Province and Wood Frame Houses

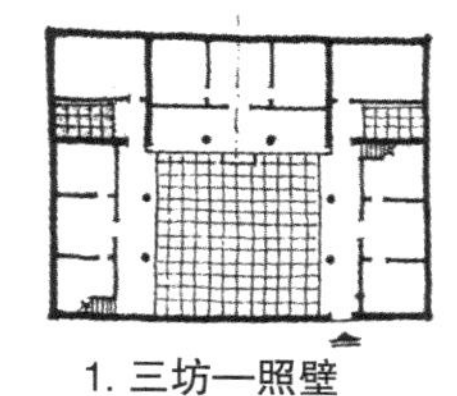

1. 三坊一照壁

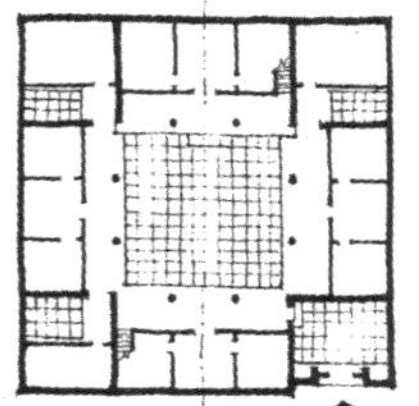

2. 四合五天井

丽江纳西族民居平面

云南丽江县住宅

云南丽江县民居

云南纳西族民居

云南姚安县住宅

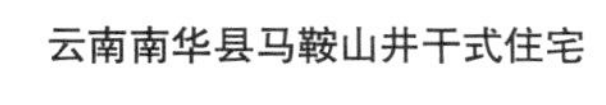

云南南华县马鞍山井干式住宅

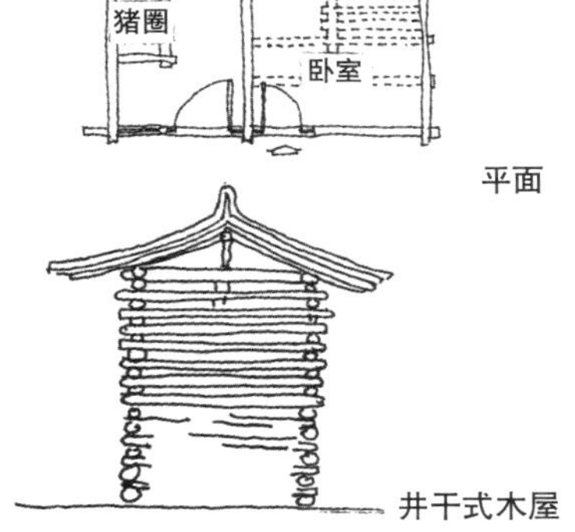

平面

井干式木屋

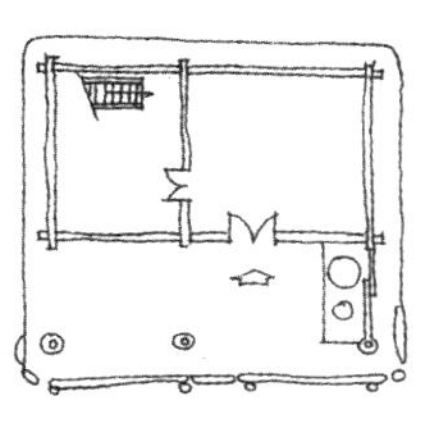

底层平面

楼层平面

云南洱海之滨白族民居、西双版纳竹楼

Bai Nationality Dwellings, Erhai, Yunnan Province and Xishuangbanna Bamboo Houses

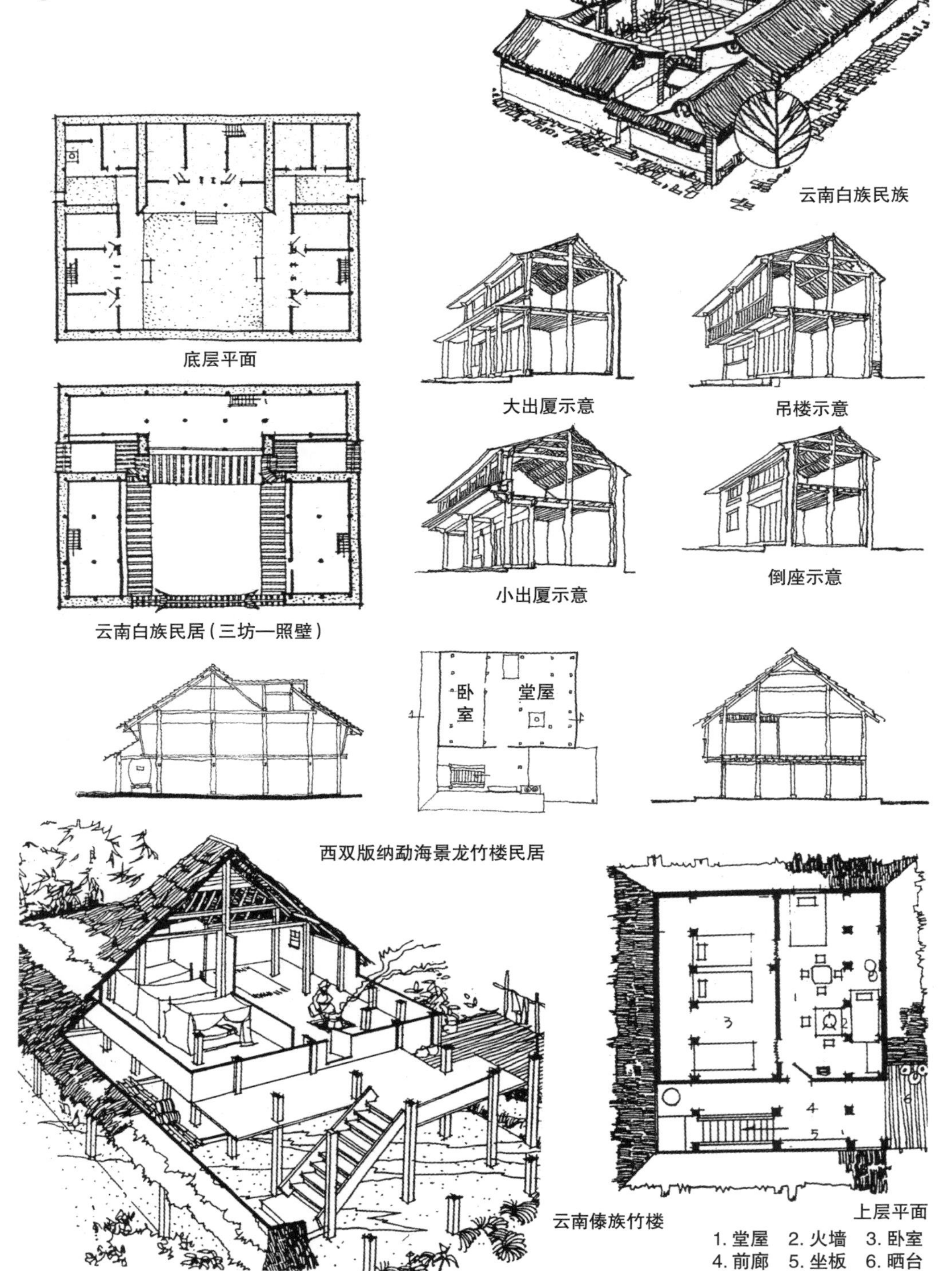

云南白族民族

底层平面

大出厦示意

吊楼示意

小出厦示意

倒座示意

云南白族民居（三坊一照壁）

西双版纳勐海景龙竹楼民居

云南傣族竹楼

上层平面

1. 堂屋　2. 火墙　3. 卧室
4. 前廊　5. 坐板　6. 晒台

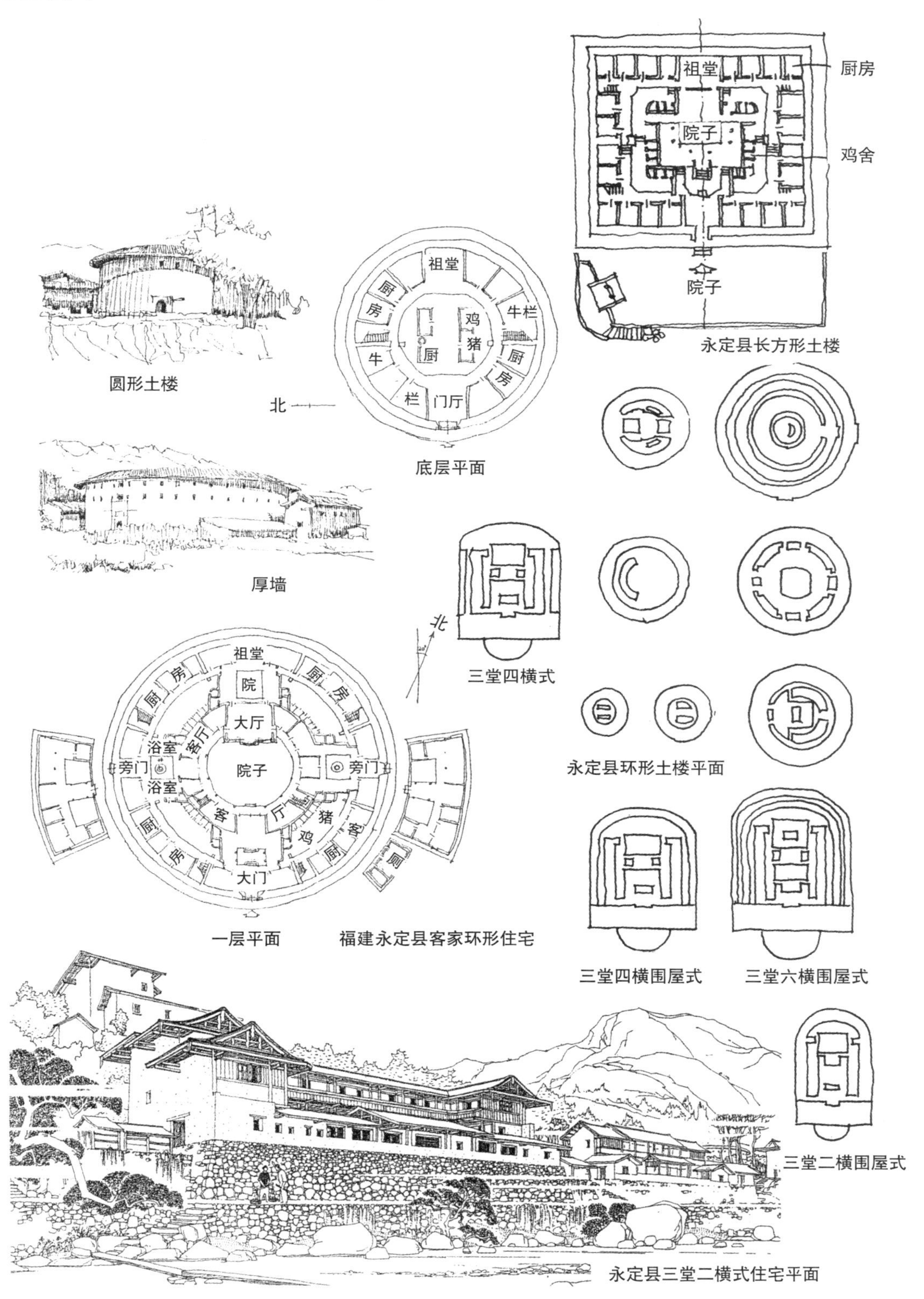

祖堂
厨房
院子
鸡舍
院子
永定县长方形土楼
圆形土楼
祖堂
厨
房
鸡
猪
牛栏
厨
房
牛
厨
栏
门厅
北
底层平面
厚墙
北
三堂四横式
永定县环形土楼平面
祖堂
房
厨
院
厨
房
大厅
浴室
客厅
旁门
院子
旁门
浴室
客
厅
猪
客
厨
鸡
房
厨
厕
大门
一层平面
福建永定县客家环形住宅
三堂四横围屋式
三堂六横围屋式
三堂二横围屋式
永定县三堂二横式住宅平面

广东民居 | Dwellings of Guangdong Province

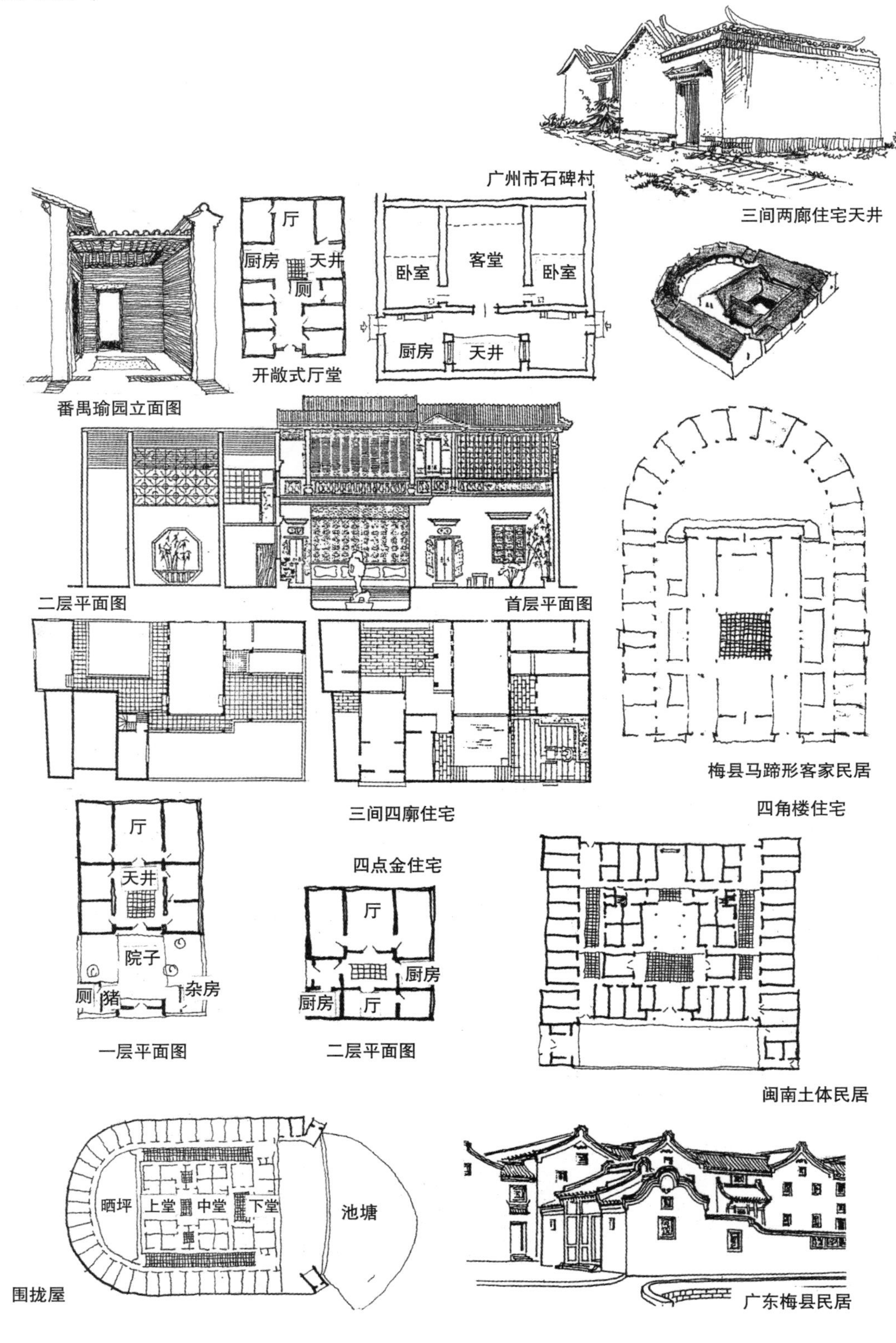

台湾高山族民居 | Gaoshan Nationality Dwellings, Taiwan

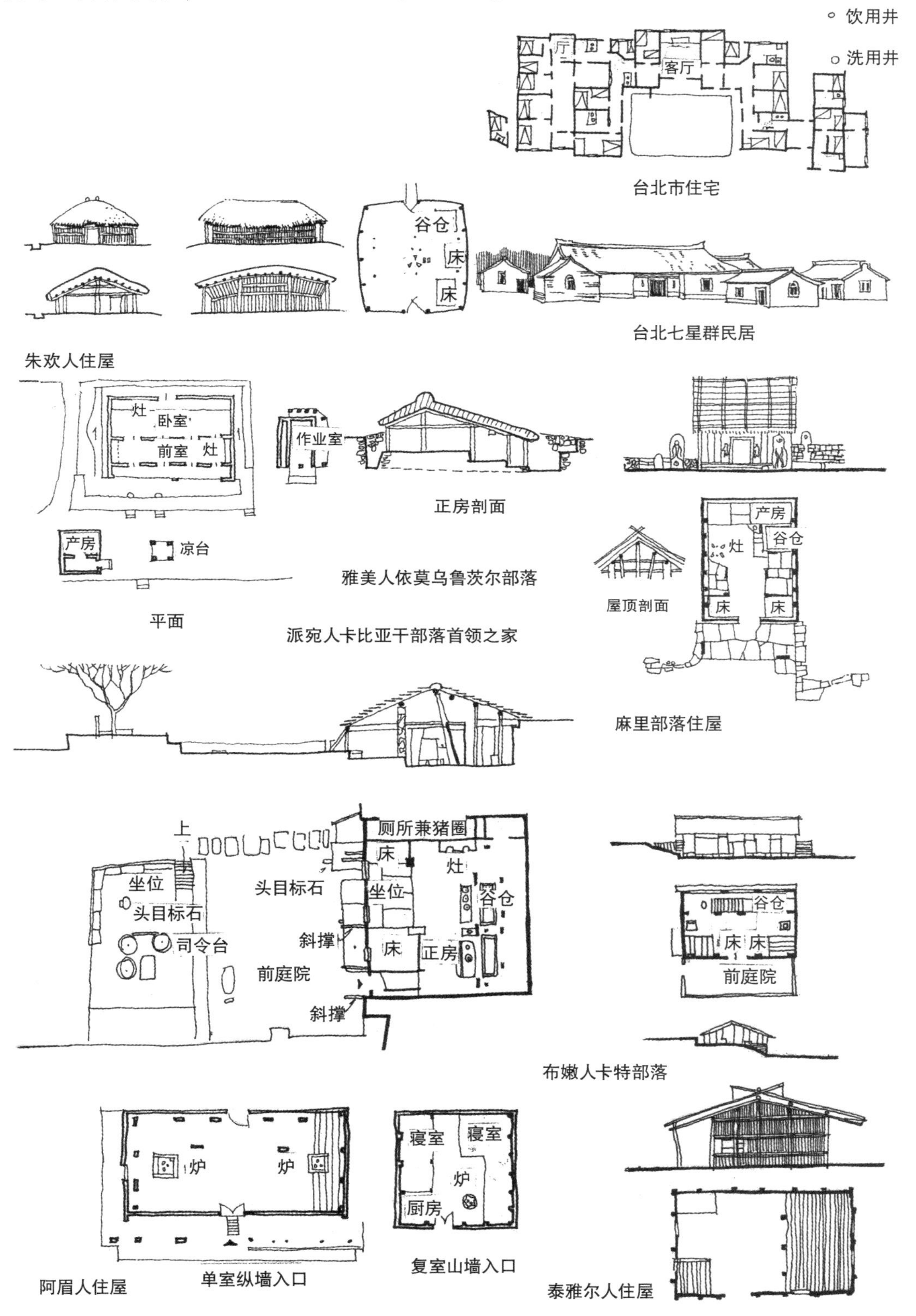

20

旧貌新颜

Former Feature and New Style

朝鲜族小住宅设计 | Housing Design of Korea Nationality

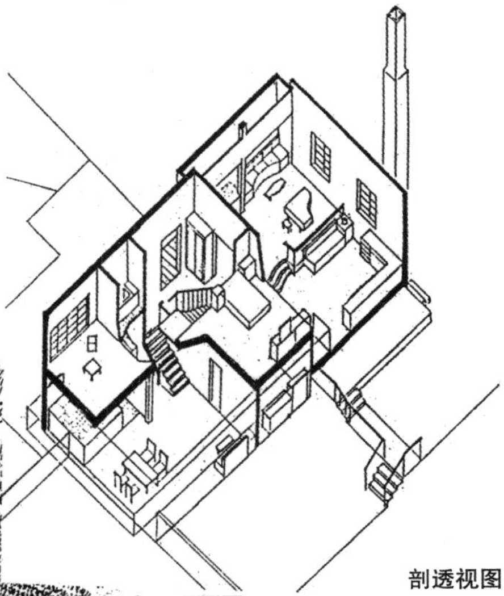

前廊、露台、歇山屋顶，风格介于中国传统民居和日本传统民居之间

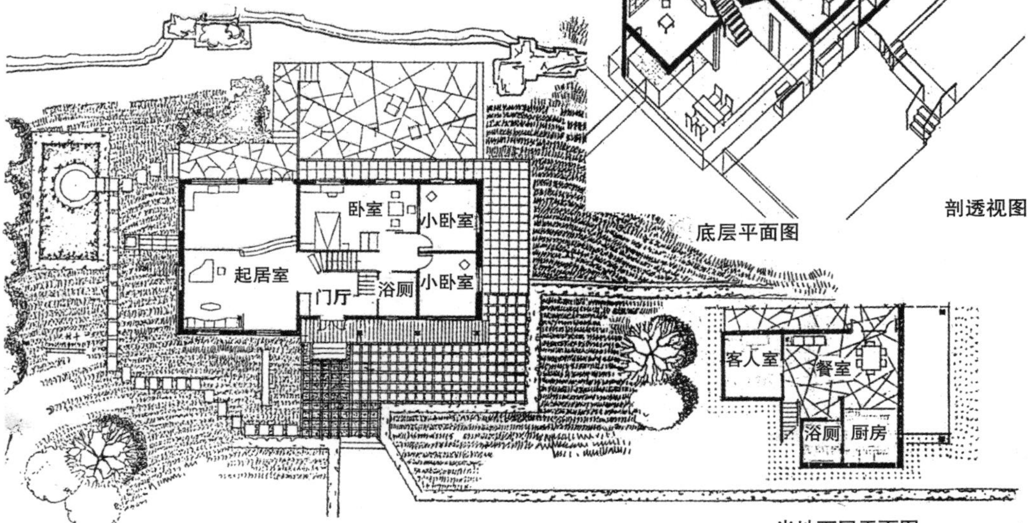

卧室
小卧室
起居室
门厅
浴厕
小卧室

底层平面图

剖透视图

客人室
餐室
浴厕
厨房

半地下层平面图

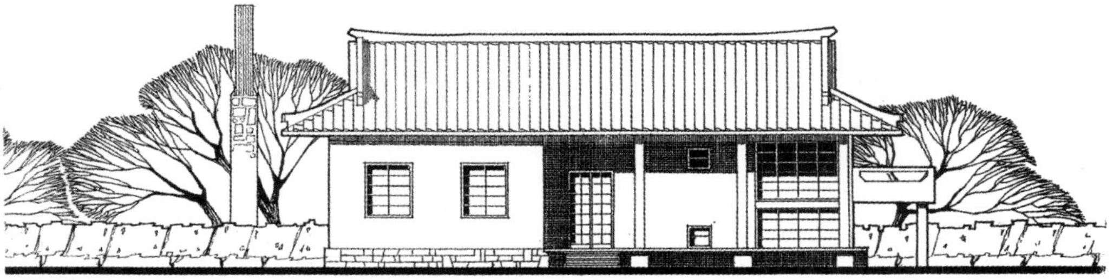

立面

侧面

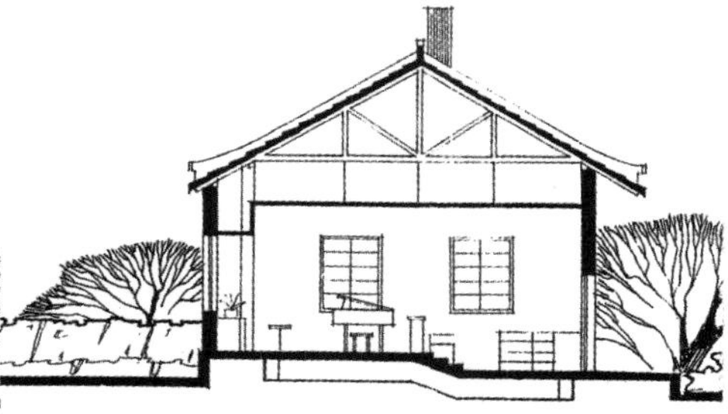

剖面

徽州小住宅设计 | Huizhou Housing Design

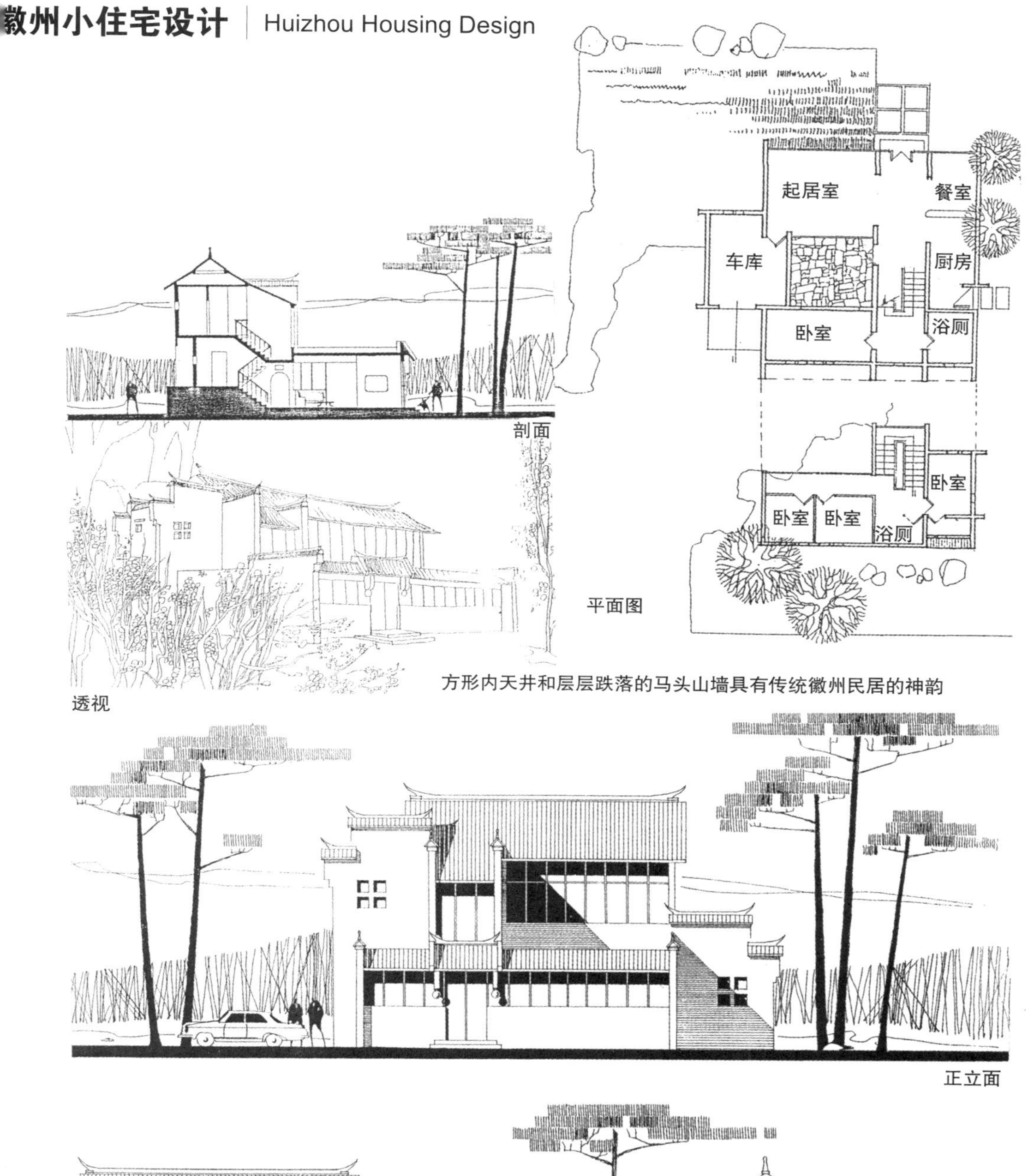

剖面

平面图

透视

方形内天井和层层跌落的马头山墙具有传统徽州民居的神韵

正立面

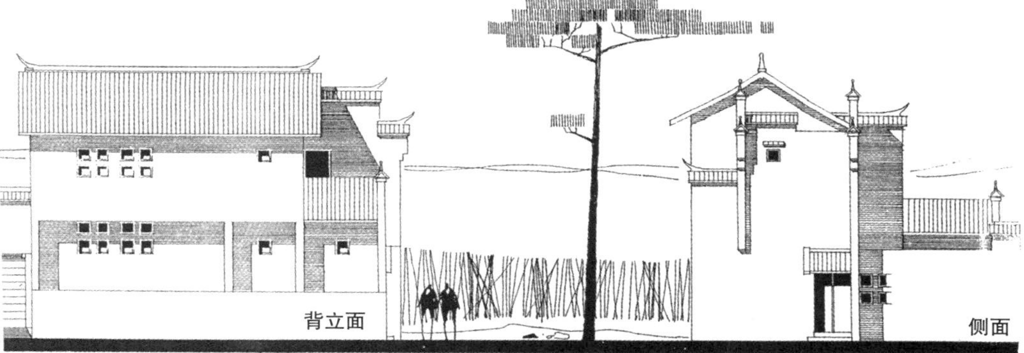

背立面

侧面

湘西苗族小住宅设计 | Housing Design of Miao Nationality, west Hunan Province

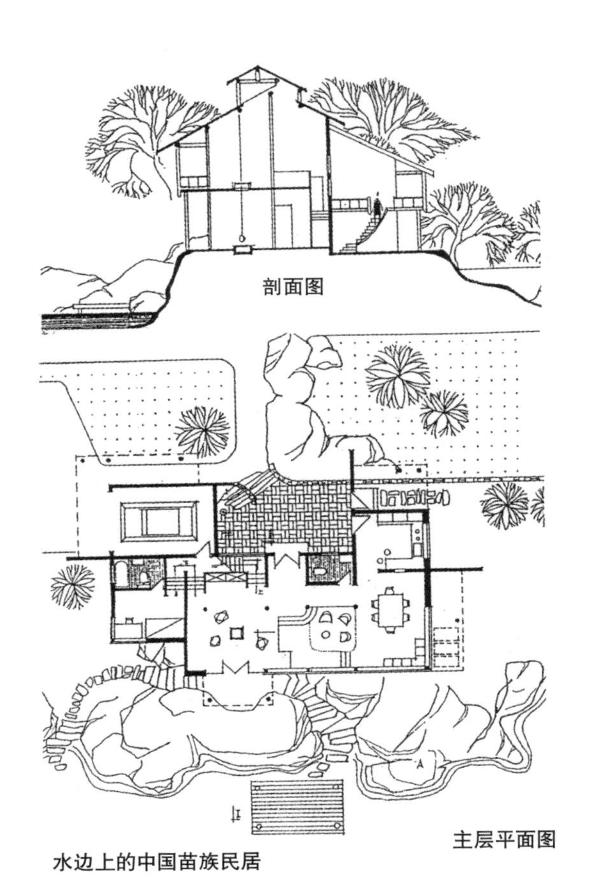

剖面图

主层平面图

水边上的中国苗族民居

透视图

正立面

福建小住宅设计 | Fujian Housing Design

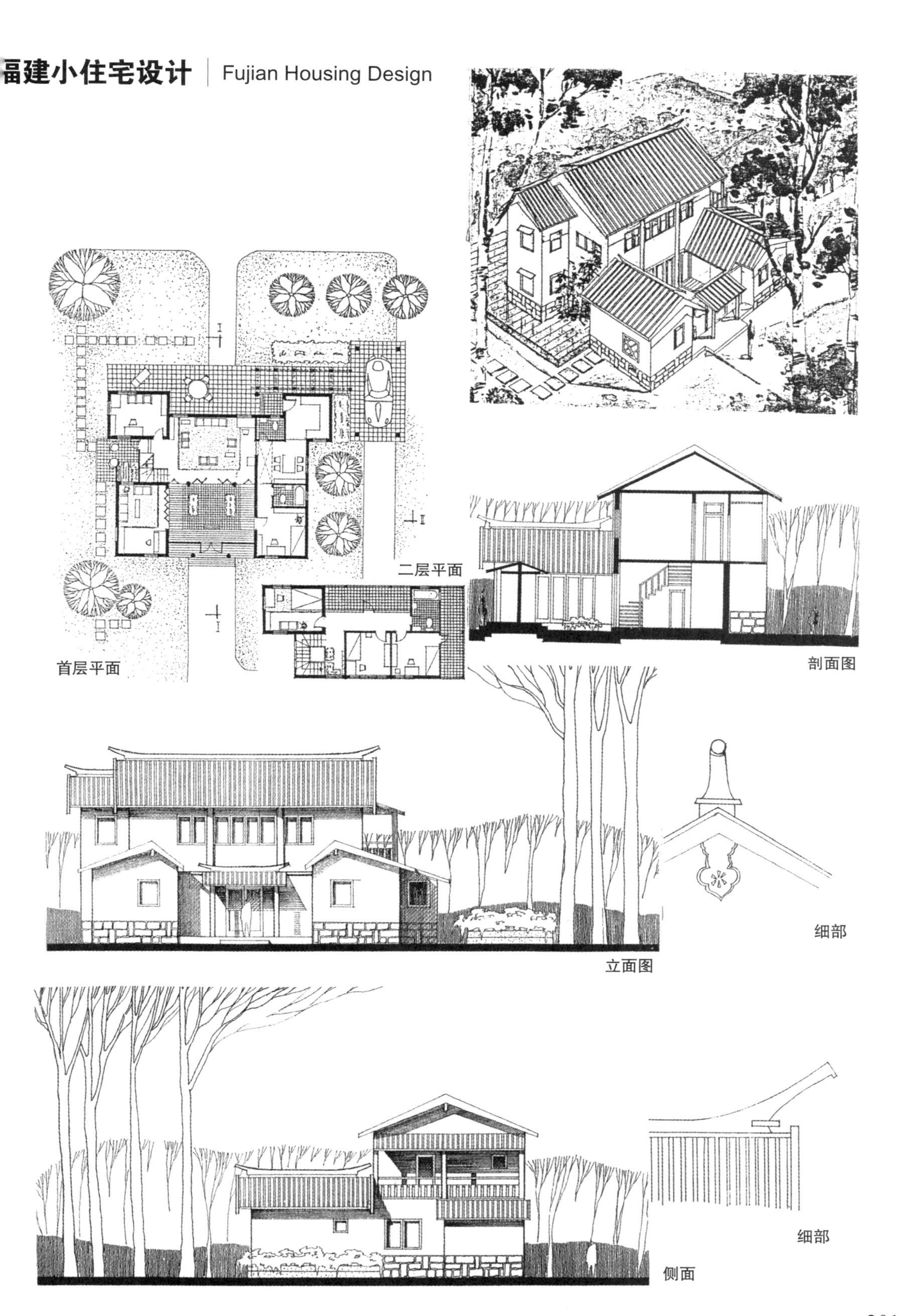

广东潮州小住宅设计 | Housing

Design of Chaozhou, Guangdong

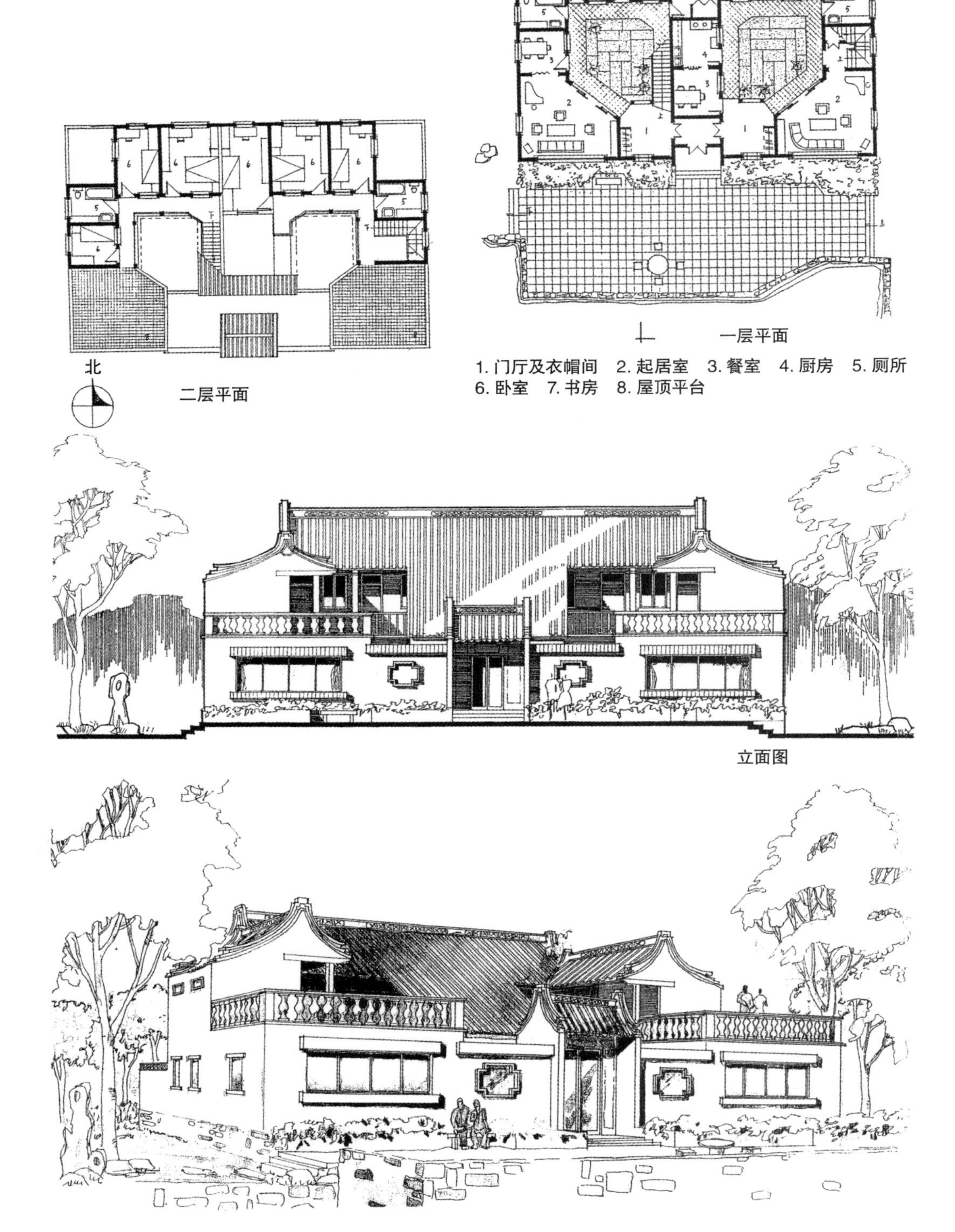

二层平面

一层平面

1. 门厅及衣帽间 2. 起居室 3. 餐室 4. 厨房 5. 厕所 6. 卧室 7. 书房 8. 屋顶平台

立面图

贵州侗族小住宅设计 | Housing Design of Dong Nationality, Guizhou Province

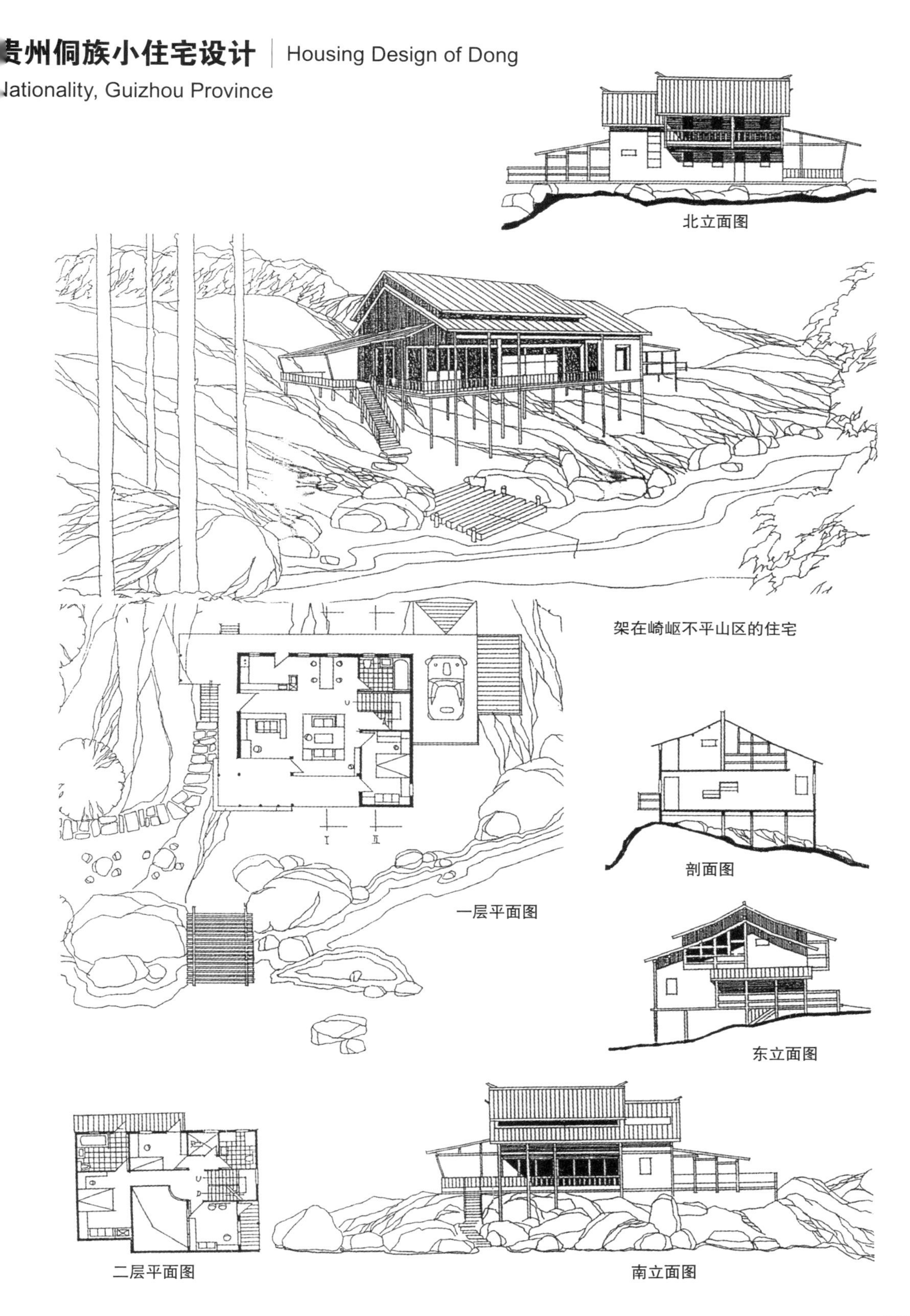

新疆维吾尔族民居设计 | Housing Design of Uyghur Nationality, Xinjiang

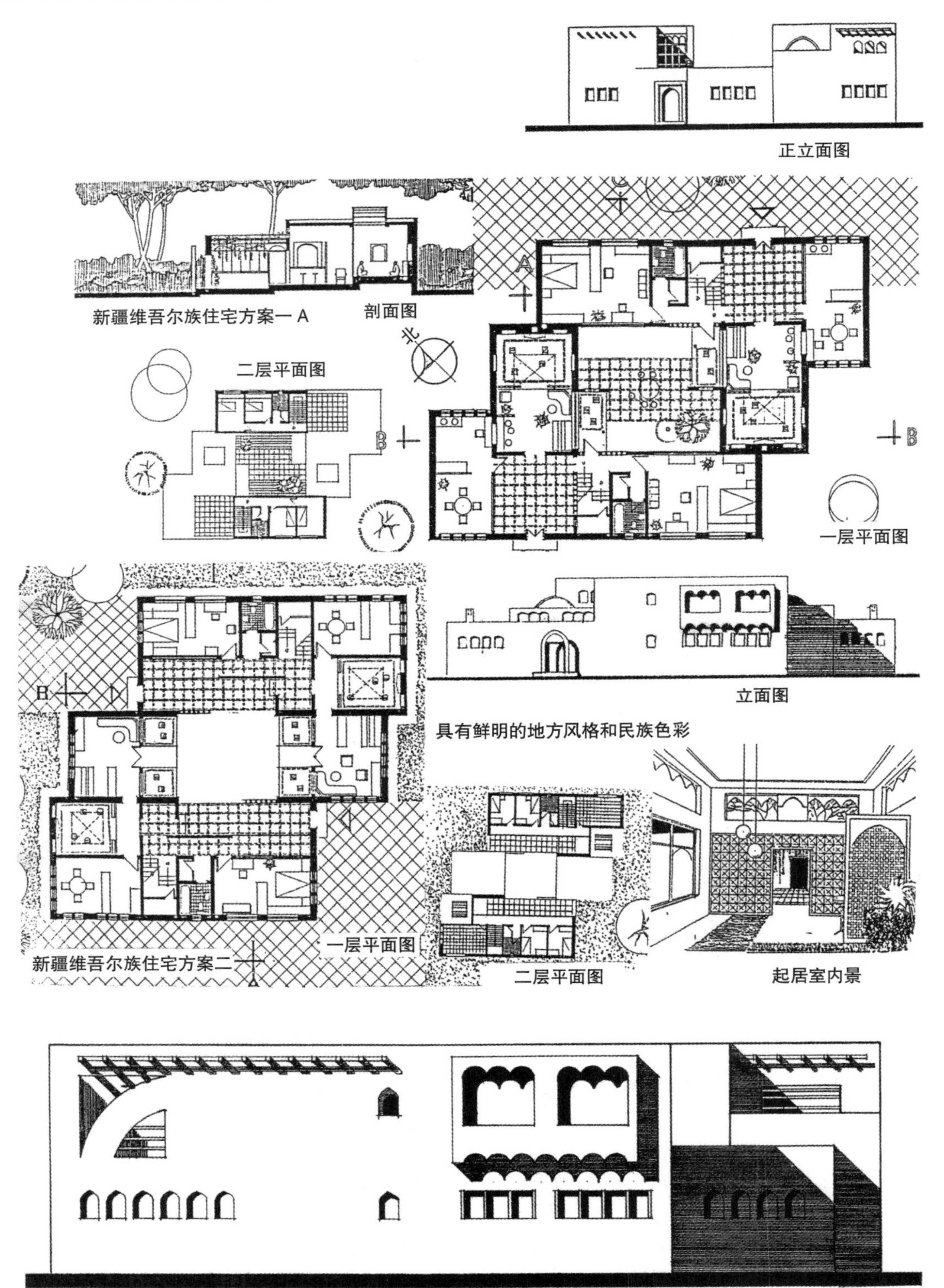

正立面图

新疆维吾尔族住宅方案一 A

剖面图

二层平面图

一层平面图

立面图

具有鲜明的地方风格和民族色彩

新疆维吾尔族住宅方案二

一层平面图

二层平面图

起居室内景

西立面图

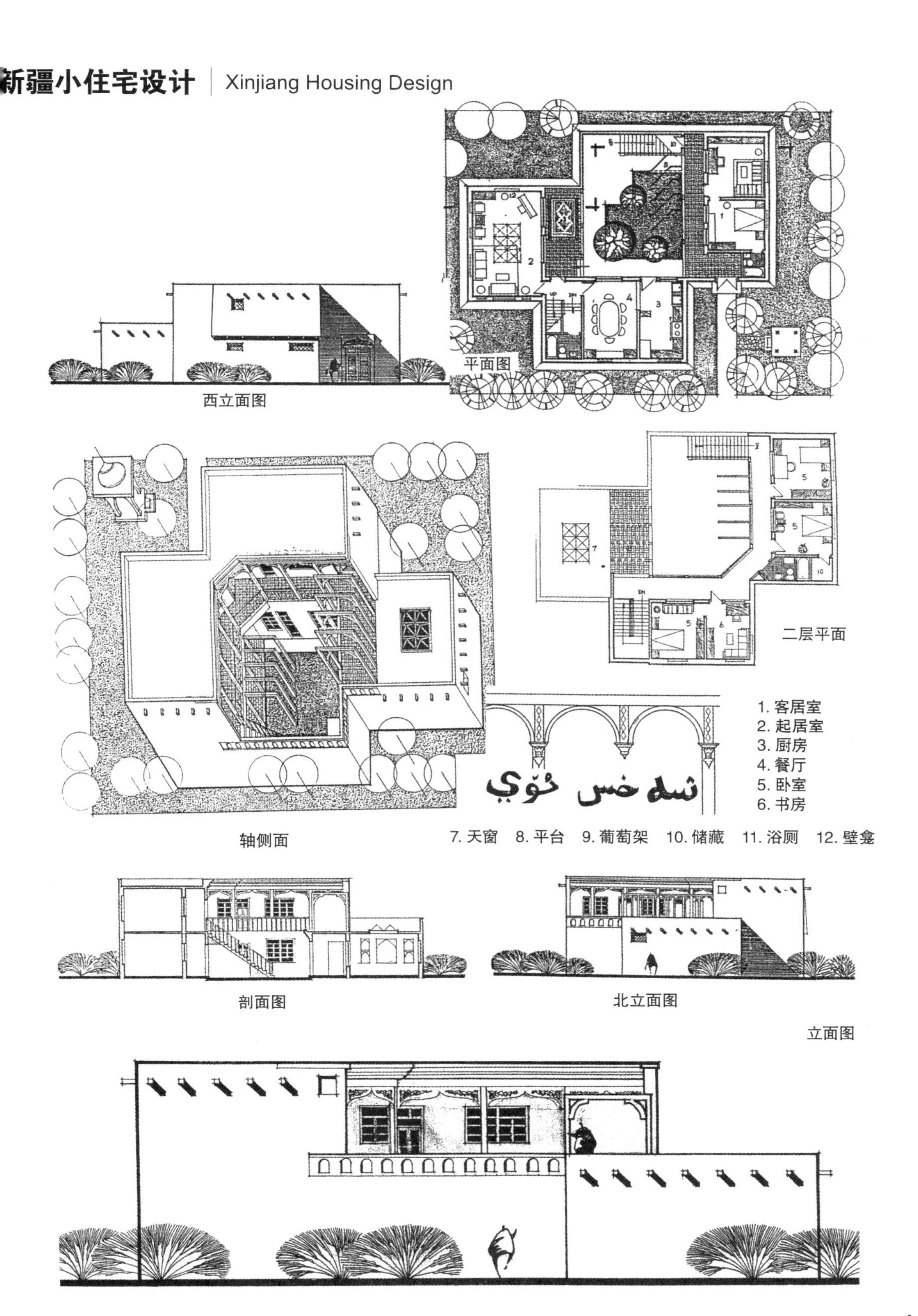

平面图
西立面图
二层平面
1. 客居室
2. 起居室
3. 厨房
4. 餐厅
5. 卧室
6. 书房
7. 天窗 8. 平台 9. 葡萄架 10. 储藏 11. 浴厕 12. 壁龛
轴侧面
剖面图
北立面图
立面图

藏族小住宅设计 | Housing Design of Tibet Nationality

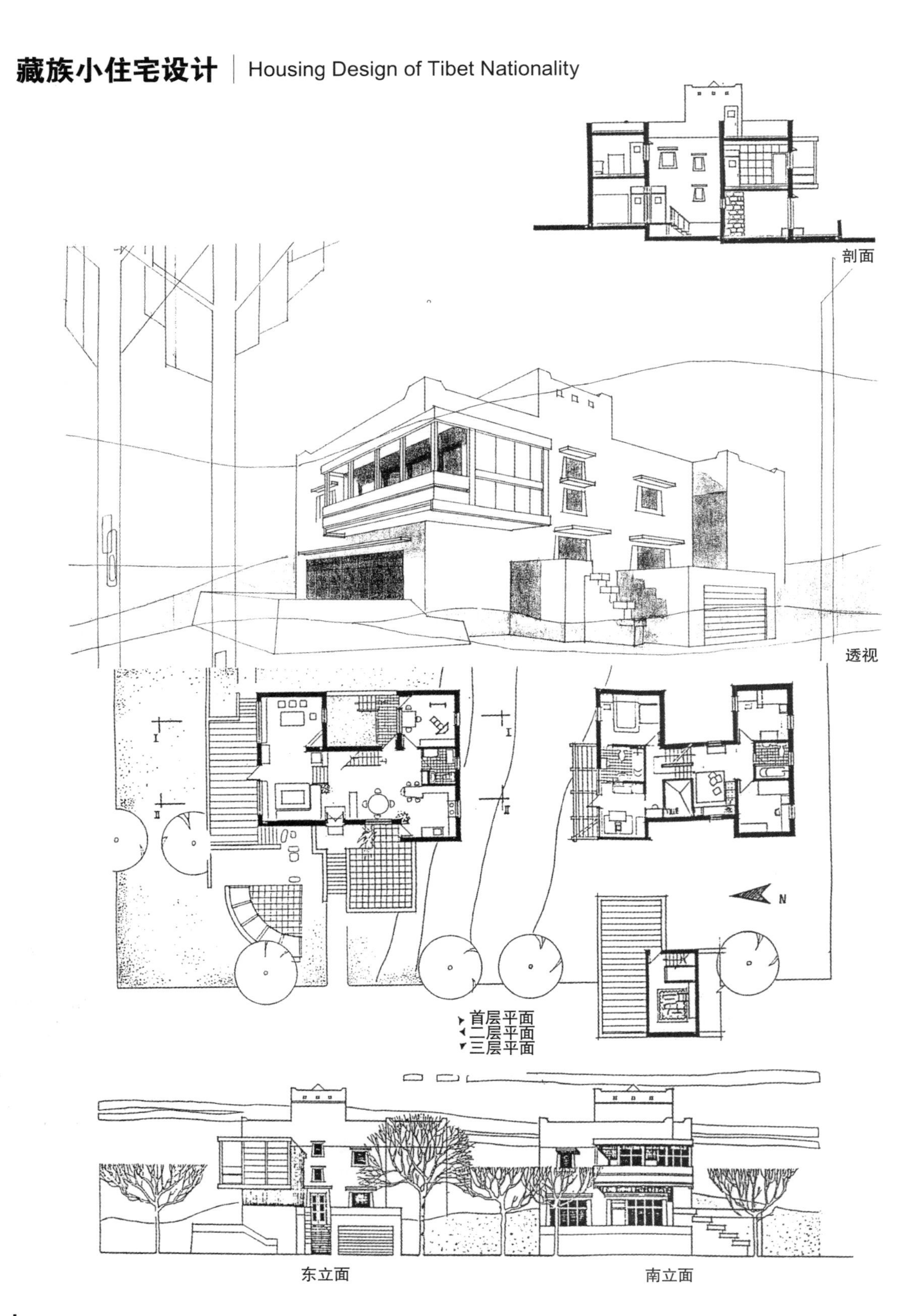

藏东峡谷小住宅设计 | Housing Design of East Tibet Gorge

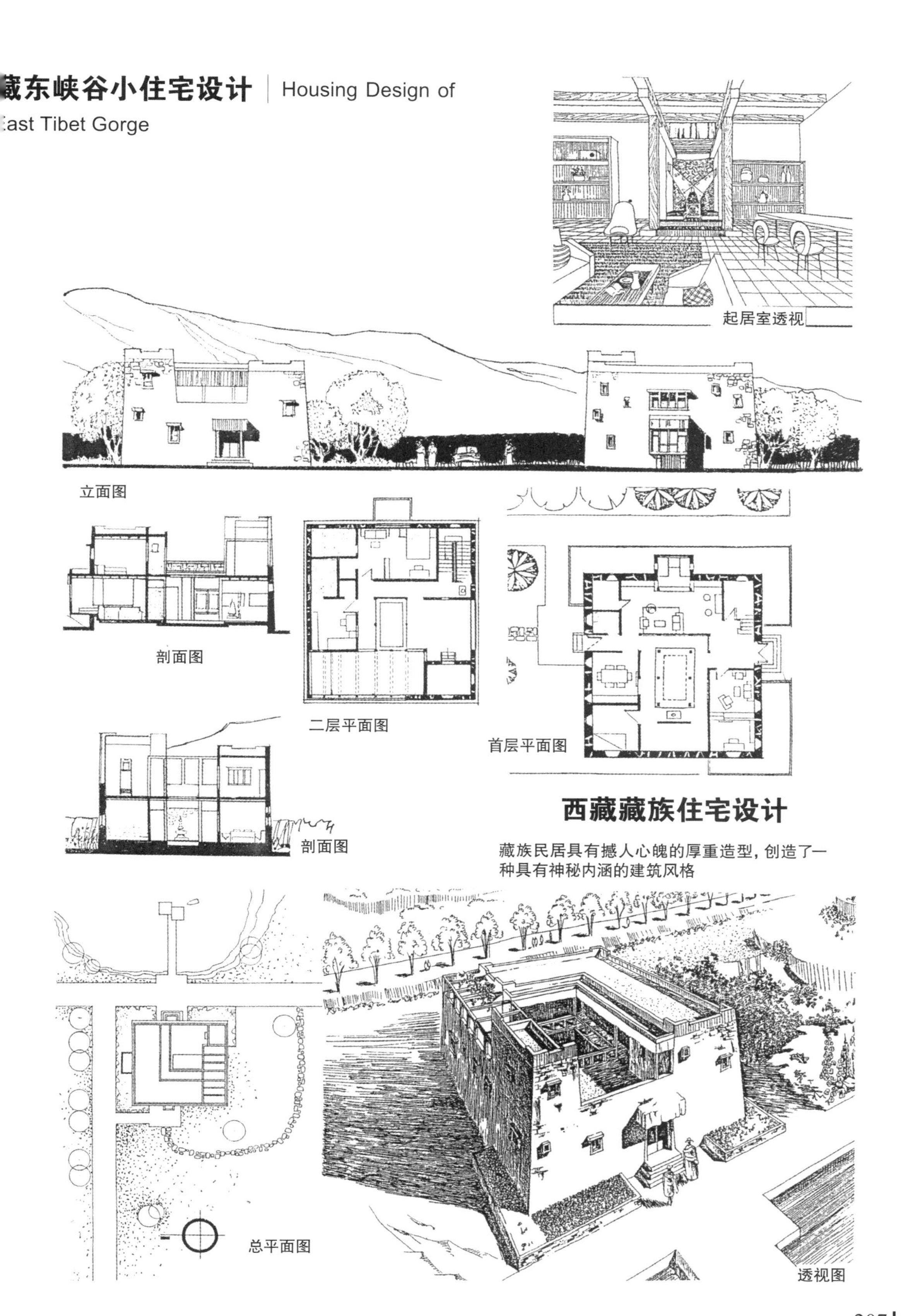

西藏藏族住宅设计

藏族民居具有撼人心魄的厚重造型，创造了一种具有神秘内涵的建筑风格

四川藏族碉房小住宅设计 | Housing Design of Tibet Watchtower, Sichuan Province

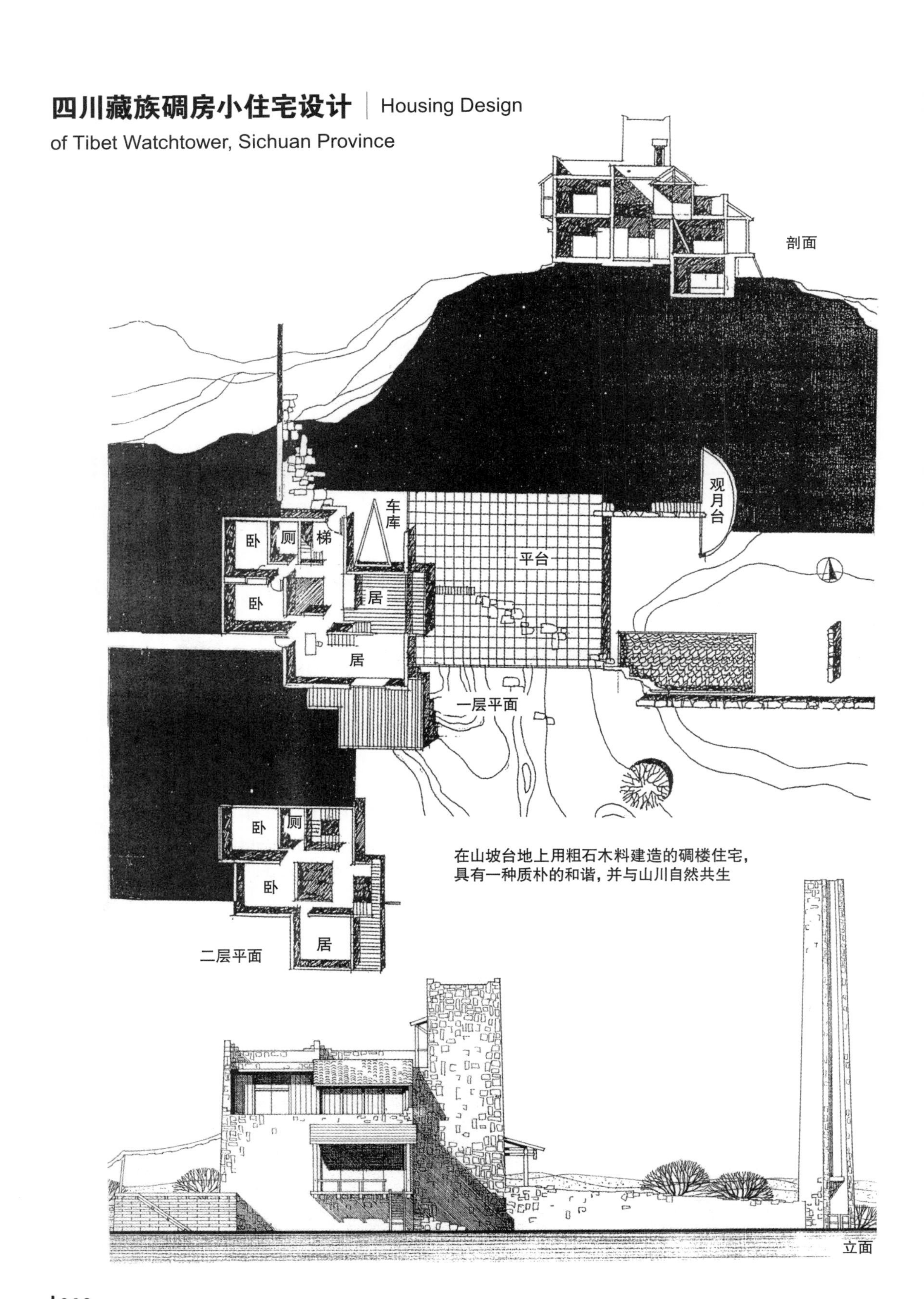

在山坡台地上用粗石木料建造的碉楼住宅，具有一种质朴的和谐，并与山川自然共生

透视

立面

窑洞民居小住宅设计 | Cave House Design

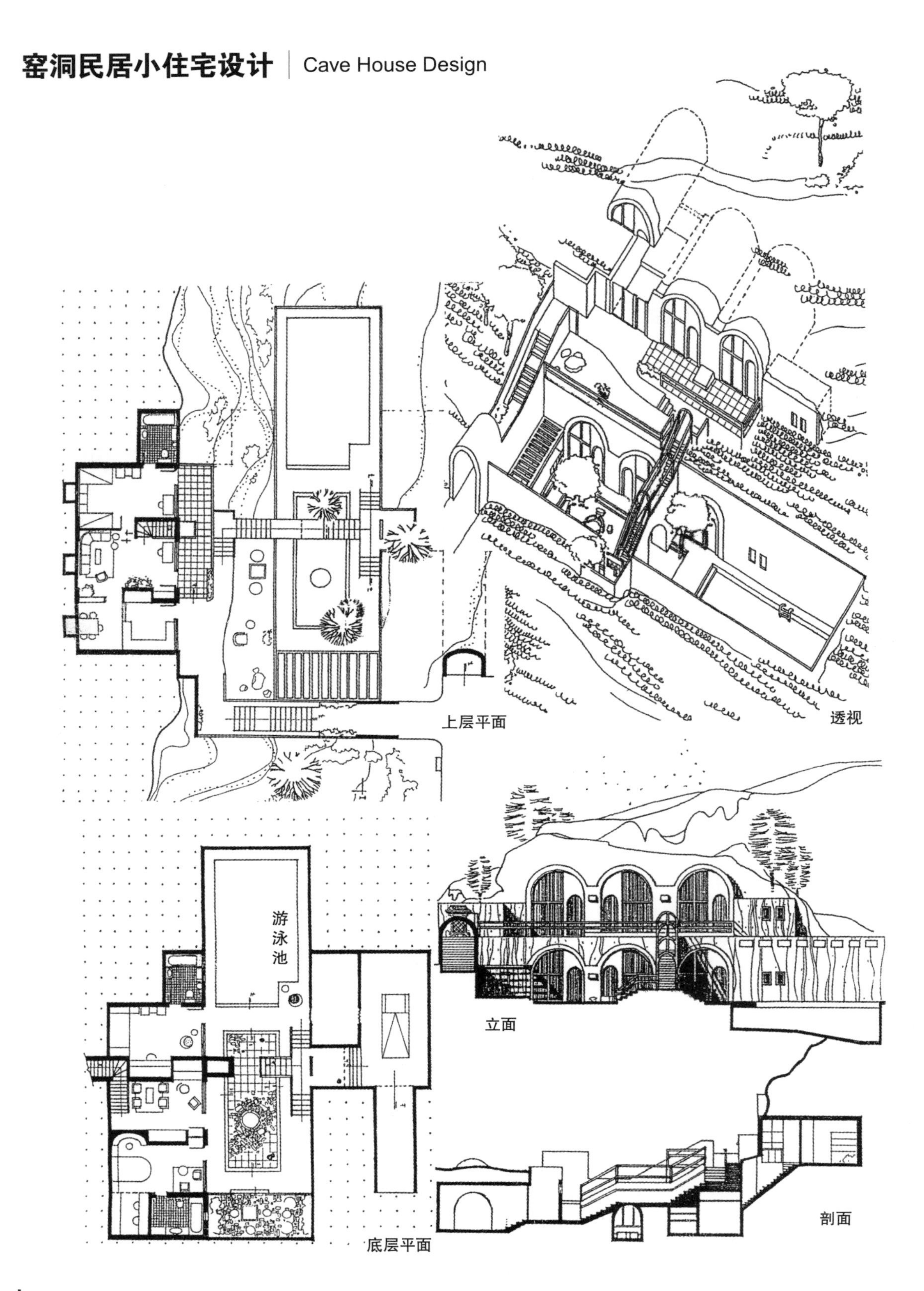

地坑窑洞小住宅设计 | Underground Cave House Design

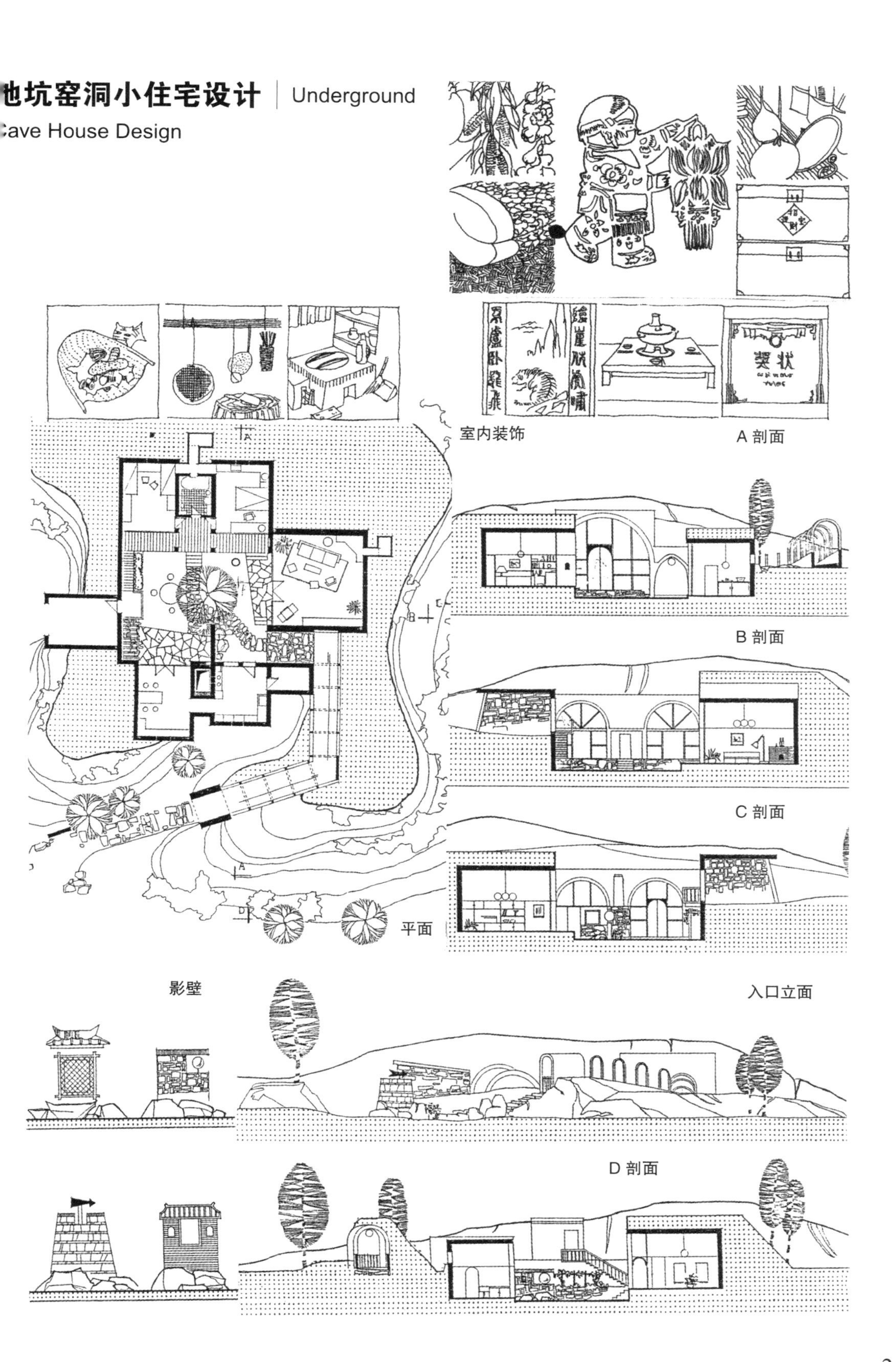

内蒙古土木尔台生土住宅设计

Housing Design of Earth Shelter, Inner Mongolia

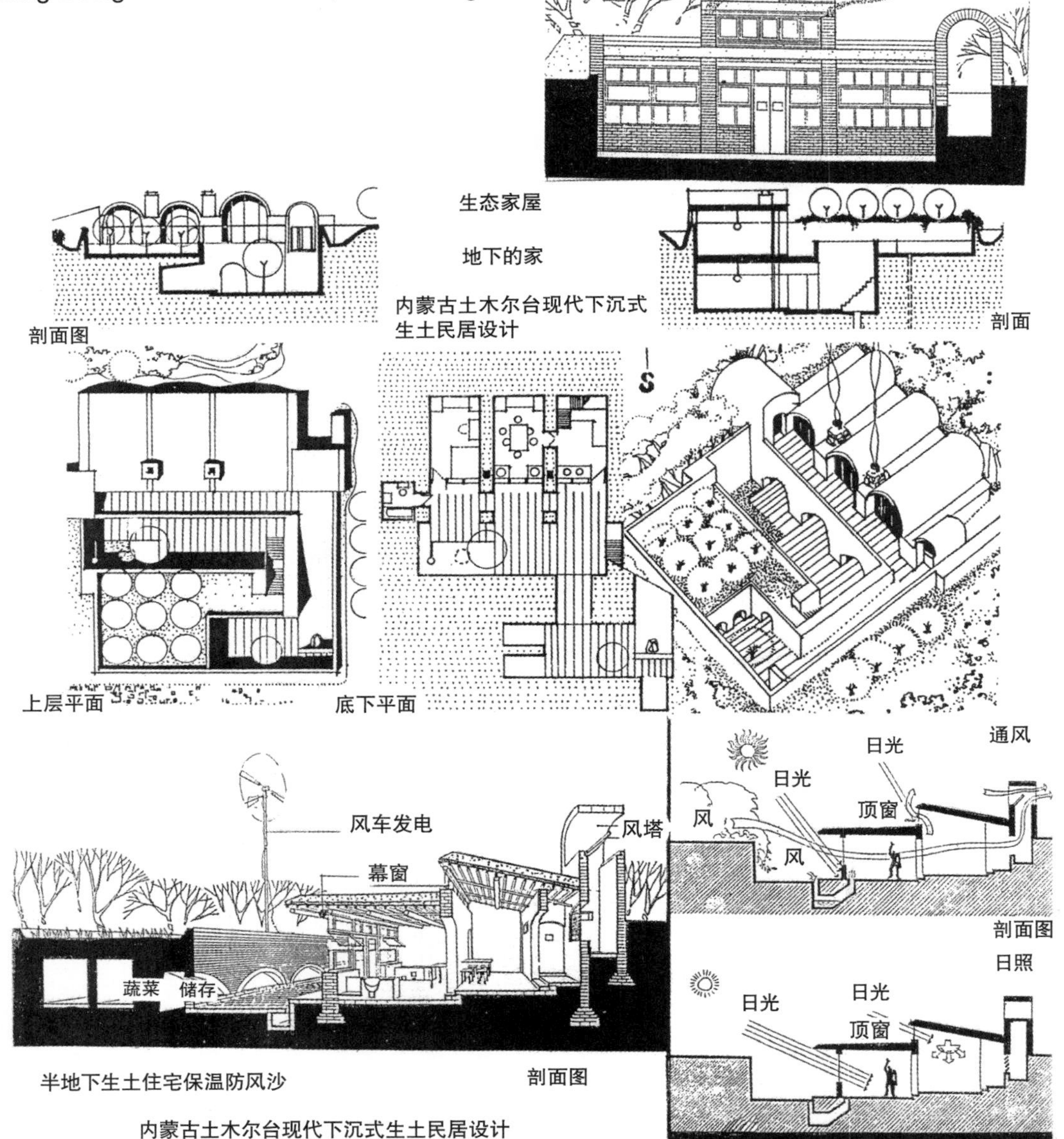

自建的结构

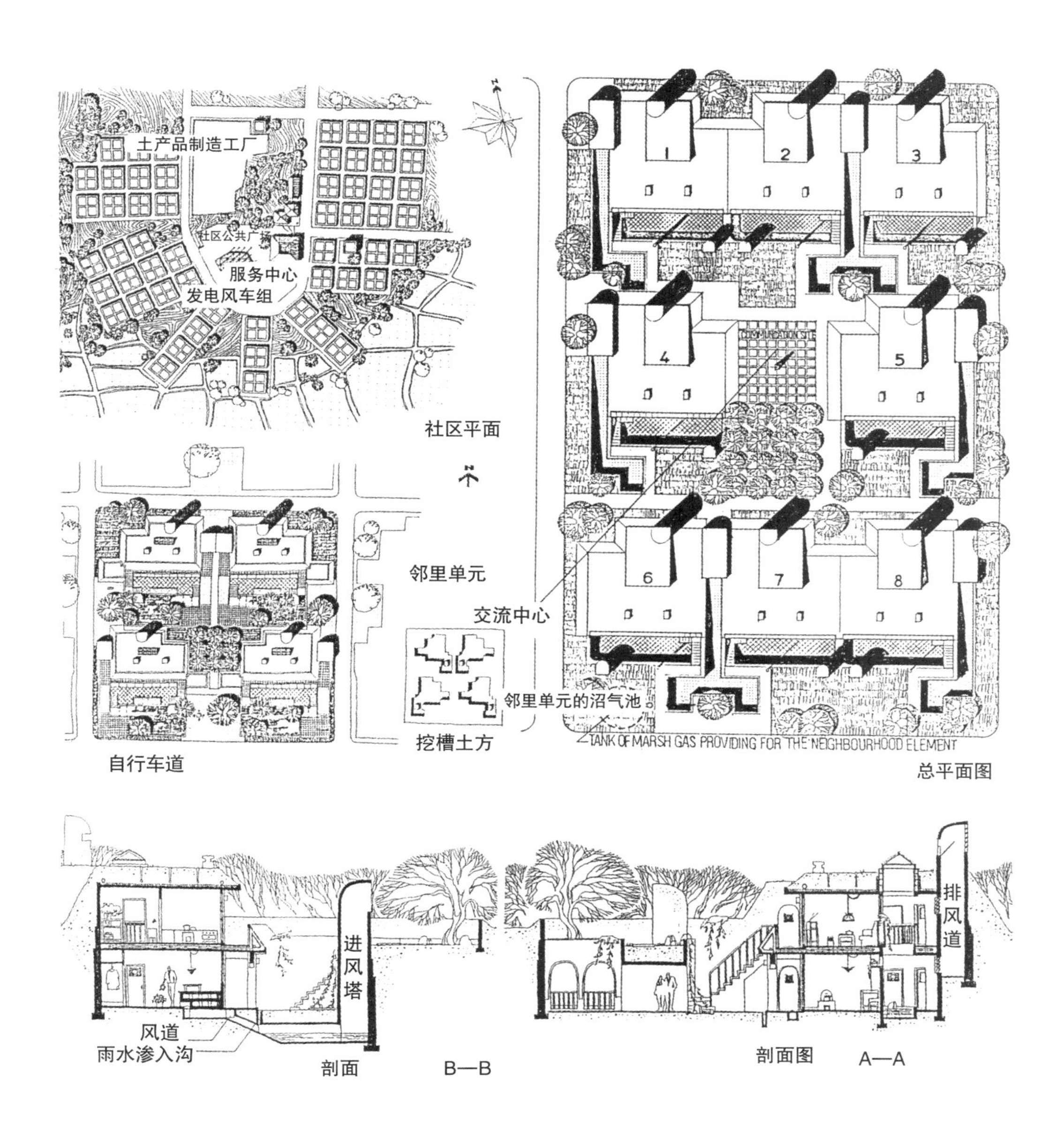

内蒙古土木尔台生土住宅技术

低造价生土住宅设计 剖面图

傣族民居小住宅设计 | Housing Design of Dai (Tai) Nationality

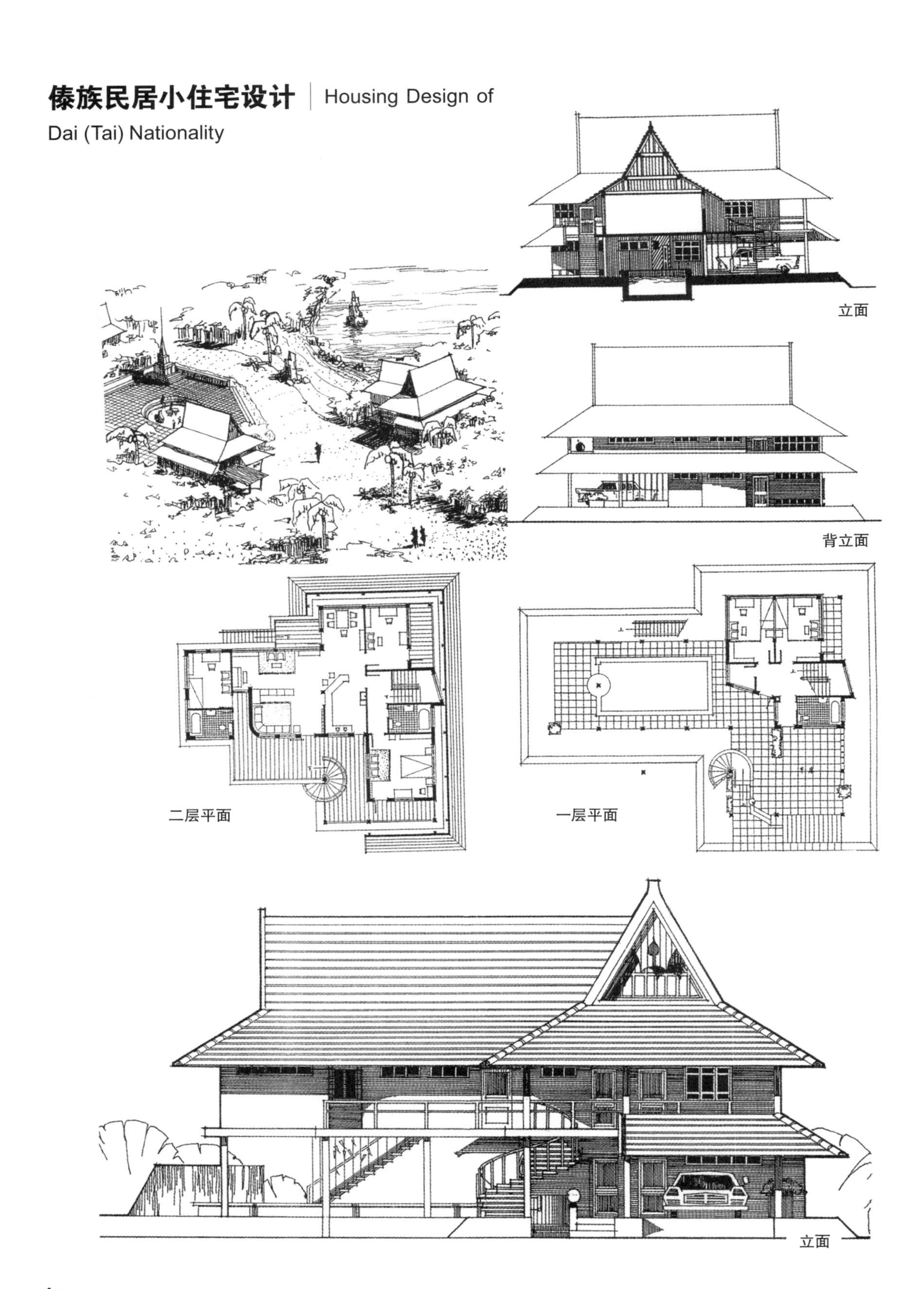

傣式小住宅设计 | Housing Design of Dai Style

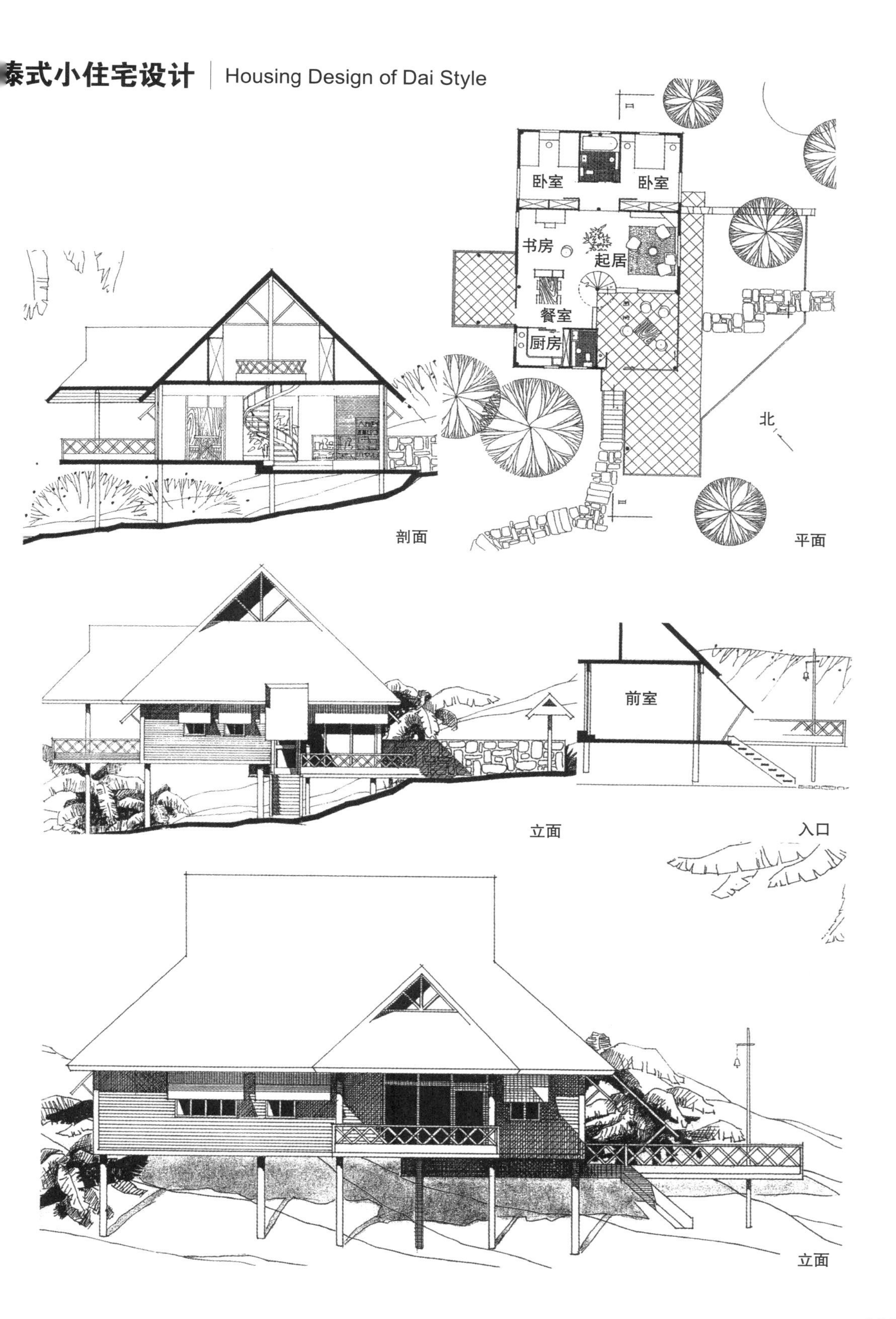

剖面

平面

立面

入口

立面

傣式社区中心设计 | Community Center Design of Dai Style

立面

局部景观

台湾高山族小住宅设计 | Housing Design of Gaoshan Nationality, Taiwan

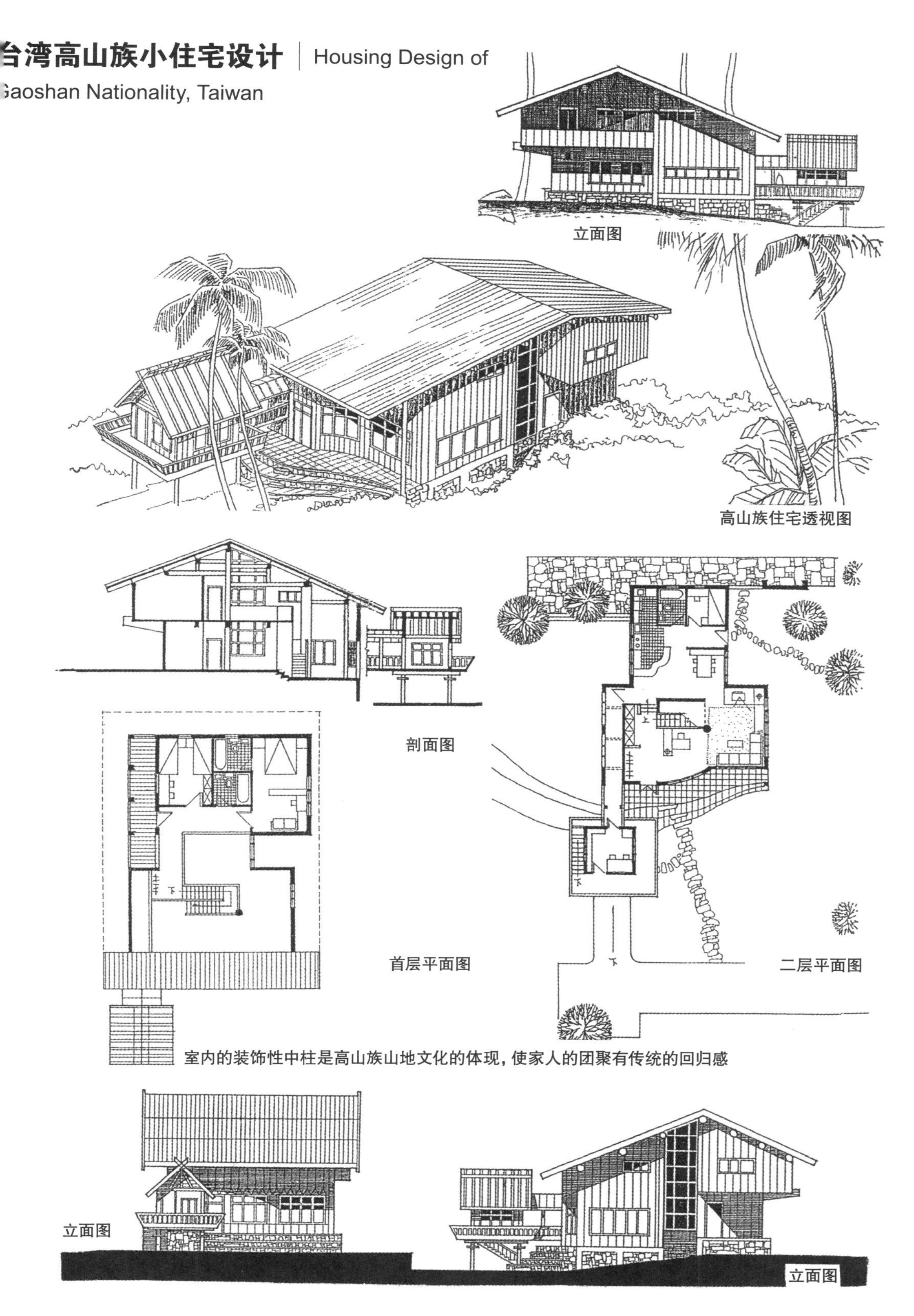

室内的装饰性中柱是高山族山地文化的体现，使家人的团聚有传统的回归感

参考书目

1. 北京工业建筑设计院试点小区．邢台．石家庄地区农村住宅试点工程的几点体会［J］．建筑学报，1963.
2. 徐尚志，等．雪山草地的藏族民居［J］．建筑学报，1963(7).
3. 同济大学建筑系．苏州旧住宅参考图录．同济大学教材，1958.
4. 冶金建筑科学研究院建研组．西北黄土建筑调查［J］．建筑学报，1957(12).
5. 云南省建工设计处少数民族建筑调查组．云南边境上的傣族民居［J］．建筑学报，1963（11）.
6. 云南省建工厅设计院少数民族建筑组．洱海之滨的白族民居［J］．建筑学报，1963（1）.
7. 广西综合设计院壮族民居调查组．广西壮族麻栏建筑简介［J］．建筑学报，1963（1）.
8. 贺业钜．湘中民居调查［J］．建筑学报，1954（4）.
9. 韩嘉桐，袁必堃．新疆维吾尔族传统建筑的特色［J］．建筑学报，1963（1）.
10. 杨耀．谈谈中国家具［J］．建筑学报，1957（8）.
11. 刘敦桢．中国住宅概说［M］．北京：中国建筑工业出版社，1957.
12. 刘敦桢．徽州住宅志［M］．北京：中国建筑工业出版社，（年代不明）
13. 刘敦桢（主编）．中国古代建筑史［M］．北京：中国建筑工业出版社，1980.
14. 刘致平．中国建筑类型及结构［M］．北京：中国建筑工业出版社，1957.
15. CHRISTOPHER ALEXANDER．A Pattern Language．New York：Oxford U．Press，1977.
16. AMOS RAPOPORT．住居形式与文化［M］．张玫玫译．台北：境与象，1987.

荆其敏水彩画中的中国传统民居

河北省赵县民居

浙江民居

浙江省杭州上天竺民居

云南省大理白族民居

浙江民居

四川归式广汉民居

青海省东部的民居

云南沅江傣族民居

西藏金川八步里城厢藏民住宅

江苏民居

浙江民居

浙江民居

云南省西双版纳民居

河南窑洞

新疆维吾尔族民居

浙江民居

云南省西双版纳民居

云南的一颗印住宅

浙江温岭泽国镇民居

云南省西双版纳民居

浙江民居

浙江民居

云南一颗印民居

北京四合院

浙江民居

云南一颗印民居

浙江民居

浙江民居

浙江民居

江苏民居

江苏的过街牌楼

浙江民居

河北民居

延边朝鲜族民居

浙江民居

浙江民居

洱海之滨白族民居

西藏藏族民居

西藏藏族民居

河北民居

河北民居

浙江民居

山西民居门楼

安徽黟县民居

台湾民居

台湾古筑石刻

台湾门神